数字参数化景观建模案例教程
Digital and Parametric Landscape Modelling for Application

黄 焱 李天劼 金 阳 著

中国建筑工业出版社

图书在版编目（CIP）数据

数字参数化景观建模案例教程 = Digital and Parametric Landscape Modelling for Application / 黄焱，李天劼，金阳著. —北京 : 中国建筑工业出版社，2022.10

ISBN 978-7-112-28026-1

Ⅰ. ①数… Ⅱ. ①黄… ②李… ③金… Ⅲ. ①景观设计—计算机辅助设计—应用软件—案例—教材 Ⅳ. ①TU983-39

中国版本图书馆CIP数据核字（2022）第177734号

随着景观相关领域的不断发展以及数字化设计技术的不断推进，行业与专业对数字化景观建模需求日益显著。本书既是对现有数字参数化景观建模理论、技术的梳理与归纳，也是面向现状问题下的审视与对未来发展趋势思考后的再探索，是总结和起点。本书详细阐述了基于Rhinoceros数字化建模和Grasshopper参数化建模的数字景观技术，是面向国内景观设计、环境设计、城乡规划、城市设计、风景园林、园林、人文地理、旅游管理专业师生和行业从业人员的一本既有系统知识框架，又有丰富操作案例的参考书。

责任编辑：曹丹丹
责任校对：芦欣甜
校对整理：张惠雯

数字参数化景观建模案例教程

Digital and Parametric Landscape Modelling for Application

黄 焱 李天劼 金 阳 著

*

中国建筑工业出版社出版、发行（北京海淀三里河路9号）
各地新华书店、建筑书店经销
北京鸿文瀚海文化传媒有限公司制版
河北鹏润印刷有限公司印刷

*

开本：787毫米×1092毫米 1/16 印张：22¾ 字数：551千字
2023年8月第一版 2023年8月第一次印刷
定价：**69.00**元
ISBN 978-7-112-28026-1
（40148）

前　言

中国特色社会主义已进入新时期。党的二十大报告，强调"高质量发展是全面建设社会主义现代化国家的首要任务"。近十年来，在城乡建设逐渐进入存量更新的新阶段，国内人居环境设计相关专业、行业面临转型升级，数字景观（Digital Landscape）相关研究和实践逐渐兴起。

本书以系统化、模块化的方式介绍数字参数化三维建模方法，探讨以数字化技术辅助景观设计、可视化表达和工程建造的可行技术手段。全书通过对百余个国内外近代、现代、当代的不同类型经典景观作品的建模过程细致介绍，力求生动全面地呈现景观设计的独特魅力，并对未来的发展可能性做出一定尝试。

本书既注重对数字参数化技术的基本原理、数学背景知识、操作技巧的系统性介绍，又兼顾高校相关专业课程教学。本书内容丰富，可用于各大高等院校环境设计、风景园林、园林、城市设计、公共艺术等专业本科、研究生阶段的相关课程的教学和自学。此外，本书介绍的技术手段和工作流程，亦适用于复杂景观建筑、户外设施等相关设计研究和实践，满足新时代背景下专业、行业高质量发展的需求。

本书得到浙江工业大学"环境设计"国家一流本科专业建设项目、浙江工业大学重点教材建设项目资助。同时，在书稿撰写过程中得到了浙江工业大学领导、同事等多方帮助，在此一并表示感谢。

目　录 ·····

注：目录中带 * 的章节内容涉及 Grasshopper，读者可选择性阅读。

第1章 快速入门

Rhino 是一款著名的数字化、参数化软件。Rhino 兼具了多重建模特性，并内置了 Grasshopper 参数化平台，已在许多设计、工程领域深入应用。近年来，除以工业设计、建筑、规划、交通等行业为代表的数字化、参数化辅助设计相关领域外，Rhino 和 Grasshopper 正逐渐发展为景观行业数字化、参数化建模的先锋软件。

Rhino 具有强大的建模、分析、呈现功能，能较为完整地开展全流程正向设计，包含前期分析、概念推敲、体量建立、方案深化、性能模拟等各阶段，可谓景观设计中的一把"瑞士军刀"。下面，就让我们走进 Rhino 和 Grasshopper 的数字参数化世界。

1.1 数字参数化建模简介

1.1.1 计算机图形学概述

1. 数字化图形处理简介

目前，用以处理图形、模型的数字化技术，可分为数字图像处理、计算机视觉、计算机图形学三类。计算机图形学的技术框架可分为 4 部分，分别是建模技术、渲染技术、图形交互技术、数字制造技术。建模技术的核心是根据对象的三维信息建立模型，包括几何、视点、照明、附加信息，并对其处理。针对三维建模技术的研究，基本上是围绕三维面元模型（如 Rhino 的"边界表示法""形面分析法"）、规则体元模型（如 Rhino 的"形体分析法"）、不规则体元模型（如 Rhino 7 的"SubD"）展开的（图 1.1-1）。渲染技术的核心是扫描线渲染与栅格化、光线投射（或光线跟踪）、辐射着色[1]。图形交互技术是近年来兴起的图形学技术，数字建造技术则是与数字化制造设备硬件密切相关的应用领域。其中，建模（Modelling）是将现实世界中的物体及其属性转化为计算机内部数字化表达的原理和方法，是计算机图形学的基础[2]。

---

[1] 通过与建模软件相接的渲染器(Render)，可由模型生成逼真的图像(如适配Rhino的VRay、Enscape、Keyshot等)或动画(如Lumion)。其中，Lumion还提供了一些艺术风格化的渲染模式。

[2] 常见的数字化建模技术应用通常有计算机辅助概念设计（Computer-Aided Conceptual Design, CACD）、计算机辅助图形设计（Computer-Aided Graphic Design, CAGD）、计算机辅助制造（Computer-Aided Manufacture, CAM）、计算机辅助工程（Computer-Aided Engineering, CAE）。

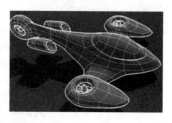

图 1.1-1　面元、规则体元、不规则体元模型

2."图解"的概念

虽然数字化建模技术为设计者提供了形式上的可能，但对于设计者而言，关键在于对设计发展的重要阶段及所遇到的挑战和机遇做出选择。而图解（Diagrams）成为设计者在数字化媒介中把握方向的一种手段。具体而言，图解指通过对设计中各要素间的关系进行抽象化或可视化，达到与设计主体交互，对设计开展推敲、阐释的过程。随着设计理念的更迭，图解的功能已由最初的表达向模拟乃至生成转型。

1.1.2　数字化建模技术发展简史

19 世纪 80 年代，建筑师高迪（Antoni Gaudí）在设计圣家堂（Sagrada Família）时，就采用了"参数化设计"思维。高迪将建筑上下颠倒，以绳表示柱体，在绳上悬挂着对应不同建筑构件的重物。将转动的框架和弹性的绳索作为变量，更改绳和重物，便可"即时"地使建筑模型形态发生改变。在模型下放置一面镜子，便可观察到"建筑"的真实效果。这种通过可变模型推敲设计的方式，可视为"参数化设计"的雏形（图 1.1-2）。

图 1.1-2　高迪的"参数化"模型、镜面中的"建筑"

20 世纪 60 年代，规划师莫雷蒂（Luigi Moretti）开发了一套数学方程，并使用这些公式在 1962 年制定了罗马的城市规划，创造了"参数化"（Parametric）这一术语。1963 年，计算机科学家萨瑟兰（Ivan Sutherland）在麻省理工学院（MIT）开发了 SketchPad 程序，还前瞻性地提出了一种独特的交互方法，如今，这种方法被称为"参数化设计"。萨瑟兰由此成为公认的"计算机辅助设计"（CAD）技术的提出者。数字化绘图技术在 20 世纪下半叶进一步发展为两个领域：数字化建模技术和参数化辅助设计技术。20 世纪 80 年代，ArchiCAD、AutoCAD 等数字化绘图软件开始应用于设计领域。然而，受限于当时的技术发展，设计师仍多采用二维绘图方式表现设计。1989 年，Nurbs 算法面世，使规则曲面、自由曲面能以统一的数学形式表示，Nurbs 逐渐成为当代设计造型中最流行的算法技术。

1.1.3　建模方式分类

Nurbs 建模、多边形建模、参数化建模是不同的 3 类建模方式，其主要区别体现在对物件造型的描述原理方面。

3 类建模方式的差异（图 1.1-3）如下：

（1）Nurbs 建模（Nurbs Modelling）是运用数学表达式定义物件形态的建模方式。Nurbs 因其具有相当高的精度，并可直接对接工程生产，常用于工程设计和工程制造领域。

（2）多边形建模（Polygon Modelling）中，模型在引擎中以 Mesh 的形态存在。Mesh 是通过确定物体表面的顶点，建立许多三角面和四边面，从而拟合造型的建模方式，故造型速度较快，常被用于多媒体艺术领域。当模型较为复杂时，多边形数据量将相当大。因其精度低，较少用于工程建模。

Nurbs 曲面是矢量化的，类似 Adobe Illustrator 中绘制的矢量图，即无论如何放大，将保持其光顺性。Mesh 曲面是标量化的，类似由 Adobe Photoshop 处理得到的图形，放大后将变为锯齿状（图 1.1-4）。因此，在 SketchUp 等 Mesh 建模软件中，需要以若干边数的正多边形拟合圆形，以若干条短直线段拟合曲线；而在 Rhinoceros 等 Nurbs 建模软件中，圆、样条曲线都是以数学表达式精确描述的几何对象。

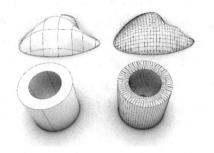

图 1.1-3　Nurbs 建模与 Polygon（Mesh）建模

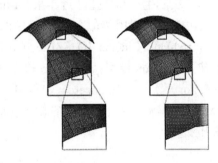

图 1.1-4　局部放大后的 Nurbs 曲面与局部放大后的 Mesh 曲面

📖 拓展

必要时，可将其他多边形建模软件（如 Autodesk 3ds Max、SketchUp、Zbrush 等）建立的多边形模型导入 Rhino 中。然而，因构成多边形模型的 Mesh 网格在 Rhino 中的可编辑性较差，多用以简单地进行参照或预览。可使用 _ReduceMesh 命令，按照简化的多边形数（reduce to … polygons）或简化的百分比数（reduce by … percents）来简化 Mesh 网格。可使用 _Mesh 命令将 Rhino 中建立的 Nurbs 模型转变为多边形模型（图 1.1-5）。

（3）参数化建模（Parametric Modelling）是基于程序语言，从建模的数字化生成过程入手，来生成目标造型的数据模型构建方式。目前，参数化建模技术已被广泛地应用于工业设计、建筑学、城乡规划、机械工程、土木工程、车辆设计等专业领域。在参数化建模软件中，有一类被称为"可视化编程"的平台，例如 Rhinoceros 内置的 Grasshopper 参数化平台。组成 Grasshopper 程序的要素，与其他程序语言相同，可分为 3 大部分，分别为输入量（Input）、变量（Variable）、输出量（Output）。Grasshopper 程序并非直接针对个体化的模型形态本身，而是对建模过程中一般化的数理逻辑的记录。

(a) 执行_ReduceMesh命令前　　　　　　　　(b) 执行_ReduceMesh命令后

图 1.1-5　_ReduceMesh 命令

1.1.4　常见建模软件分类

依据上述建模方式分类，常见设计类建模软件可大致分为 3 大类，见表 1.1-1。Rhinoceros、Autodesk Alias、UG 等工程建模软件的主体功能属于 Nurbs 数字化建模，能精准地对接实际生产和建造。近年来，Rhinoceros 7 和 Autodesk Alias 新增了"细分建模"（SubD）功能，可使用类似多边形建模的方式，建立较高精度的 Nurbs 曲面。Autodesk Maya、SketchUp、Cinema 4D、ZBrush 等视觉建模软件的主体功能属于多边形建模，适合快速建立 Polygon 模型；SketchUp 软件本质上也是一个功能简单化的多边形建模编辑器（Mesh editor）软件。Rhinoceros、Autodesk Revit、Autodesk Alias 等软件内置了参数化建模平台，用以编制参数化程序。它们还开放了相应的接口，可基于计算机图形学技术，进行二次开发。

建模软件（或平台）的优缺点　　　　　　表 1.1-1

软件	运行配置要求	适用与特征	目前主要应用领域
Rhinoceros	较低—适中	工程建模精度较高，Nurbs 建模功能强，对大型模型负荷能力高，运行流畅，存在一定学习难度	工业设计、建筑设计、土木工程、城乡规划、展示设计、机械设计、珠宝设计、交通工具设计、鞋业设计、地理信息等
Grasshopper	较高	Rhino 的参数化平台，广泛的可扩展性，学习难度较高	工业设计、建筑设计、城乡规划、土木工程、交通工具设计、珠宝设计等
SketchUp	较低—适中	粗糙的概念建模，对大型模型负荷能力很低，较卡顿，学习难度很低	建筑设计、环境设计、风景园林、室内设计等
Autodesk 3ds Max	适中—较高	多边形建模功能强，方便对接渲染器，操作较烦琐，存在一定学习难度	建筑/景观效果图表现、动画制作、影视设计、公共艺术、室内设计、游戏设计等
Autodesk Revit	高	主流建筑信息系统（BIM）软件，图模一致，层级逻辑严密，较卡顿，学习难度较高	建筑设计、土木工程、给水排水工程、暖通工程、环境工程等
ZBrush、Cinema 4D、Autodesk Maya	较高	视觉表现力强，多边形建模功能强，针对 CG 设计优化	多媒体艺术、动画制作、影视设计、视觉传达设计、影视设计、公共艺术、传媒设计等
Autodesk Alias、UG	高	高精度工业级曲面建模、机械结构模，较卡顿，学习难度高	交通工具设计、工业设计、航空航天、机械设计等

1.1.5 Rhinoceros 的发展简史与应用展望

1. Rhinoceros 的发展简史

在景观设计领域刚兴起的数字化、参数化设计软件，并非是 21 世纪的新生事物。在工业设计领域，数字化、参数化设计软件的开发已有 30 余年历史。Rhinoceros 软件最初的目标定位是计算机辅助工业设计（CAID）和计算机辅助制造（CAM）领域。20 世纪末，Rhinoceros 相继被扎哈·哈迪德（Zaha Hadid）、彼得·库克（Peter Cook）、诺曼·福斯特（Norman Foster）等先锋建筑师引入建筑学领域，在后现代主义建筑实践中，起到了极大的推动作用。Rhinoceros 被美国麻省理工学院（MIT）、哈佛大学设计学院（GSD）等院校引入建筑学、城乡规划、风景园林、工业设计等许多不同设计学科的教学和研究。21 世纪初，随即迅速发展为最受建筑、规划、工业设计界欢迎的参数化辅助设计工具，沿用至今。

2. Rhinoceros 在景观行业的应用展望

过去，在园林景观设计中，由于技术手段的缺失，常以 2D 技术图纸作为推敲微地形的主要手段，忽视了数字化建模技术在地形设计方面的应用潜力[1]。数字化景观建模（Digital Landscape Modelling）的过程，就是产生、储存、处理表达三维空间中景观设计信息的过程。从"数字景观"中，还发展出"参数化景观"这一新兴的研究领域。由于传统景观设计建模软件所建立的模型，不可避免地受限于技术，数据交换功能较差，使得量化模拟分析方法在景观设计的过程中难以对接。而采用 Rhino 等软件建立的数字参数化景观建模[2]，可与地理信息系统（GIS）技术结合使用，使得环境性能模拟、空间性能模拟等量化分析方法，能在景观设计中进行深度应用（图 1.1-6）。

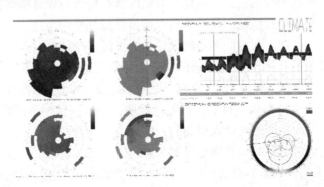

图 1.1-6 基于 Grasshopper 参数化平台的景观环境性能模拟

1.1.6 空间形态概述

对于景观设计专业，建模的最终目的是记录和分析景观空间形态。现当代设计中，对

---

[1] 著名景观设计师彼得·沃克（Peter Walker）认为，许多现代、当代景观多从"水平维度"推敲设计，单一的设计手段限制了方案中空间关系、布局、植物配置等的可能性。

[2] 早在 20 世纪 90 年代起，建筑学学科背景的景观设计师，如 Snøhetta 事务所的奥苏尔森（J. B. Osuldsen）等人，就将 Rhino 和 Grasshopper 率先引入景观设计领域。21 世纪初，LAAC、AECOM 等知名景观事务所率先开始在景观项目中使用 Rhino.

空间形态的塑造手法并非单纯、孤立的"创造性想象",而是在很大程度上受到了环境心理学理论的影响。因此,简要介绍形态的基本概念,以及环境心理学与空间形态的关系。

1. "形态"的概念

"形态"(Form)是一个系统的概念。以二维空间中确定的一种"形状"(Shape),可得到无数种三维"形态"。自然界具有系统性、复杂性和多样性的特征。自然界中许多形态都具备一定的"形态"视觉特征。设计史上,许多著名设计形态的诞生,都开始于对自然界的观察和模仿。"自然形态"指从自然界中的生物和非生物中提取出的可视、可触的形象,通常可分为"无机形态"和"有机形态"。"无机形态"指不存在生长机能的形态,通常可用线性方程(组)描述。本书采用的案例中,方正的现代主义建筑、线性景观都属于无机形态;"有机形态"指具有生长机能的形态,可从中提取出一些具有秩序性的形式法则,通常需要使用非线性表达式描述。本书案例中,有许多从海洋生物、动植物生长、大地景观中提取出的形态都属于有机形态。

2. 环境心理学与空间形态的关系

20世纪70年代初,环境心理学在北美地区兴起。随着人居环境研究的升温,环境心理学也成为21世纪以来心理学领域较有突破的一个学科,并极大地影响了设计形态学、设计语义学学科的发展。其中,心理学家巴克(R. G. Barker)提出了行为场面层级理论(Behaviour Setting Theory),深刻影响了设计学科的空间形态研究方法。该理论认为,行为场面是指在特定空间、空间中反复发生的行为所产生的社会行为状况。行为是离散的、自我调节的事件。行为受到物理环境的限制,物理环境则影响着人群行为。这种"环境"的形态关联着更高层次的行为模式。因此,对空间或环境进行设计的终极目的,便是为了与在空间中发生的行为模式匹配。环境本身也通过其持续使用来进一步促进在环境中发生的行为模式的开展,因此,对空间环境的设计是为了促进个体的自我行为调节,进而影响在环境中发生的集体社会行为模式。依据"行为场景理论",3类不同心理人格类型的人群对应着3类的"环境形态偏好",这也成为空间形态设计中重要的环境心理学依据。

内向型人格的人群具有以下特点:高度神经质,不太自信,适应性人格特征水平低。他们偏好的空间类型与适度适应性人群类似,更加偏好有刻板秩序感的空间、非自然人造光、空间顶部。他们对空间的偏好侧重寻找个体表达,其形态特征对应着早期现代主义风格[①]。适度适应型人格的人群有着适度可发展的心理资源。他们会主动地融入空间,其心理状态和行为受到空间的影响较大。他们偏好轻微有序、适度开敞的空间、日间照明、尖锐的有机形状、体亮失重感、底层架空、暖色配色。其形态特征对应着现代主义国际风格[②]。与其他亚群体相比,外向型人格的人群具有以下特点:外向型,责任心强,共情能力强,开放,更多的自我效能感,更大的幸福感,低神经质。一般来说,他们偏好有机形态、有序的动态空间、大量冷光照明、地面上的刚性体积、暖色配色。空间是表达或投射他们身份和经历的方式。其形态特征对应着后现代主义设计。

---

① 如勒·柯布西耶(Le Corbusier)、格罗皮乌斯(Walter Gropius)、费希尔(David Fisher)等人的设计。

② 如密斯·凡·德·罗(Mies Van der Rohe)、菲利浦·约翰逊(Philip Johnson)等人的设计。

1.2　Rhinoceros的基本界面

Rhinoceros 软件[①] 具有工程建模软件的一般特征。因此，其主界面、基本功能操作与 SketchUp、Cinema 4D 等非工程建模软件存在本质上的差异。若将使用其他非工程建模软件的经验用到 Rhino 中，则会使建模过程困难重重。因此，学习 Rhino 数字化建模和 Grasshopper 参数化建模，须避免"只见树木，不见森林"的表层认知，更深刻地理解操作背后的数学背景知识和形态建构逻辑，方能事半功倍。下面，先介绍 Rhinoceros 的界面与基本功能。

1.2.1　命令、视角与视图

启动 Rhinoceros 后，先单击对话框中的"新建"（New）选项卡，在弹出的列表中，点选模型文件的模板（Templates），不同的模板决定了建模过程中将使用的度量单位。对于小尺度景观建模，通常选择"大物件 - 毫米"（Large Objects-Millimetres）模板。对于中 / 大尺度景观建模，通常选择"大物件 - 米"（Large Object-Metres）模板（图 1.2-1）。

接下来，将会出现主界面。不同于 SketchUp 等建模软件的简单界面，Rhinoceros 软件的主界面较为复杂，与 AutoCAD 软件较为类似。Rhinoceros 的界面排布方式、视角与视图相关操作，与 Autodesk Revit、Autodesk Alias 等建筑、工业设计建模软件相似（图 1.2-2）。

图 1.2-1　选择模板

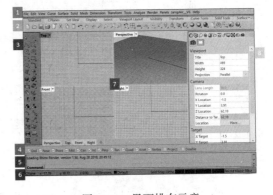

图 1.2-2　界面排布示意

基础工作界面分为 8 大栏目。其名称分别如下：

（1）菜单栏。

（2）标准工具栏（分类显示基本工具，与 AutoCAD 类似）。

（3）常用命令工具栏（集成了常用工具按钮。本书中几乎完全使用命令进行操作，不使用常用命令工具栏，故读者直接记住命令即可，不必记住功能对应图标所在位置）。

（4）物件锁点（设置"对象捕捉"项目，与 AutoCAD 大致相同）。

（5）命令栏（与 AutoCAD 大致相同）。

[①]　本书主要使用 Rhinoceros 6 版本进行演示。第 4.7 节和 4.8 节"细分建模"功能使用 Rhinoceros 7 版本进行演示。

（6）底部工具栏（左侧部分用以显示当前状态，右侧部分用以点选建模辅助功能）。

（7）视图窗（包括三视图、透视图）。

（8）右侧栏（又名"辅助面板"，包括状态、图层、显示、照明、视图等诸多选项卡）。

除菜单栏、命令栏、右侧栏、命令栏等基本栏目外，Rhino 还具有栏目布局（Layout）、视图设定（Viewport）、显示模式（Display Modes）等功能的专属子菜单。在第一次使用软件时，需要设定模型的绝对容差（Absolute Tolerance）。绝对容差决定了 Rhino 在计算时的单位曲面或曲线的最小精度值。在建模过程中，Rhino 会在所设定的容差范围内，对曲线和点的位置进行拟合或逼近，从而生成几何形态。方法如下：在命令栏键入 _Optionss 命令，在左侧列中点击"单位"（Unit）。也可在底部状态栏的"单位"处单击鼠标右键，选择"单位设定"（Unit Setting）（图 1.2-3）。在弹出的设置对话框中，可观察到 Rhinoceros 的默认绝对容差是 0.01mm（图 1.2-4）。建议将绝对容差设为 1mm 或 0.01m，如图 1.2-5 所示。对于绝大部分景观建模，Rhinoceros 软件初始默认的绝对容差值过小，常导致难以衔接曲面、卡顿等问题。

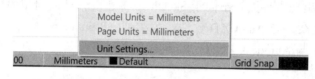

图 1.2-3　单位设置

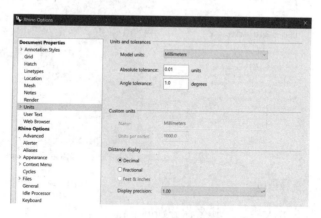

图 1.2-4　容差设置

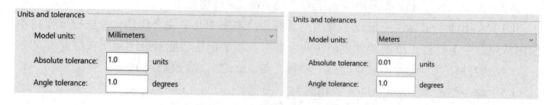

图 1.2-5　设置单位

接下来，简要介绍 Rhino 中执行命令、视角与视图的相关基本操作。

1. 执行命令的操作

命令及命令子选项的使用，是 Rhino 等工程设计软件界面交互的一大特点。命令栏（Command Bar）是传递信息的主要窗口。只需观察命令栏中出现的选项设置和参数输入要求，即可完成建模[①]。在执行完成一次某个命令后，若仍欲重复执行相同命令，仅需单击鼠标右键即可。

2. 视角与视图相关操作

在建模过程中，习惯使用以下操作调整视角。按住鼠标右键拖动，进行视角的旋转。使用 _Pan 命令，可平移视图，或可按〈Shift〉+〈鼠标右键〉。使用 _Zoom_e 命令，可使全部模型快速布满当前视图，或使用〈Ctrl〉+〈Shift〉+〈E〉快捷键。使用 _Zoom 命令，可设定一个选框，使框选范围内的内容布满视图。请读者熟记相关操作。

3. 视图相关操作

Rhino 中，默认存在 4 个视图，自左向右、从上到下分别为顶视图（Top）、透视视图（Perspective）、正视图（Front）和右视图（Right）。每个视图左上角的标记被称为视图标签（Labels of Viewports）。双击某个视图标签，可最大化该视图，使之布满屏幕上的工作区。再次双击视图标签，则可复原。使用 _4View 命令，可快速恢复默认的"四视窗"布局。按〈Ctrl〉+〈Shift〉，可快速在各视图间切换。单击视图标签上的▼按钮，则可见到视窗显示设置菜单（图 1.2-6）。Rhino 提供了呈现许多不同显示效果的显示模式，可根据需要，随时在该菜单中切换。

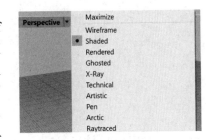

图 1.2-6 视窗显示设置菜单

各显示模式的特性和使用状况如下：

（1）线框模式（Wireframe）下，仅显示点、线，而不显示面，难以捕捉到所需的关键点和区域，不常使用。

（2）着色模式（Shaded）是最常用的显示模式。建模过程中，一般将 Perspective 视图的显示模式保持为着色模式。

（3）渲染模式（Rendered）则依据右侧边栏中的"图层""材质""照明""太阳"选项卡中的设置，呈现大致渲染效果。"照明""出图"相关内容，参见本书第 6 章。

（4）半透明模式（Ghosted）、X 光模式（X-Ray）、技术图模式（Technical）大致相同。这 3 类显示模式皆以半透明方式显示模型的所有对象，包括被遮挡的边线。

（5）艺术风格模式（Artistic）是模仿纸本素描绘画风格的显示模式。在模型细节较复杂时，容易卡顿崩溃。

（6）钢笔模式（Pen）是模仿针管笔绘图风格的显示模式，在模型较复杂时，显示较为卡顿。

---

① 为避免记忆、找寻繁杂的功能图标，可使用命令进行建模操作。一般，约定用下画线符号"_"+英文命令名或命令子选项的缩写，代表"输入命令，或选定命令的子选项，并按回车键"的操作。例如，"_CPlane_W_T"命令表示：先键入 CPlane，按回车键，然后键入 W，按回车键，再键入 T，按回车键。

（7）极地模式（Arctic）是一键渲染 AO"白模"图的显示模式[①]。

（8）光线追踪模式（Raytraced）可调用 Rhino 自带的简易渲染器，进行较为耗时的渲染。

除上述基本的显示模式外，亦可在设置选项中创建"自定义显示模式"[②]。在任意视图、任意显示模式下，皆可筛选、控制视窗中显示的几何对象类型。首先，点击右侧栏的右上角齿轮状"设置"图标。勾选"显示"（Display）（图 1.2-7）。然后，在右侧栏顶部可找到屏幕状图标，调整至"显示"栏目。在此栏目中，可通过勾选，决定不同类型的几何对象是否被显示。包括是否显示阴影（Shadows）、曲面结构线（Surface Isocurve）、曲面边线（Surface Edges）、正切边缘（Tangent Edges）、曲线（Curves）、照明（Lights）、截平面（Clipping Planes）、文字（Text）、点（Points）等（图 1.2.8）。

图 1.2-7 显示设置面板

图 1.2-8 显示设置

4. 执行命令操作

下面在 Rhino 中建立一些三维几何体。_Box_P 命令可绘制由底面三点和高决定的长方体。

先在命令栏输入 _Box 命令，按回车键；然后，点选"3Point"，或直接输入子选项的缩写"P"，并按回车键，即可开始使用 _Box_P 命令。与 AutoCAD 类似，输入命令后，按照命令栏提示，在平面上依次输入数值，以决定底面矩形的三点。然后，依据命令栏提示，向上拖动鼠标，输入高的数值，点击鼠标左键确认（图 1.2-9）。在左侧工具栏的"体"的二级功能菜单（图 1.2-10）下，可找到其他基本几何体的建立命令。点击"体"按钮右下角的小三角形，即可唤出二级功能菜单[③]。基本几何体属于"实体"（Solid）[④]。

---

① 具有雪弗板模型的质感，视觉效果素雅，常用于概念出图。

② 限于篇幅，关于"显示模式与展示功能"的相关内容，将在后文中详细阐述。建议读者在开始学习建模前，先阅读本书 6.1 节相关内容，自定义"AutoCAD 风格"和"针管笔风格"显示模式，方便直接调出使用。需要的读者可先阅读本书最后一章相关内容。

③ 命令图标和命令栏相应提示都相当直白，稍经自行尝试，即可完全掌握，在此不再展开说明。

④ "实体"本质上是一种"多重曲面"，其详细定义将在本书后文中介绍。

图 1.2-9　输入命令

图 1.2-10　二级功能菜单

当物件坐标距离原点较远时，可能出现某些显示异常。将物件移至坐标原点的方法如下：选中一个（或多个）物件后，键入 _Move 命令，按回车键。然后，点选物件底部的 1 个参考端点，在命令栏中键入"0, 0, 0"[1]（图 1.2-11）。再次按回车键，即可将物件移动至坐标原点。Rhino 中常用的曲线命令与 AutoCAD 基本完全相同[2]。

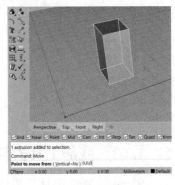

图 1.2-11　移动物件

试运用 _Cone（圆锥）和 _Copy 命令，建立图 1.2-12 所示的微地形。

图 1.2-12　日本京都高科技中心园林"火山园"（Peter Walker 设计）

按尺规作图法，绘制图 1.2-13(a) 所示的镶嵌（Tessellate）图形。步骤如图 1.2-13(b) 所示。

011

---

①　注意此处","为英文逗号。

②　最为基础的绘图命令（如 _Line、_Rotate、_Polyline、_Trim、_Spline、_Split、_Rectangle、_Circle、_Scale、_Move、_Array、_Copy、_Join、_Mirror、_Zoom、_Pan 等）与 AutoCAD 命令的全称完全一致。因此，Rhino 的二维绘图与 AutoCAD 相通，了解 AutoCAD 的读者很容易触类旁通，在此不再赘述。

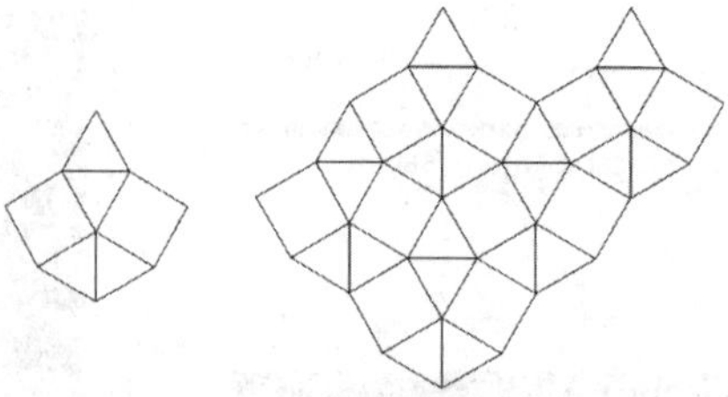

(a) 镶嵌形

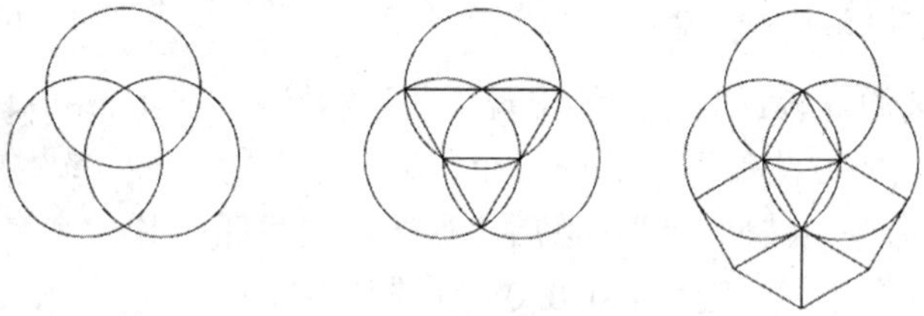

(b) 作图步骤

图 1.2-13　图形

1.2.2　底部工具栏与操作轴（Gumball）

Rhino 的底部工具栏集成了若干用户可自行开启和关闭功能。工具栏左侧部分几乎与 AutoCAD 完全一致。其顶部的条状区域，用以勾选需捕捉的对象的类型。通常，除了行末的"投影"（Project）、"禁用"（Disable）外，其他选项皆保持勾选，如图 1.2-14（a）所示。中间部分是命令栏。最底部区域自左向右分别显示空间坐标、度量单位（Unit Setting）、当前图层（Current Layer）。底部工具栏的右侧部分亦与 AutoCAD 非常相似[①]，如图 1.2-14（b）所示。平面模式（Planar）开启时，可使所绘制的线保持在工作平面上，在绝大部分情况下需要开启。

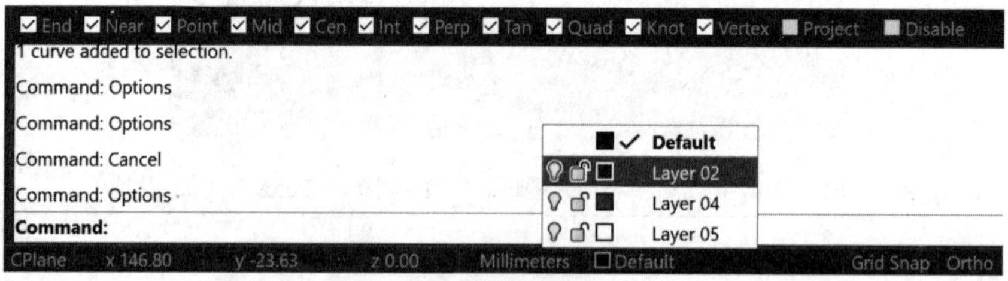

(a) 底部栏左侧

(b) 底部栏右侧

图 1.2-14　底部栏

---

① 其中，锁定格点（Grid Snap）、正交模式（Ortho）、对象捕捉（Osnap）、智慧轨迹（Smart Track）与 AutoCAD 完全一致，不再详述。

操作轴（Gumball）是常用的建模辅助工具[1]。开启
Gumball 的方法很简单，找到界面下方工具栏，点击
"Gumball" 按钮即可。有时，Gumball 会妨碍选取曲线
的控制点。此时，先暂时关闭 Gumball，待需要时，再
随时开启。当 Gumball 在开启状态下时，选中物件后，
便可观察到 Gumball。Gumball 具有箭头、圆弧和小方
块 3 个主要功能载体（图 1.2-15）。下面分别阐述其
功能。

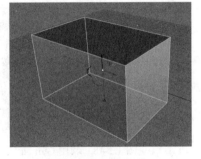

图 1.2-15　操作轴

分别拖动 Gumball 的红、绿、蓝三方向箭头，可使
选中物件沿 X、Y、Z 轴方向作平移变换，与 _Move 命令等价。分别点击 Gumball 三方向
箭头，则可精确地输入移动距离。若欲使物件沿箭头所指方向的反方向移动，在输入的
移动距离数值前加负号（-）即可。按〈Alt〉键并拖动箭头，则沿着箭头所指方向复制物
件，与 _Copy 命令等价（图 1.2-16）。

选中曲面 Gumball 上各箭头上的 "小点"，则可挤出（_Extrude）面，建立具有指定高
度的闭合柱体（图 1.2-17）。单击小点后，在弹出的小框中，可精确输入待挤出物件的厚
度，与 _ExtrudeSrf 命令功能相同。

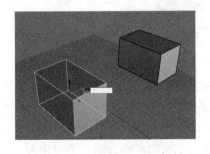

图 1.2-16　利用 Gumball 复制

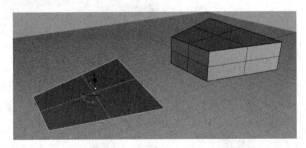

图 1.2-17　利用 Gumball 挤出

分别拖动 Gumball 的红、绿、蓝三方向圆弧，可使物件沿 *XOY*、*YOZ*、*XOZ* 平面作旋
转变换。分别点击 Gumball 的红、绿、蓝三方向圆弧，可输入旋转变换的精确角度，旋转
方向如 Gumball 上的环上箭头所示，与 _Rotate 命令等价。若欲使物件沿环上箭头所指方
向的逆方向转动，在输入的旋转角度数值前加负号（-）即可。分别拖动 Gumball 在其箭
头尾端处的红、绿、蓝三方向的小方块，可使物件沿 X、Y、Z 轴方向作单轴方向的伸缩
变换。分别点击 Gumball 的红、绿、蓝三方向小方块，可输入伸缩变换的精确伸缩比（图
1.2-18）[2]。若欲使物件沿箭头所指方向的反方向作伸缩变换，在输入的缩放比数值前加负
号（-）即可。若欲使物件作轴对称变换，单击 Gumball 指定方向上的 "小方块"，输入缩
放比为 "-1" 即可。按〈Shift〉键，并拖动小方块，则以物件的几何中心为中心，向内或
外方向，作三轴方向的保比伸缩变换[3]（图 1.2-19）。

---

① 自 Rhino 5 版本开始被内置。
② 此操作与 _Scale1d 命令等价。
③ 此操作与 _Scale3d 命令等价。

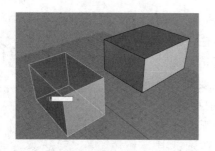 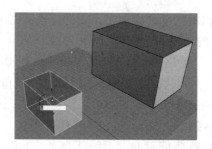

图 1.2-18　利用 Gumball 进行伸缩变换　　　　图 1.2-19　利用 Gumball 三轴缩放

试建立图 1.2-20 所示的硬质景观。

图 1.2-20　西雅图高速路公园 [①]（Lawrance Halprin 设计）

图 1.2-21　"Zigzag"椅（Gerrit Thomas Rietveld 设计）

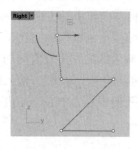

图 1.2-22　绘制折线

由 Gumball 的相关使用经验可知，Rhino 的操作逻辑是"几何物件按路径移动，生成新的几何物件"，即：点运动则生成线，线运动则生成面，面运动则生成体。一旦由点生成线，则线与点脱离；一旦由线生成面，则面与线脱离；一旦由面生成体，则体与面脱离，如图 1.2-21 所示。

在侧视图中，以 _Polyline 命令绘制折线。点选折线段上的点，以 Gumball 调节多段线形态（图 1.2-22）。键入 _Ribbon（彩带）命令，将线偏移为有均匀宽度的面。点击命令栏子选项"距离"（Distance），可精确输入偏移距离。移动鼠标位置，确认偏移的内、外方向，单击确认按钮，即可生成座椅的侧面（图 1.2-23）。

选中所得面，单击 Gumball 上的"小点"，输入数值，将面挤出相应距离，即可得到体（图 1.2-24）。在此过程中，"点""线""面""体"完全分离。因此，删除某点不会影响由该点生成的线，删除某线不会影响由该点生成的面，删除某面不会影响由该点生成的体。因此，在建模过程中，建议将"过程线"独立存放于一个指定图层中，便于管理。

---

①　劳伦斯·哈普林（Lawrance Halprin），20 世纪著名景观设计师。西雅图高速路公园（Freeway Park in Seattle）是其代表作之一，被誉为城市改造和更新与现代主义景观结合上做出的大胆尝试。

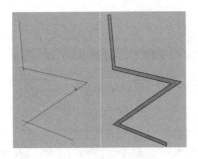
图 1.2-23　生成侧面

图 1.2-24　挤出体

试利用 _Offset、_SetPt 等命令、Gumball 在按住〈Alt〉键时的复制功能，建立图 1.2-25 所示的微地形 [①]。

图 1.2-25　凯斯西储大学（Case-Western Reserve University）校园景观 "Combination"（Athena Tacha 设计）

1.3　Rhinoceros的常用入门功能

1.3.1　常用二维绘制命令

1. 二维倒角

如图 1.3-1 所示，Rhino 中的平面倒角命令与 AutoCAD 一致，包括 _Fillet（倒圆角）、_Chamfer（倒直角）两种。如图 1.3-2 所示，Rhino 中的 _Fillet 命令，相较于 AutoCAD 中的 _Fillet 命令，有更多的子选项可供选择。使用时，点选命令栏的"半径"（Radius）子选项，输入倒角半径数值。然后，依次点选待倒角曲线的毗邻端头即可。

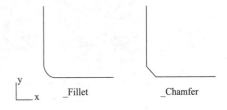
图 1.3-1　_Fillet 与 _Chamfer 命令

---

① 塔哈（Athena Tacha）是著名公共艺术家，专注于特定场地的建筑感雕塑创作。其作品多取材于大海退潮后沙滩上的纹路、梯田等，擅长营造复杂台地形式的硬质景观。这个名为"Combination"（结合）的景观将台阶和台地式跌水相结合，同时也呼应了校园景观的道路轴线。

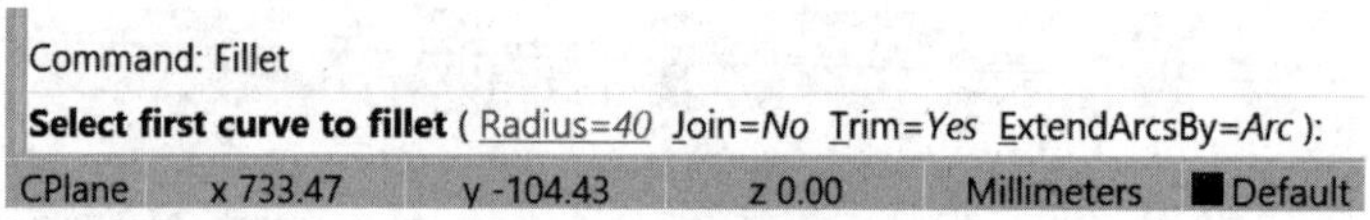

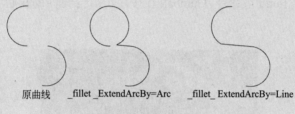

图 1.3-2　倒角命令

拓展

　　如有必要，可设置命令栏中其他子选项。命令栏的"组合"（Join）子选项决定倒圆角后，是否将直线和曲线连接为多重曲线。若欲延长曲线，"延长弧线方式"（ExtendArcBy）子选项包括"以弧延长弧"（by Arc）和"以直线延长弧"（by Line），其倒角效果存在差异（图 1.3-3）。

原曲线　　　　_fillet _ExtendArcBy=Arc　　　　_fillet _ExtendArcBy=Line

图 1.3-3　倒角命令对比

图 1.3-4　倒角命令的妙用

　　倒角命令与 _Blend_P（以垂直模式混接两曲线）相似，也可用于快速地延长并连接两根曲线。若欲将两直线直接延长相接，将 _Fillet 命令的倒角半径（或距离）值设为 0（图 1.3-4）。

2. 三维倒角

　　如图 1.3-5 所示，推广至三维空间，Rhino 中有 _FilletEdge（实体倒圆角）命令。可一次性进行多处曲面边缘的倒角。按住〈Alt〉键，点击曲面交界处待倒角位置一侧，再点选另一侧，可重复设置相同的倒角半径[1]。

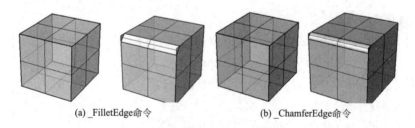

(a) _FilletEdge命令　　　　　　(b) _ChamferEdge命令

图 1.3-5　命令对比

　　例如，建立扶手椅（图 1.3-6）的过程中。需利用 _Polyline（多段线）、_Fillet（倒角）、_Ribbon（彩带）、_Join（合并）、_ExtrudeSrf（挤出曲面）、_Move（移动）等命令，如图 1.3-7 所示。

----

①　相应地，亦有 _ChamferEdge（实体倒直角）命令，将在本书后文中详细介绍。

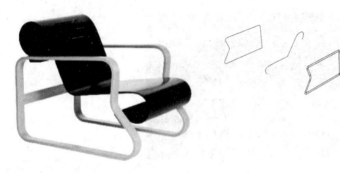

图 1.3-6　第 41 号扶手椅 "Paimio"
　　　　（Alvar Aalto 设计）

图 1.3-7　建模过程

3. 正多边形

除可绘制 AutoCAD 中的正三角形、正方形以外，还可绘制任意边数的正多边形。键入 _Polygon 命令，点选设置其子选项[1]。如图 1.3-8 所示，绘制正六边形的命令为 _Polygon_N=6，绘制正六角星的命令为 _Polygon_S_N=6。

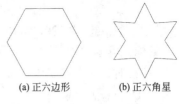

(a) 正六边形　　　(b) 正六角星

图 1.3-8　正六边形与正六角星

1.3.2　常用三维绘制功能

1. 厚板

_Slab 命令用于挤出厚板，多用于建立道路路牙、嵌边铺装、墙体、绿篱等。

[例 1] 生成水池嵌边铺装。

以 DupEdge 命令提取出水池的边线，并点选之，如图 1.3-9（a）所示。键入 _Slab 命令，设置其子选项"距离"（Distance）的值。移动鼠标，控制所生成厚板的底面方向，如图 1.3-9（b）所示。将鼠标移至上空方向，并输入厚板的高度，如图 1.3-9（c）所示。

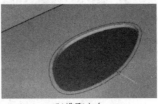

(a) 提取边线　　　　　　(b)选取方向　　　　　　(c) 挤出高度

图 1.3-9　挤出厚板过程

试建立图 1.3-10 中的景观水池[2]。

---

① 包括多边形的边数（NumSides，N）、是否呈星形（Star，S）、是否垂直于当前工作平面（Vertical，V）等。

② 托马斯·丘奇（Thomas Church），20 世纪著名景观设计师，是现代主义景观设计的开创者之一，创立了被称作"加州花园"（California Garden）的现代园林风格。1948 年建造的唐纳花园（Donnel Garden）为其代表作，是现代景观设计史上的一个重要的里程碑。

图 1.3-10　唐纳花园（Thomas Church 设计）

[例 2] 生成墙体。

首先，绘制墙中线，并将所有墙中线以 _Join 命令接合。键入 _Slab 命令，调整"距离"子选项的值为 120，选择"两侧"（Both Sides）子选项（图 1.3-11）。点选墙中线。移动鼠标，可预览墙体平面边界位置。向上空方向移动鼠标，输入墙体高度数值（图 1.3-12）。此时，已建得墙体。如图 1.3-13 所示，点选右侧工具栏右上角齿轮状图标，勾选"显示"（Display）菜单列。

```
Command: Slab
Select curve to slab ( Distance=24 Loose=No ThroughPoint BothSides InCPlane=No ): Distance
Offset distance <24.00>: 120
Select curve to slab ( Distance=120 Loose=No ThroughPoint BothSides InCPlane=No ):
```

图 1.3-11　命令栏

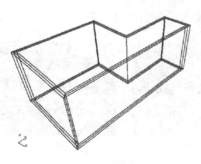

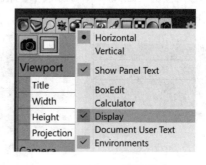

图 1.3-12　向上挤出　　　　　　图 1.3-13　菜单列

如图 1.3-14（a）所示，勾选"显示"菜单列中的"曲面结构线"（Surface Isocurve）选项，可开启物件结构线的显示。结构线是 Rhino 中物件重要特征之一。通常，保持"曲面结构线"选项被勾选。在该选项被勾选的情形下，点选墙体，可观察到生成的墙体尚不是"最简"状态，存在许多不必要的棱。如图 1.3-14（b）所示，为进一步简化墙体，依次使用 _MergeAllEdges（合并所有冗余的棱）命令和 _MergeAllFaces（合并所有共面的面）命令，对墙体进行操作。完成后，点选墙体，可发现冗余的棱和面都被清除了。

2. 连线、封面

使用 _Join 命令，可接合多条首尾相接的曲线，使之成为一条连续曲线，此曲线可能闭合，亦可能不闭合。使用 _CloseCrv 命令，可将未闭合曲线强行闭合。使用 _Explode 命令，炸开被 _Join 在一起的线段，使之解散为若干条独立线段，如图 1.3-15 所示。

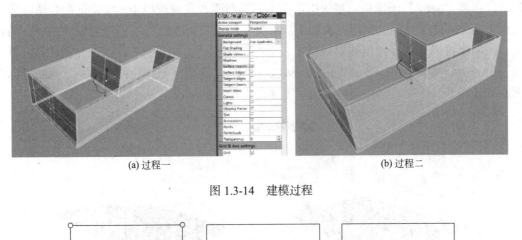

(a) 过程一　　　　　　　　　　　　　　(b) 过程二

图 1.3-14　建模过程

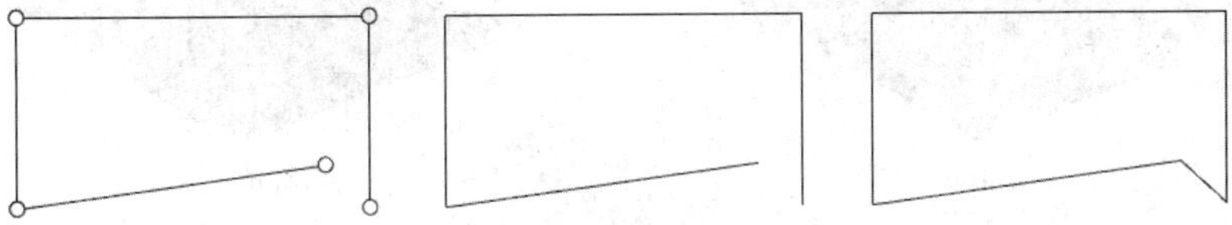

4条直线段　　　　　_Join为连续线段　　　　　_CloseCrv闭合线段

图 1.3-15　连线命令

如图 1.3-16 所示，使用 _PlanarSrf 命令，可将位于相同标高的闭合曲线封为平直面。如图 1.3-17 所示，使用 _Split 命令，可用两端与所在面边缘相接的线切开面，使之成为多个分离的面。如图 1.3-18 所示，对于已被 _Split 命令切割相接的面，可用 _Join 命令使之接合，并用 _MergeAllFaces 命令消除冗余的结构线。

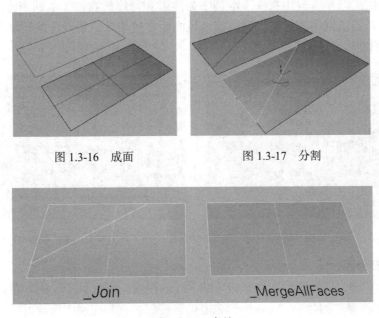

图 1.3-16　成面　　　　　　　　　　　图 1.3-17　分割

图 1.3-18　合并

3．重置点坐标

如图 1.3-19（a）所示，_SetPt（重置点坐标）命令用于将物件"拍平"至指定平面上。通常使用其"Set Z"子选项，将使指定物件标高归零。景观建模中，常用此命令消除曲线的微小高差，便于封面。使用方法如下：首先，键入 _SetPt 命令，点选需要"拍平"的物件，按回车键确认。在弹出的对话框中，选择"设定 Z 方向坐标"（Set Z），"对齐世界坐标"（Align to World）选项。如图 1.3-19（b）所示，点选需要将物件"拍平"到的目标平面上的任意点。这样，物件便被"拍平"到指定标高的平面上。

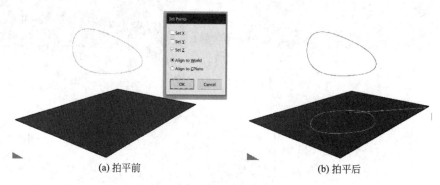

(a) 拍平前　　　　　　　　　　　　(b) 拍平后

图 1.3-19　拍平操作

1.3.3　常用三维编辑功能

1．修剪

使用 _Trim（修剪）命令，不仅可如 AutoCAD 中"以线修剪线"，亦可"以线修剪面"。已知如图 1.3-20 所示的圆和曲面。如图 1.3-21 所示，切换至 Front 视图。键入 _Trim 命令，依次选择修剪用物件（本例中为圆）和待修剪物件（本例中为曲面）。如图 1.3-22 所示，若点选圆内部区域，则内部区域曲面将被切除；若点选圆外部区域，则外部区域曲面将被切除。

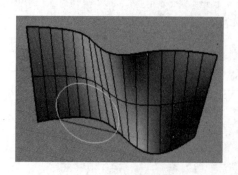

图 1.3-20　修剪

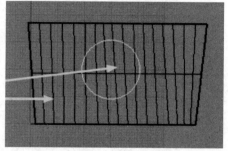

图 1.3-21　点选

2．插入参考图

长按鼠标左键，拖动图片文件至相应的 Rhino 视窗，释放鼠标左键。在弹出的对话框（图 1.3-23）中选择"图片"（Picture），单击确认按钮。在相应视图拖动鼠标，控制导入图片的显示尺寸[①]（图 1.3-24）。

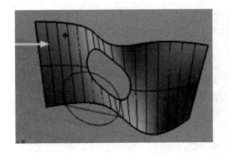 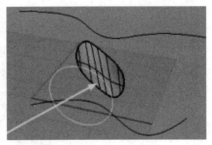

图 1.3-22 分别修剪内、外部区域曲面

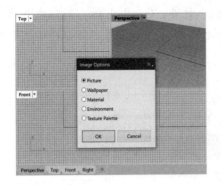

图 1.3-23 对话框

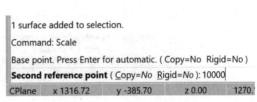

图 1.3-24 输入参照点

1.3.4 基底、系与工作平面

设 $\{a,b,c\}$ 是构成三维空间中任一空间向量 V 的一个基底（Base），即 V 均可由 a、b、c 分解表示，即 $V=\lambda a+\mu b+\sigma c$，依据 a、b、c 的排序可知构成不同方向的系的基底。若 $\{a,b,c\}$ 是右手系，则 $\{b,c,a\}$ 和 $\{c,a,b\}$ 仍是右手系（Right-Handed System）的基底，而 $\{b,a,c\}$、$\{a,c,b\}$、$\{c,b,a\}$ 是左手系（Left-Handed System）的基底。Rhino 中的世界坐标采用右手系表示。空间直角坐标系中，OX、OY、OZ 三个方向的向量两两垂直，构成 Rhino 世界空间中的一组默认标准正交基底（Standard Orthonormal Base）。其中，XOY 平面被定义为默认工作平面（Standard CPlane），如图 1.3-25 所示。

切换"工作平面"的本质，即是设定用来合成空间向量的一组正交基底（Orthonormal Basis）。将工作平面分别切换为物件的顶面、前面、侧面，此时，坐标系发生了相应改变。不再是默认工作平面

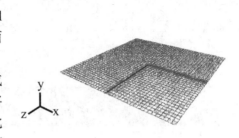

图 1.3-25 默认工作平面

---

① 若欲精确地按照指定两点间的距离缩放图片，操作与 AutoCAD 中的"缩放"完全相同，即：键入 _Scale 命令，依次点选指定的 2 个参照点，然后，在命令栏键入两点间的距离值。

所在 XOY 坐标系（图 1.3-26）。

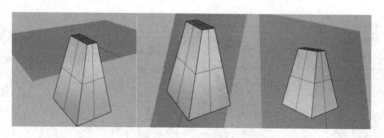

图 1.3-26　设置工作平面

在 Rhino 中，所有几何对象的绘制都以工作平面为基准。例如，绘制窗框线于墙体立面上，则该立面便是绘制窗框线所依据的工作平面。此外，Gumball 的方向亦由默认工作平面确定。为确保始终在指定的工作平面上进行操作，通常保持最下方状态栏中的平面模式（Planar Mode）始终开启（图 1.3-27）。

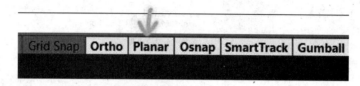

图 1.3-27　底部栏

景观建模中常用工作平面的设定命令有：

（1）_CPlane_O 命令，按物件设定工作平面。此命令普遍适用于将工作平面设定至任意已建的曲面上。

（2）_CPlane_P 命令，按指定的三点设定工作平面。此命令通过共面的三点，生成过该面的工作平面。

（3）_CPlane_W_T 命令，恢复工作平面至默认工作平面，即 XOY 平面。在完成特定工作平面绘制后，务必使用此命令将工作平面重新恢复至默认工作平面。

命令图标位于菜单栏的 CPlane（工作平面）分类之下，如图 1.3-28 所示。欲将工作平面切换到物件上的某个指定面，则需键入 _CPlane_O 命令，然后，直接点选体上的指定面（如下图）。键入 _CPlane_W_T 命令，即可恢复默认工作平面，如图 1.3-29 所示。

图 1.3-28　图标位置

图 1.3-29　工作平面

1.3.5　超级选择

Rhino 中，点、线、面、体完全分离。欲提取体上的面、线，或面的边线，则须使用超级选择（Superior Selection）操作，即同时按住〈Ctrl〉键和〈Shift〉键，然后点选相应需要选取的对象。

1. "超级选择"线对象

如图 1.3-30（a）所示，按住〈Ctrl〉+〈Shift〉键，点选长方体的某条棱，棱的边缘将会显示为黄色；如图 1.3-30（b）所示，若拖动该面的 Gumball 的方向箭头，则长方体会变为截面为梯形的柱体。如图 1.3-30（c）所示，"超级选择"出长方体顶部的两条棱，然后，按住〈Shift〉键，并按 Gumball 的"小方块"，则可得到侧面为梯形的棱锥。

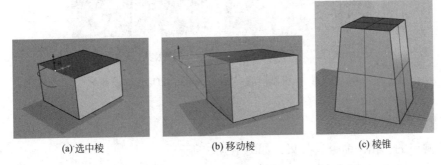

(a) 选中棱　　　　　　　(b) 移动棱　　　　　　　(c) 棱锥

图 1.3-30　超级选择

2. "超级选择"面对象

如图 1.3-31（a）所示，按住〈Ctrl〉+〈Shift〉键，点选长方体的某个立面，该面的边缘将会变为黄色。如图 1.3-31（b）所示，若拖动该面的 Gumball 的方向箭头，则长方体会发生长度形变。如图 1.3-31（c）所示，若按住〈Ctrl〉+〈Shift〉，点选某个面后，以 Gumball 的"小方块"或 _Scale 命令对其缩放，则可得到上下尺寸不同的几何体。如图 1-31（d）所示，若在缩放该面的过程中，按住〈Shift〉键，并按 Gumball 的"小方块"，则可得到类似梯台的几何体。如图 1.3-31（e）所示，运用"超级选择"与 Gumball，可对几何体进行抬角、挤出等基本形变操作。

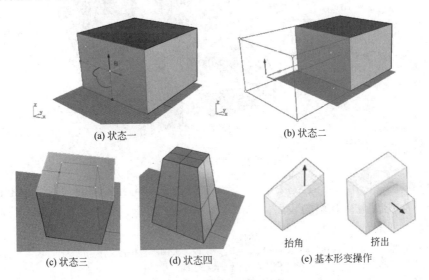

(a) 状态一　　　　　　　　　　　　(b) 状态二

(c) 状态三　　　　　(d) 状态四　　　　抬角　　　挤出
　　　　　　　　　　　　　　　　　　(e) 基本形变操作

图 1.3-31　超级选择面对象

练习

试建立图 1.3-32 所示水景景观①。

图 1.3-32　演讲堂前庭广场（Lawrance Halprin 设计）

1.3.6　建立洞口

关于洞口的各相关命令②效果，如图 1.3-33 所示。

_WireCut 线切割，可切穿，亦可不切穿；

_CopyHole 复制洞口；

_UntrimHoles 取消已建立的洞口，俗称"填洞"；

_ArrayHole 阵列洞口；

_MoveHole 移动洞口。

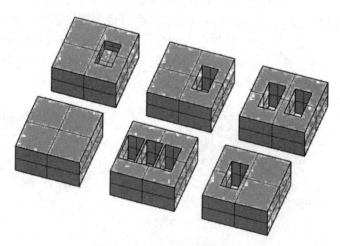

图 1.3-33　关于洞口的命令

　_WireCut（线切割）命令常被用于开洞，操作方法如下：使用前，先以 _CPlane_O 命令将工作平面切换至待开洞的表面，如图 1.3-34（a）所示。然后，在该面上绘制洞口轮

---

①　演讲堂前庭广场（Auditorium Forecourt Plaza）是景观设计大师哈普林为波特兰市设计广场系列的第三站。其硬质景观通过混凝土和水，以极富雕塑感的手法呈现了台地微地形。

②　键入相应命令后，直接点选待操作的洞的任意边缘即可。

廓线，确保其闭合且被 _Join 在一起，如图 1.3-34（b）所示。键入 _WireCut 命令，先选择洞口轮廓线，再选择待切割的物件（此处即墙体），再选择切割拉伸范围（可切穿，亦可不切穿），按鼠标左键，如图 1.3-34（c）所示。按回车键确认，完成开洞。最后，以 _CPlane_W_T 命令恢复默认工作平面，如图 1.3-34（d）所示。_WireCut（线切割）与 _MakeHole（挖洞）命令有所区别。_WireCut 命令可沿着工作平面垂线方向切穿（或不切穿）体；_MakeHole 命令仅能沿着基准面的垂线方向完全切穿体。

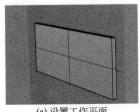
(a) 设置工作平面

(b) 绘制框线

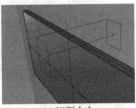
(c) 切割命令

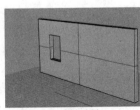
(d) 完成效果

图 1.3-34　线切割

试建立图 1.3-35 中的"高架水渠"[①]。

图 1.3-35　乡村俱乐部公园（Luis Barragan 设计）

_UntrimHoles 命令仅适用于在封闭多重曲面（Closed Brep，俗称"闭合体"）上的、未切穿"闭合体"边缘的洞口。若"闭合体"的边缘在以 _WireCut 命令"开洞"时被切穿，则 _UntrimHoles 命令失效，如图 1.3-36 所示。因此，在设计推敲阶段，应避免"开"出完全切穿"体"边缘的洞[②]。

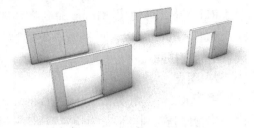

图 1.3-36　_UntrimHoles 命令

---

① 巴拉甘（Luis Barragán），20 世纪知名的墨西哥建筑师，1980 年普利茨克奖得主，主张建筑 – 景观一体化设计。巴拉甘毕生完成的全部建筑、景观、工业设计作品，都完成于墨西哥，富有地域特色。

② 使洞口边线离"体"的边缘保持较小间距，以便于后期以 _UntrimHoles 命令"填洞"、以 _MoveHole 命令"移动洞口"等操作。

练习

综合运用本节知识，试建立图1.3-37中的左侧带窗的墙体。

图1.3-37　苏州博物馆墙体（贝聿铭设计）

拓展

　　对于Mesh曲面，可使用_FillMeshHoles命令填补其上的洞口，与_Untrim（取消修剪平面）、_UntrimHoles（填洞）命令亦类似，如图1.3-38所示。

图1.3-38　_FillMeshHoles操作前后

1.3.7　组与图层

1. 组

　　Rhino中，可使用_Group命令将物件归为一组。使用_Ungroup命令，可解散组。使用_AddToGroup命令，可将组以外的物件加入组。使用_RemoveFromGroup命令，可将物件从组中移除。

2. 图层

　　由于Rhino具有类似AutoCAD的"图层管理"逻辑，不必过多借助"组"相关命令，而是将物件分门别类地归为相应图层，进行管理和调用。最为基本的"图层"相关功能如下[1]：

　　点击右侧栏顶部"图层"（Layer）选项卡面板（图1.3-39），可与AutoCAD中类似地进行图层管理操作。图层列表中，常用按键及其功能如下：单击"一页纸"状图标，可

①　关于"显示"与"出图"的相关内容，将在本书第6章详细展开。

026

新建图层。✔符号标明了当前图层（Current Layer）。所有在当前状态下绘制的物件，都将被自动归入该图层。点击该栏，可设定当前图层；点击灯泡状图标 ，可显示 / 隐藏图层；点击锁状图标 ，可锁定 / 解锁图层；可为每个图层建立子图层（Sub Layer）。子图层与父图层构成嵌套关系。

　　Rhino 中，单个物件是其所在图层的子对象（Sub Object），图层是其包含物件的父对象（Parent Object）。因此，物件的材质通常以所在图层的材质决定。点击空心圆状图标 ，可设定图层材质① （图 1.3-40）。若在"渲染模式"下，发现子对象物件的材料未与父对象的材料统一，如下操作：按〈Ctrl〉+〈A〉快捷键，全选模型中所有物件，在右侧栏上方处，点选"属性"（Properties）选项卡的"材料"（Material）子选项卡（图标如颜料状），点选"选框栏"，选择其中的"使用图层材质"（Use Layer Material）选项即可，如图 1.3-41 所示。

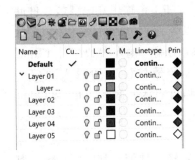

图 1.3-39　"图层"选项卡面板

图 1.3-40　设定图层材质

图 1.3-41　统一父子对象材质

1.4* Grasshopper的界面与基本功能

1.4.1　定义与参数控件

1. 定义

　　Grasshopper 是 Rhino 软件的参数化平台，Rhino 的"记录建构历史"（Record History）功能可将建模过程的历史树（History Tree）"隐性"地存储在后台，但无法以程序化的方式，精准地调控建模逻辑过程。与"隐性历史"相对，Grasshopper 曾名为"显性历史"（Explicit History），顾名思义，即是供设计师、工程师使用的可视化图形编程编辑器。Grasshopper 从根本上改变了工程建模的工作流程，已在工业设计、建筑学、城乡规划、珠宝设计等领域得到广泛应用。

　　由 Grasshopper 创建的可视化程序是基于定义（Definitions）的。这些定义由以连线连接的节点（Nodes）构成。每个程序的数据都从左侧的节点传至右侧的节点② （图 1.4-1）。

---

　　① 不同材质具有不同的结构性能和质感，故在设计过程中，合理"取材"很重要。CMF 设计（Colour–Material–Finishing Design）是近年来在工业设计、建筑设计中出现的新兴概念，指在设计形态不变的情形下，对设计中采用的颜色、材质、表面处理等方面的设计。

　　② 位于相对较左侧的节点统称为"上游"（Upstream），位于相对较右侧的节点统称为"下游"（Downstream）。

Grasshopper 中包含两类用户对象（User Object），分别是参数控件（Parameters）和运算器（Components）。以数据定义行为（Action）的输入端，得到新的数据的过程，便是"参数化运算"。

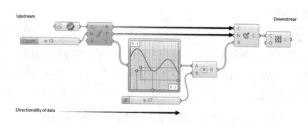

图 1.4-1　程序的定义

2. 参数控件

参数控件是容器（Container）对象，通常仅有 1 个输入端和 1 个输出端。参数控件储存的数据类型包括数量、颜色、几何等。每个参数控件都以带有六边形状图标标识。几何参数可从 Rhino 中直接拾取，抑或继承自其他运算器的输出端。输入参数控件（Input Parameters）是动态干扰（Dynamic Interface）对象。"输入参数控件"的输入数值与 Grasshopper 程序"定义"产生相互影响。常见的输入参数控件有 Number Slider 和 Graph Mapper 两种。

（1）Number Slider（数值滑块）

Number Slider 是最为常用的"输入参数控件"，用以确定输入数值。其图标为 。其输入值属性可依据定义来变更。在 Number Slider 上右击鼠标，选择"Slider type"，可改变滑块类型，如浮点型（Floating point）、整型（Integers）、奇数集（Odd numbers）和偶数集（Even numbers）（图 1.4-2）。双击 Number Slider，在弹出的 Slider 对话框中，可详细设定相关参数（图 1.4-3）。具体将在本书后续章节中详述。

图 1.4-2　滑块类型

图 1.4-3　设定参数

（2）Graph Mapper（图像映射器）

Graph Mapper 控件 通过其 X 轴、Y 轴对应点位置改变输出的二维图像，用于控制基于坐标"格点"的函数图象。每次移动该控件上"格点"位置，GH 都会再次求解。在其图标上点击鼠标右键，可在菜单项"Graph type"中选择图像类型（图 1.4-4）。双击该控件，可在弹出的 Graph Editor 对话框中，改变 X 和 Y 的定义域。

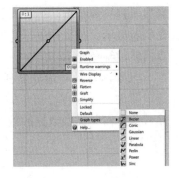

图 1.4-4 选择图像类型

1.4.2 运算器

Grasshopper 中，常用函数、程序块都被封装在运算器[①]（Component）中。通过连接这些运算器，进行可视化编程。每个运算器都有输入端和输出端。输入端位于运算器图标左侧，输出端位于运算器图标右侧。输入端和输出端统称为"端口"。某些运算器仅具有输入端，而无输出端，其图标右侧呈锯齿状（图 1.4-5）。

将运算器相连接的方式如下：按住鼠标左键拖动，可使 2 个运算器的输出端、输出端彼此连接。按住〈Shift〉键，从 1 个运算器的输出端出发，按住鼠标左键拖动，可将该运算器的输出端连接至多个（Multiple）运算器的输入端。按住〈Ctrl〉键，从 1 个运算器的输出端出发，按住鼠标左键拖动，可将该运算器的输出端与其他运算器的输入端断开连接（图 1.4-6）。

图 1.4-5 运算器图标

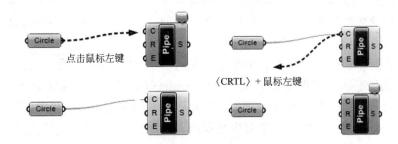

图 1.4-6 使 2 个运算器彼此连接 / 断开连接

当运算器被选中时，将以绿色显示。当运算器报错时，将以橙黄色显示。若欲禁用某运算器，在其图标上单击鼠标右键，选择"Disable"，此时，运算器以暗灰色显示，且将不会向其"下游"的运算器发送数据。每个 GH 对象都具有对应的图标和文字标识[②]。通过菜单栏"Display-Draw Icons"可在图标和文字显示方式间切换。每个运算器对应有全称、简称。通过"Display-Draw Full Names"可切换显示每一对象的全称和简称，其输入端与输出端名称也将对应变化（图 1.4-7）。欲快速找到 GH 程序中的指定运算器在菜单栏中的具体位置，可在按〈Ctrl〉+〈Alt〉键的同时，单击选择界面上已存在的运算器，面板上

---

① 俗称"电池"。

② 有时，不同运算器可能采用相同的简称，彼此之间容易产生混淆。例如，Circle CNR 和 Circle3Pt 运算器的简称都是"Circle"。

会显示其具体位置。运算器的不同显示颜色也标识了其当前属性。正常运作的运算器将以亮灰色显示，被禁用的运算器将以暗灰色显示。被选中的运算器将以绿色显示，报错的运算器将以红色显示。

当鼠标移动至运算器任意端口上方时，会弹出工具提示（Tooltips），显示鼠标所指端口需输入（或将输出）的特定子对象（Sub-Object）类型和数据属性。对于 GH 中用以输入"几何"类型数据的输入端，可以鼠标右键点击其端口，选择待拾取几何物件方式[①]（图 1.4-8）。

图 1.4-7　运算器的不同显示样式

图 1.4-8　鼠标右键菜单

1.4.3　参数数据

GH 参数数据[②]有 Volatile 型和 Persistent 型两种形式。Volatile 数据是非永久的，将在每一次求解完毕后被清除。每当 Volatile 数据发生变化，将会触发重新求解的过程，场景（即 GH 小程序所生成的物件）也将随即更新。例如，前文介绍的"输入参数控件"的数据类型便为 Volatile 型。

可以改变参数控件或运算器的参数数据储存方式，选择是继承（Inherited）的或内嵌（Stored）的。右击对象的端口，选择"Internalise Data"（数据内嵌化），可将数据从 Volatile 型变为 Persistent 型。如此设定后，数据将不再随输入值而更新。若欲将某输入端的数据变回 Volatile 型，则加入一个对应数据类型的参数控件，与之连接即可。也可在端口上方单击鼠标右键，选择"Extract Parameters"（提取参数），GH 将自动创建与端口相连的参数控件。可在菜单 Display-Draw Fancy Wires 开启或关闭"凸显连线[③]"（Fancy Wires）（图 1.4-9）。

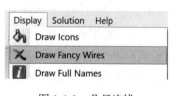

图 1.4-9　凸显连线

在未选择显示"凸显连线"时，GH 中所有连线均以无分别的实线标识。在选择"凸显连线"后，从连线中流经的数据属性、数据结构将会影响连线的显示样式（图 1.4-10）。橙色连线表示运算器没有被传递的数据信息。灰色虚线连线

---

① 包括"Set one…"（设置单个……）、"Set multiple…"（设置多个……）、"Manage…collection"（管理……集）。

② 数据一般有两种储存方式，储存于参数控件的永久记录集（Permanent Record Set）中，或从他处（如运算器的输出端）继承到数据。每个 GH 对象的输入端都定义了输入参数的类型（或来源）。

③ 各 GH 对象间的连线（Wires）代表着"定义"中数据流的传递。

表示在运算器间传递的数据带有数据结构。灰色双线连线表示流经某一运算器的信息带有列表（List）数据[1]。在运算器的指定输入端处，右击鼠标，选择"Wire Display"菜单项，进行设置（图1.4-11）。

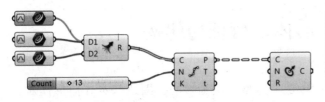

图1.4-10　连线的显示样式（彩图见附录B）　　　　图1.4-11　连线显示方式设定

"扁平显示"方式下，连线将变为半透明细线。"隐性显示"多用于只有单一输入数据的输入端。在该显示方式下，连线将不可见，输入端处将变为信号状图标。"输入参数控件"中的数据将■■■■输至运算器的输入端。当鼠标选中运算器时，连线将暂时显示。例如，■■■■■■le Curve运算器的N输入端和"输入参数控件"Count之间的连■■■■■■示"；Divide Curve运算器的P输出端与Circle CNR运算器的C■■■■■是"扁平显示"。

图1.4-12　连线显示范例

■■口

■■部分，分别是核心库、软件本体和扩展。

■■和对象的基本集合。其核心代码是OpenNurbs库。

软■■■干核心库的扩展程序集合。在开发软件功能时，

Rhinoce■■■■的方式[2]。

扩展■■■内容：①Rhinoceros的开发端口及库（API）（如

IronPython■■■（如Rhino7的SubD, Rhino5的TSpline等）；

③宏和插■■■■Landsdesign等）；④渲染器接口（如VRay、

Enscape等■■■■体、核心库，完成相关操作。Rhino 6及之后

版本中，附加■■■软件本体和核心库，用户不需单独安装。

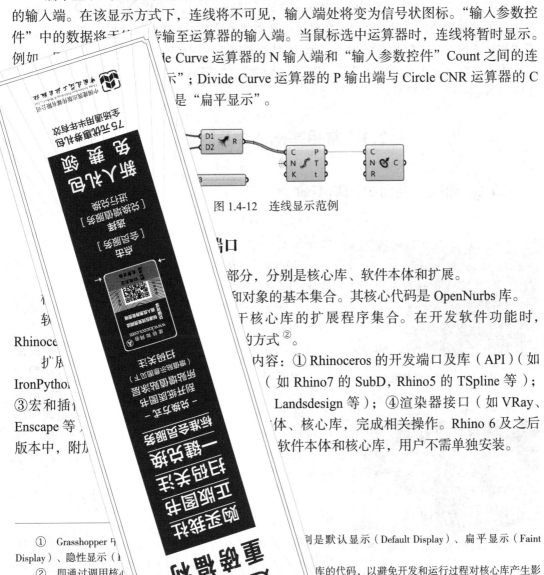

① Grasshopper中■■■■■■■■■别是默认显示（Default Display）、扁平显示（Faint Display）、隐性显示（■■■

② 即通过调用核心■■■■■库的代码，以避免开发和运行过程对核心库产生影响。

第 2 章　形体、特征与建构

　　本章以"非均分有理 B 样条"（Nurbs）造型方法为核心，围绕基本几何形体对象（点、线、面、体）的演进，逐一剖析其特征，体现建模中的建构思维。

　　本章将从 Nurbs 曲线的性质（基本属性、可塑性、连续性）出发，深入至 Nurbs 曲面建构的基本方法。同时，穿插介绍 Rhino 中最为基础的绘制、编辑命令，以及工作平面、图块等重要基础功能。最后，以景观设计中常遇到的景观构筑物、微地形为例，以形体分析法作为建模方法，初步展现 Rhino 软件在线性形态为主的单体建模中的应用。

　　本章末深入浅出地阐述了节点、曲率、连续性、空间向量等核心数学背景知识，有助于理解 Nurbs 的本质特征。

2.1　常用基础命令及其对比

2.1.1　曲线、曲面绘制基本命令

图 2.1-1　_Match 命令

图 2.1-2　陀螺形景观椅（Thomas Heatherwick 设计）

　　首先，简要介绍 Rhino 中其他的若干曲线和曲面绘制命令。

　　_Match（衔接曲线）命令在默认状态下可使 2 根曲线同时发生形变，使之相接。

　　若点选该命令"维持另一端"子选项，则可通过调节曲线的形态，以匹配另一曲线（图 2.1-1）。

　　_Ribbon（彩带）命令可将由原始曲线偏移出的曲线与原始曲线之间成面；_Slab（厚板）命令以中线为参照，偏移得到等宽度、等高度的体。常用于绘制墙体、路牙、绿篱等；_Fin 命令可单根地沿指定曲面的法向量方向拉伸指定曲线。接下来，以户外设施、景观小品、建筑构造为例，介绍 Rhino 中若干常用基础命令在异形景观建模中的运用。

　　_Revolve（旋转体）命令可用于生成类似图 2.1-2 中的形态。

　　由母线（Generatrix）以同一平面内的一条直线作为旋转轴（Axis of Rotation）进行旋转变换，可得到由封闭的旋转面围成的几何体，称作旋转体（Solid of

Revolution）。首先，在 Front 视图中，绘制中心对称线（中轴）与基本轮廓曲线（母线）。以 _BlendSrf 命令的 G_1 连续条件混接曲面，使用 _Join 命令接合为连续的母线（图 2.1-3）。切换至透视视图。键入 _Revolve 命令，依次选择母线、中轴的起始点、中轴的终点，旋转起始角（0°）、旋转终止角（360°）（图 2.1-4）。在 Front 视图中以 _Rotate 命令旋转陀螺形景观椅（图 2.1-5），效果如图 2.1-6 所示。

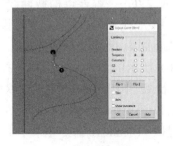

图 2.1-3　混接曲线

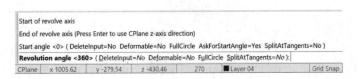

图 2.1-4　_Revolve 命令子菜单

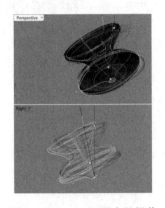

图 2.1-5　Front 视图中的操作

图 2.1-6　效果

试建立图 2.1-7 所示灯具。

图 2.1-7　20 世纪著名灯具 "HP 吊灯" 1 号（Paul Henningsen 设计）．

_Sweep1（单轨扫掠）命令。构建通过一系列轮廓曲线组成的曲面的建模方式称为扫掠（Sweep）。通常，扫掠分为单轨扫掠（Sweep by 1 rail）、双轨扫掠（Sweep by 2 rails）。_Sweep1 选项对话框的"曲线选项"（Curve Options）栏目中，有若干可供设置的子选项。若不勾选"不要简化"（Do not change cross section），则在扫掠前，将自动设置截面线控制点数，重建所有截面线，然后进行放样。若勾选"以……个控制点重构截面线"（Rebuild cross section with … control points），则在扫掠前，将先按设定的控制点数，求出其逼近曲线，

然后进行放样。若勾选"以……容差重构截面线"（Refit cross section with …），则在扫掠前，将先按设定的容差值，求出其逼近曲线，然后进行放样。

接下来，以图 2.1-8 所示的案例，介绍单轨扫掠命令。首先，在 Front 视图中确定基本准线。对部分端部出头的直线以 _Split 命令修剪（图 2.1-9）。对曲线端点位置以 _BlendCrv 命令混接，以 _PointsOn 命令打开其控制点，适当调节。将弧线与直线以组合（_Join）命令接在一起，得到路径曲线（图 2.1-10）。

图 2.1-8 "水明"装置（妹岛和世设计）

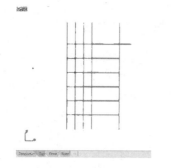

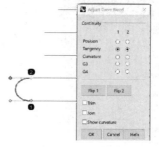

图 2.1-9 修剪　　　　图 2.1-10 路径曲线

在路径曲线的起始端头处作一短直线，以 Rebuild 命令重建为 6 点 5 阶曲线，并以 Gumball 命令调节其控制点位置，得到扫掠的截面线（图 2.1-11）。以 _Sweep1 命令扫掠，依次选择路径曲线与截面线。然后，以操作轴挤出厚度即可。效果如图 2.1-12 所示。

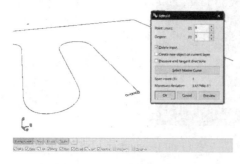

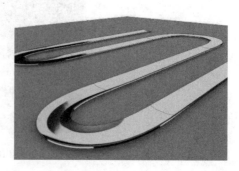

图 2.1-11 重建曲线　　　　图 2.1-12 效果

在 Rhino 中，若进行单轨扫掠时的截面线为正圆形，则扫掠所得物件是管体，可直接由命令 _Pipe 绘制管体，且在其子选项中，"加盖"（Cap）可自定义管体是圆头管或是方头管；"直径"（Diameter）或"半径"（Radius）选项可指定圆管在其起始、终止截面上圆的半径值（管径）等（图 2.1-13）。

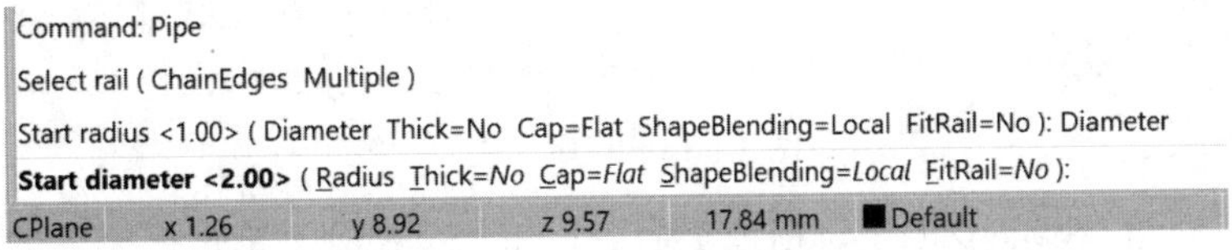

```
Command: Pipe
Select rail ( ChainEdges  Multiple )
Start radius <1.00> ( Diameter  Thick=No  Cap=Flat  ShapeBlending=Local  FitRail=No ): Diameter
Start diameter <2.00> ( Radius  Thick=No  Cap=Flat  ShapeBlending=Local  FitRail=No ):
CPlane       x 1.26          y 8.92          z 9.57          17.84 mm    ■Default
```

图 2.1-13　圆管绘制

若欲获得的管体不是截面为圆形的圆管，而是截面为矩形的方管，则需利用 Grasshopper 编制实现"绘制方管"功能的小程序。该程序可通过拾取方管的基准曲线，输入截面矩形宽度、截面矩形长度、方管倒圆角的半径等参数，自动地批量生成相应的方管。完整的 Grasshopper 小程序如图 2.1-14 所示。建议读者利用本书 3.3.1 节中介绍的方法，将该程序封装为 Cluster，便于反复调用（图 2.1-15）。

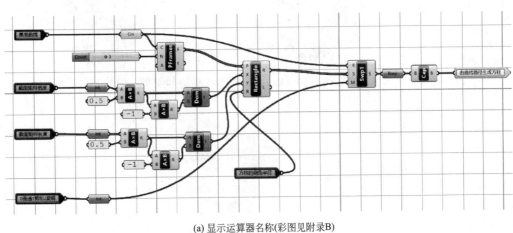

(a) 显示运算器名称(彩图见附录B)

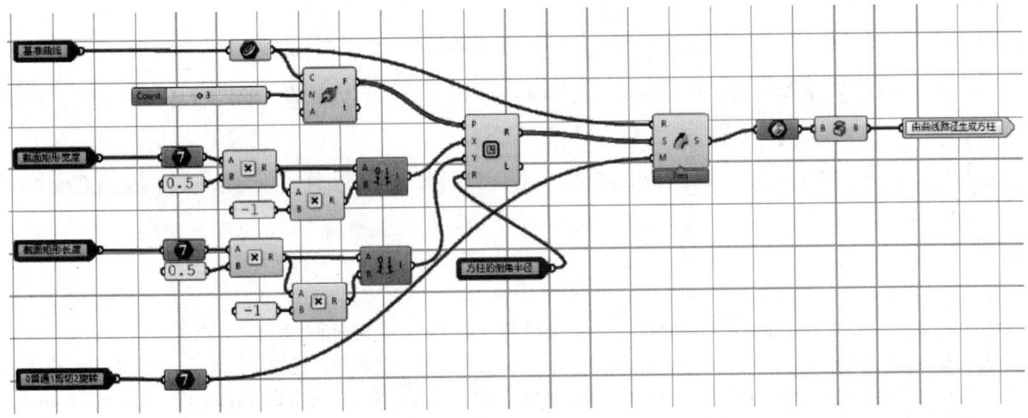

(b) 显示运算器图标

图 2.1-14　程序（一）

(c) 封装后的Cluster

图 2.1-14　程序（二）

接下来，介绍 _Sweep2（双轨扫掠）命令。将 _Sweep1（单轨扫掠）过程中的准线，即 1 条 "轨"（路径线）变为 2 条，便构成了 _Sweep2（双轨扫掠）命令。"双轨扫掠"命令所得物件形态，同样受路径线和截面线的共同影响，而截面线的两端点必须落在 2 条路径线上。操作方法：键入 _Sweep2 命令，先点选 2 条路径线[1]，这 2 条路径线决定曲面整体走势。然后，点选截面线，其数目不限，相当于待构成曲面的结构线（图 2.1-15）[2]。

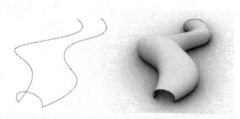

(a) 2条路径线，1条截面线，进行"双轨扫掠"

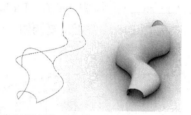

(b) 2条路径线，3条截面线，进行"双轨扫掠"

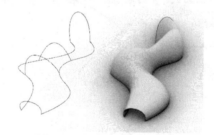

(c) 2条路径线，4条截面线，进行"双轨扫掠"

图 2.1-15　扫掠命令

下面，以新艺术运动时期[3]著名设计师高迪设计的景观座椅（图 2.1-16）为例，阐述"双轨扫掠"命令的建模步骤。

首先，绘制 2 条具有一定间隔的直线。以 _Divide 命令求其等分点，以 _InterpCrv 命令

---

① 俗称"轨"。

② 简而言之，2 条路径线将成为曲面的边界线，若干条截面线将成为曲面的结构线。

③ 新艺术运动（Art Nouveau）是 19 世纪末 20 世纪初欧洲兴起的一场内容广泛的设计运动。它反对工业化风格，主张走向完全的自然主义，强调自然中不存在直线和完全的平面，在装饰风格上突出表现有机形态（Organic Form），即线条和流动状轮廓融为一体，刻意采用不对称形式，色彩选用浅色的奶油色系，在形式上注重象征性。西班牙新艺术运动的代表者高迪（Antoni Gaudí）设计了古埃尔公园（Güell Park，或译"奎尔公园"），是新艺术运动的有机形态风格园林景观发展到极致的代表作。

作依次间隔穿过这些点的内插点曲线，如图 2.1-17（a）所示。以 _Line_P_O（直线 - 垂直 - 线的起点为曲线上的点）命令，在曲线的一端，作过端点的垂线，长度为凳面最大宽度，如图 2.1-17（b）所示。执行 Gumball 命令将该直线向上挤出成面，将此面以 _CPlane_O 命令设为工作平面，如图 2.1-17（c）所示。

图 2.1-16　巴塞罗那 Güell 公园局部景观座椅（Antoni Gaudí 设计）

在此工作平面上以 _Polyline 命令绘制闭合的多段线，作为座椅的截面线。键入 _Fillet 命令，以适当半径对多段线各端头处倒圆角（图 2.1-18）。选中已绘制的底部路径线，按住〈Alt〉键，拖动 Gumball 的向上分向箭头，将该路径线平行地向上复制一份，使其与截面线的顶部端头处相交。以 _EditPtOn 命令打开复制所得路径线的编辑点，并间隔选择编辑点[1]，以 Gumball 向上移动，使曲线变为波浪状起伏，得到顶部路径线（图 2.1-19）。

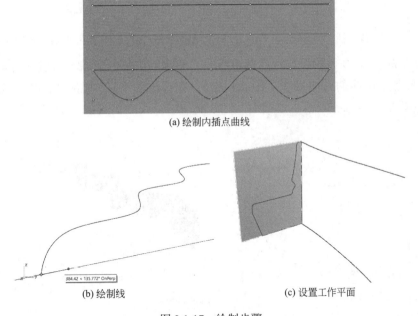

(a) 绘制内插点曲线

(b) 绘制线　　　　　　　　　　　(c) 设置工作平面

图 2.1-17　绘制步骤

以 _EditPtOn 命令打开底部路径线的编辑点。以 _Line_P_O 命令，从底部路径线上各编辑点出发，作过端点的垂线（图 2.1-20）。以与上述相同的方法，绘制座椅椅背较高处的截面线（图 2.1-21）。以 _Orient_Copy=Yes，_Scale=No（基准对齐，复制、无缩放）命令[2]，分别点选原截面线底部的 2 个端点、底部路径线各垂线的 2 个端点，分别将两种截面线分别贴合地复制至相应位置（图 2.1-22）。

---

[1]　关于编辑点的更多知识，参看本书 2.2.1 节。

[2]　在本书 2.6.3 节中详述。

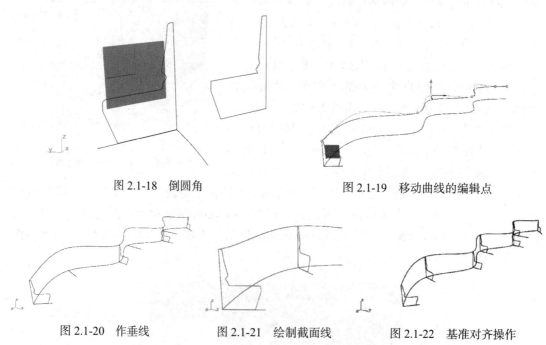

图 2.1-18　倒圆角　　　　　　　　　图 2.1-19　移动曲线的编辑点

图 2.1-20　作垂线　　　　　图 2.1-21　绘制截面线　　　　图 2.1-22　基准对齐操作

键入 _Sweep2 命令，依次点选底部路径线（即第 1 根轨）、顶部路径线（即第 2 根轨）、自左向右各条截面线的对应端头（图 2.1-23）。在弹出的"双轨扫掠选项"（Sweep2 Rail Option）对话框中，选择"不更改截面"（Do not change cross section），确认即可。

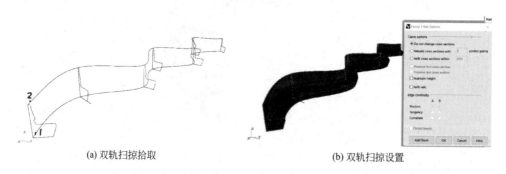

(a) 双轨扫掠拾取　　　　　　　　　　　　　(b) 双轨扫掠设置

图 2.1-23　双轨扫掠命令

"双轨扫掠"命令的核心在于"依据形态特征，构造恰当的路径线与截面线"，具有一定技巧性。图 2.1-24（a）是一个典型案例，留给读者"按图索骥"，自行尝试。

分析该座椅形态。已知两侧曲面呈轴对称，且单侧曲面可由 2 条纵向的路径线和 3 条横向的截面线，进行"双轨扫掠"建得。首先，绘制基准直线；然后，通过 _Rebuild 命令改变其阶数、控制点数，将其变为曲线，并以 _PointsOn 命令打开曲线的控制点，调整曲线形态。对于具有轴对称等特征的曲线，可利用 Gumball 的"小方块"进行缩放（缩放比为 −1）得到。将相应的路径线和轨迹线放置于恰当位置，确保其首尾相接。键入 _Sweep2 命令，依次点选路径线、截面线，如图 2.1-24（b）所示。

接下来，介绍 _ArrayCrv（曲线阵列）命令。参见图 2.1-25 所示案例。

(a) 蝴蝶椅(柳宗理①设计)

(b) 双轨扫掠过程

图 2.1-24　双轨扫掠示例

图 2.1-25　意大利都灵奥运球场的阵列桁架结构（Pier Luigi Nervi 设计）

　　首先，以 _ArrayCrv 命令沿着指定曲线，按阵列数目，阵列指定物件，如图 2.1-26（a）所示。接着，绘制主梁的截面。以 _ExtrudeSrfAlongCrv（沿曲线挤出曲面）命令，挤出弯梁。此外，Rhino 还有若干与"挤出"操作有关的命令，例如 _ExtrudeCrvToPoint 命令，用于将曲线拉伸；_ExtrudeCrvTapered 命令，用于将曲线沿与工作平面垂直的方向，如"拔模"般拉伸为台状。其 D 子选项决定拉伸方向，R 子选项决定拔模高度，C 子选项决定是否加盖，O 子选项用于确定边缘倒角形式。

　　将单个桁架结构体单元以 _Group 命令打组。沿着路径直线阵列（_ArrayCrv 命令），按照"距离"，与单个桁架结构体单元的宽度相同，如图 2.1-26（c）所示。

(a) 阵列物件

(b) 挤出弯梁

图 2.1-26　建模过程（一）

---

　　① 柳宗理，日本现代设计的奠基人之一，擅长运用现代技术、现代材料手段，创造具有东亚风格的现代产品，主张朴实、理性、功能主义的设计。

(c) 阵列操作

图 2.1-26　建模过程（二）

实现"以若干条围合的边界生成曲面"功能的是 _Patch(嵌面) 命令[①]，常用于以等高线（或任意断面线）生成景观地形（图 2.1-27）。

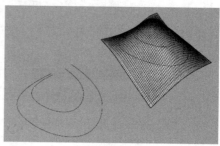

(a) 嵌面　　　　　　　　　　　　　　　　(b) 生成地形

图 2.1-27　建模步骤

试以 _Patch 命令建立图 2.1-28 所示的微地形。

图 2.1-28　美国明尼阿波利斯法院广场（局部）（Martha Schwartz 设计）

此外，还有 _SrfPt(从三或四点建立曲面)、_Cap(加盖) 命令。_ArrayPolar(环形阵列) 命令用于生成环绕曲线圈阵列的物件，与 AutoCAD 的二维环形阵列类似。物件阵列的路径不一定是整个圆，亦可以是任意弧度的圆弧。例如，将一个圆柱绕着以一条线为半径的

---

① 该命令对输入曲线数量无任何要求。但输入曲线应是围合封闭的，以不连续的曲线进行嵌面，将会越出曲线边界。

圆绕 3/4 圈。方法如下：键入 _ArrayPolar 命令，先选中物件，按回车键；然后，选择旋转的环形路径的圆心，如图 2.1-29（a）所示。选择完成后，命令栏要求输入需被阵列在弧线路径上的物件总数（Number of items）。输入数量后，按回车键，如图 2.1-29（b）所示。

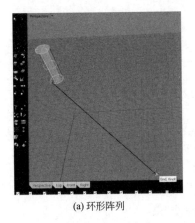

(a) 环形阵列

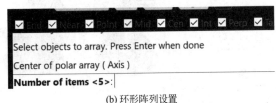

(b) 环形阵列设置

图 2.1-29 阵列操作

此时，将鼠标移动到弧形半径线的另一个端点，点击鼠标左键。视图中将会出现一个白色圆圈，表示阵列的弧线所在路径范围。然后，命令栏提示输入第二个参照点（Second Reference Point）角度，即物件旋转的弧线轨迹的角度（如转 3/4 圈，即为270°）。输入完成后，可观察到视图中出现了相应数量、以相应弧形半径阵列的物件。此时，可调节命令栏的"Items"，更改物件数量（图 2.1-30）。

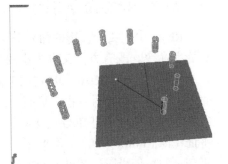

图 2.1-30 环形阵列结果

许多 20 世纪工业设计史中的著名产品，都是由环形阵列方式得到形态的。环形阵列过程中，可改变旋转的物件、旋转角度范围（始终点）等，控制形态视觉效果。试建立图 2.1-31 所示灯具[1]。

2.1.2 圆锥曲线相关命令

下面给出若干圆锥曲线[2]（图 2.1-32）的绘制命令。

_Conic 广义圆锥曲线[3]；

_MakeFoci 求圆锥曲线的焦点；

图 2.1-31 20 世纪著名灯具"PH 吊灯"3 号(Paul Henningsen 设计)

---

[1] 零基础的读者可在学习后续章节相关内容后，再尝试建立灯具模型。

[2] 数学中，到平面内一定点的距离 r 与到定直线的距离 d 之比（离心率 e）的点的轨迹是圆锥曲线。当 $e>1$ 时，为双曲线；当 $e=1$ 时，为抛物线；当 $0<e<1$ 时，为椭圆。

[3] 子选项可选多种绘制方式，包括两端点、顶点、曲率。

_Parabola 绘制抛物线[①] ;

_Paraboloid 绘制抛物面锥体;

_Hyperbola 绘制双曲线;

_Hyperbola_B 绘制双曲线的两支。

图 2.1-32　圆锥曲线

2.1.3　投影命令对比

Rhino 中，关于投影的命令分为 _Project 和 _Pull 两种。下面首先介绍 _Project（平行投影）命令。既有方向又有大小的量，被称为向量（Vector）。如图 2.1-33（a）所示，在二维空间中，已知 OA、OB 这两个彼此不共线的平面向量[②]，将物件以与到指定平面相垂直的方向平行地投射到指定平面上，这种变换被称为平行投影（Parallel Projection）。如图 2.1-33（b）所示，已知 OA、OB 这 2 个彼此不共线的空间向量，其中，OB 在当前指定的平面（即 Rhino 中的"工作平面"）上。过 A 作 AC⊥OB 于点 C，定义 OC 是 OB 在当前平面上的平行投影。此时，AC 垂直于"工作平面"，称 AC 是"工作平面"的 1 个法向量（Normal Vector）[③]。

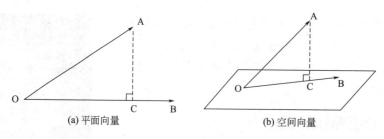

图 2.1-33　向量示意

在 Rhino 中，使用 _Projection 命令，可将曲线沿着当前工作平面的法向量方向，垂直投射至曲面上。使用 _Project 命令，须注意先设定恰当的工作平面。例如，图 2.1-34（a）

---

① 子选项可选多种绘制方式，包括焦点、方向。

② 过 A 作 AC⊥OB 于点 C，则定义 OA 在 OB 上的投影（Projection）为 OC，OC 的长度被称为"投量"。

③ 关于空间向量的详细介绍，将在本书 2.8.5 节详述。

中，在将底面设为工作平面的情况下，使用 _Project 命令，依次点选原物件和目标平面，尝试将原物件分别投影到底面、侧面上。此时，仅能得到原物件在底面上的投影。图 2.1-34（b）中，在将侧面设为工作平面的情况下，使用 _Project 命令，仅能得到原物件在侧面上的投影。

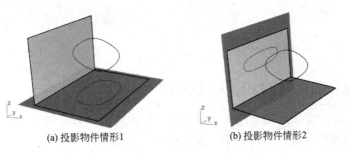

(a) 投影物件情形1　　　　　　　(b) 投影物件情形2

图 2.1-34　投影

拓展

图 2.1-35 中，平面 α 内有一直线 AB，有一斜线 OP 穿过平面 α，求得 OP 在平面 α 上的投影为 PP′，若 AB ⊥ PP′，则 AB ⊥ OP。在数学中，上述几何判定被称为三垂线定理（Theorem of Three Perpendiculars）。

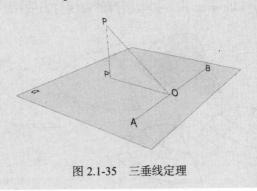

图 2.1-35　三垂线定理

接下来，介绍 _Pull（推拉投影）命令。该命令的作用是：将曲线沿着指定曲面对应位置的法向量方向（图 2.1-36 中箭头所指方向），映射[1]至曲面的最近点位（Nearest Portion）。由于"推拉投影"（Pull）的过程中，根据曲面的曲度进行扩散，故常难以预判所得结果。因此，_Pull 命令常用于某些特殊情形。例如，将曲线围绕在圆柱、圆锥等旋转体的周围，使用 _Pull 命令可将原曲线"推拉投影"至曲面上，得到螺旋盘绕状的目标曲线（图 2.1-36）[2]。分别使用 _Pull 与 _Project 命令，将上方曲线投影至下方曲面上，其差异如图 2.1-37 所示。

---

① 将某个点通过变换得到另一个点的运算，被称为该点的映射（Mapping）。

② 该命令的运用请参见本书 5.6 节。

图 2.1-36 推拉投影

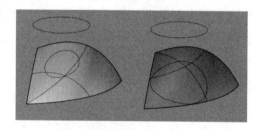

图 2.1-37 _Pull 与 _Project 命令

2.1.4 提取曲面边缘相关命令对比

Rhino 中，点、线、面完全分离。当点运动生成线后，点与线彼此分离；当线运动生成面后，线与面彼此分离。下面列举了提取曲面边缘的各命令（图 2.1-38）：

_DupFaceBorder 连续地提取曲面完整边缘；

_DupEdge 单根地提取曲面边；

_ExtractIsoCrv 提取曲面的结构线；

_ExtractIsoCrv_UV=u/v/both, ExtractAll 一并提取曲面 U/V/U 和 V 方向的结构线；

_ExtractWireFrame 提取曲面内部和轮廓的框线；

_Silhouette 提取曲面在目前视图中所见的轮廓线。

上述命令中，仅有 _Silhouette 命令提取得到的曲线与当前视图所在视角有关[①]。

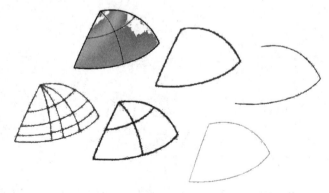

图 2.1-38 提取曲面边缘相关命令

2.2 曲线的控制点

2.2.1 Nurbs 曲线的基本性质

Rhino 中的常用曲线包括 _Curve（控制点曲线）与 _InterpCrv（内插点曲线），皆是基

---

① 关于 _ExtractIsoCrv 命令功能的详细阐述，请参看本书 2.2 节。在往后章节的案例中，将不加说明地反复使用上述命令。

于非均分有理 B 样条曲线（Non-Uniform Rational B-Spline，NURBS）算法得到的。本节从描述曲线的算法的发展历史阐述，逐步理解 Nurbs 曲线的相关定义、性质。

1. 样条曲线

样条曲线（Spline）是经过一系列给定点的光滑曲线[①]。样条曲线不仅通过各有序型值点，并且在各型值点处的一阶、二阶导数连续，即该曲线具有连续的、曲率变化均匀的特点。

2. 贝塞尔曲线

1962 年，法国工程师皮埃尔·贝塞尔（Pierre Bézier）发明了贝塞尔曲线（Bézier Curve）。它是通过控制线的长度和控制点的位置来改变曲线形状的一类算法[②]。可用 _HandleCurve 命令绘制（图 2.2-1）。

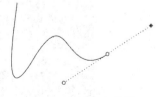

图 2.2-1 贝塞尔曲线

3. B 样条曲线

由于贝塞尔曲线在几何性质上存在一定不足，数学家将贝塞尔曲线的一般化推广，得到了 B 样条曲线（B-Spline）[③]。B 样条曲线比贝塞尔曲线更为灵活。为简化起见，我们常用近似函数 $F(x)=ax^n+bx^{n-1}+\cdots+px+q$ 类比地描述此定义。曲线的阶数是曲线对应函数的最高次项的幂。曲线的阶数一般不会因分割而发生变化。因此，1 阶曲线即直线，2 阶曲线即二次曲线（图 2.2-2）。阶数越大，描述曲线的函数便越复杂。同样，B 样条曲线相较于贝塞尔曲面，有许多改进。贝塞尔曲面是一组空间输入点的近似曲面，但不通过指定点，故不具备区域性控制（Regional Control）功能。B 样条曲面是一组空间输入点的近似曲面，具有局部控制功能（图 2.2-3）。

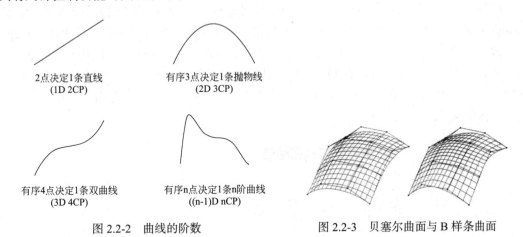

2点决定1条直线
(1D 2CP)

有序3点决定1条抛物线
(2D 3CP)

有序4点决定1条双曲线
(3D 4CP)

有序n点决定1条n阶曲线
((n-1)D nCP)

图 2.2-2 曲线的阶数

图 2.2-3 贝塞尔曲面与 B 样条曲面

---

① 计算机辅助设计技术出现前，样条曲线都是借助于"样条"类绘图工具（例如"蛇尺"）手工绘制的。将样条用压铁固定在定型点处，样条自然弯曲使所绘制出的曲线，就是样条曲线。

② 即随着控制点有规律地移动，曲线将产生皮筋拉伸般的变换。

③ 其定义为：给定 $n+1$ 个控制点，P_0, P_1, ..., P_n 以及一个节点向量 $U=\{u_0, u_1, ..., u_m\}$，p 次 B 样条曲线由这些控制点和节点向量 U 定义，即 $C(u)=\sum_{i=0}^{n}N_{i,p}(u)P_i$，其中，$N_{i,p}(u)$ 是 p 次 B 样条基函数。Rhino 中阶数的定义域为 $D \in [1,11]$。常使用的阶数有 1、2、3、5 阶。过高阶数常使曲线难以控制。移动贝塞尔曲线中的每个控制点，皆会影响整条曲线的形状；移动 B 样条曲线的控制点，仅会影响整条曲线的一段。

在 Rhino 中,可通过 _PointsOn 命令开启曲面的控制点,对其进行编辑。例如,对以 _Patch 命令嵌面得到的地形曲面,可在"X 光"显示模式下,通过选取需要改变位置的控制点,以 Gumball 改变其位置,对局部地形进行微调(图 2.2-4)。

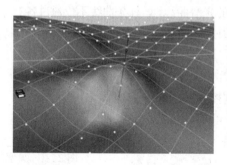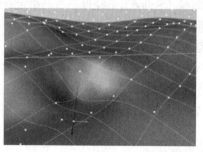

图 2.2-4　微调地形曲面

4. Nurbs 曲线

由于贝塞尔曲线和 B 样条曲线都是多项式参数曲线,不能表示一些基本的曲线(如工程圆),在 B 样条曲线的基础上,进一步改进,得到了非均匀有理 B 样条(NURBS)曲线算法[①]。1991 年,国际标准组织(ISO)正式颁布了工业产品数据交换的国际标准 STEP,Nurbs 成为工业产品和制造几何定义的唯一自由型曲线、曲面。该算法中,主要包括 3 个变量,分别为阶数(Degree, D)、控制点(Control Points, CP)、节点(Knots, K)。控制点(Control Points, CP)通常在曲线外,其排序与位置决定了曲线的形态、特征。控制点对曲线施加"引力",控制其形态,类似磁铁吸引金属[②]。控制点的"引力"大小称为权值(Weight, W)[③]。权值是否一致,决定了曲线是有理曲线还是非有理曲线。可通过 _Weight 命令改变每个点的权值,影响曲线造型。例如,改变图 2.2-5 中曲线右下角处控制点的权值,曲线发生形变,更贴近该控制点。经由曲线上某些特定位置的点(如内插点)被称为编辑点(Edit Points, EP)(图 2.2-6)。控制点和节点并非总是一一成对出现,这种情形仅适合一阶曲线[④]。

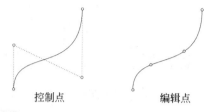

控制点　　　　　编辑点

图 2.2-5　权值调整　　　　　图 2.2-6　控制点与编辑点

---

① Nurbs 曲线算法是一分段的有理参数多项式函数 $P(t) = \dfrac{\sum_{k=0}^{m} \omega_k P_k B_{k,m}(t)}{\sum_{k=0}^{m} w_k B_{k,m}(t)}$。Nurbs 算法是一种映射,即每给定 1 组参数,随即得出 1 个点坐标。Nurbs 算法由数学家皮格尔(Les Piegl)和蒂勒(Wayne Tiller)等在 20 世纪 80 ~ 90 年代提出。

② 通常,曲线形态的调整会在每相邻 3 个控制点内完成。

③ 其定义域为,默认取 W=1.0。

④ 具体规律为:高阶曲线的每(2x 阶数)个节点是一个群组,每(阶数 +1)个控制点是一个群组。读者不必深究。

关于"节点"的严格数学定义,将在本章章末阐述。这里,我们简要阐述"节点"的直观定义。当曲线变得更复杂,我们需要用由不同函数构成的连续分段函数描述,这些函数的交接点便是曲线的节点点(Knot Point)。节点(Knots)是曲线的阶数 + 控制点数 −1 的值构成的列表,相当于曲线的"骨架"(图 2.2-7)。曲线结构线的数量、位置由节点的数量、位置决定,如图 2.2-8 所示。

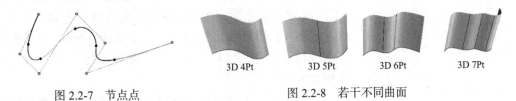

图 2.2-7 节点点

3D 4Pt   3D 5Pt   3D 6Pt   3D 7Pt

图 2.2-8 若干不同曲面

5. 阶数、控制点与节点的关系

因为 Nurbs 曲线由阶数、节点、控制点等变量控制,故以"x 阶 x 点"描述曲线的特征。其关系满足下列表达式:节点(K)= 控制点(CP)− 阶数(D)−1。由于节点数 $K \geq 1$,故有下列重要表达式:控制点(CP)− 阶数(D)≥ 1,即控制点数较阶数至少大 1。由于节点是分段函数各段的交点,故 $K=0$ 时,节点不存在,此时曲线只需以单一函数表出,即控制点(CP)− 阶数(D)$=1$,此类曲线被称为最简曲线。一般地,绘制简单曲线时,宜绘制为最简曲线。因为对于该父曲线,使用 _Divide、_Trim 等命令进行分割,而得到其他子曲线,子曲线都将继承父曲线的阶数、控制点数、均匀性等特征(图 2.2-9)。

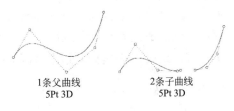

1条父曲线
5Pt 3D

2条子曲线
5Pt 3D

图 2.2-9 父曲线与子曲线

练习

试运用本节知识、第一章中已介绍的"开洞"相关功能,建立图 2.2-10 中的框景门洞。

图 2.2-10 江南传统园林豫园中的"框景"

047

2.2.2　Nurbs 曲线的连续性

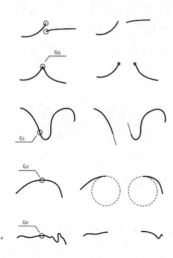

图 2.2-11　不同类型的连续性

数学中，若描述某曲线的函数在某点处存在定义，则称函数在此点处连续（Continuous）。曲线（或曲面）在某点处的曲率（Curvature）变化程度被称为连续性（Continuity）。曲线（或曲面）在某点处的连续性越佳，则其衔接效果越光顺。曲线的阶数与曲线内部连续性存在对应关系：n 阶曲线仅能达到 $G_{(n-1)}$ 连续性。例如，2 阶曲线（直线段）仅能达到 G_1 连续性，3 阶曲线仅达到 G_2 连续性（图 2.2-11）。

Rhino 中，曲线的连续性与曲率有关，从低到高依次可分为不连续，G_0 位置连续，G_1 相切连续，G_2 曲率连续，G_3 曲率变化率连续等[1]。

G_0 位置连续（Position Continuity）如图 2.2-12（a）所示，两线（或面）在其位置上相接，保持连续但并不光滑过渡[2]；G_1 相切连续（Tangency Continuity）如图 2.2-12（b）所示，曲线（或曲面）相接处[3]；G_2 曲率连续（Curvature Continuity）如图 2.2-12（c）所示，G_2 连续是三维空间中曲线 / 面可达到的最光滑连接[4]；G_3 曲率变化率连续如图 2.2-12（d）所示，混接得到的控制点数量较多，景观建模中极少使用。G_0、G_1、G_2、G_3、G_4 连续性的曲线对比关系（由右下角至

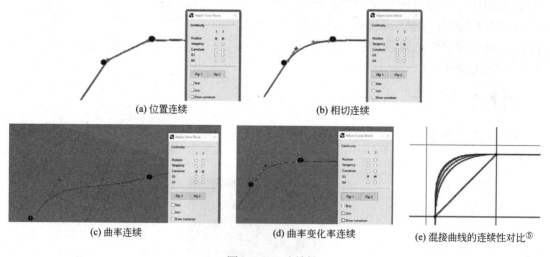

　　（a）位置连续　　　　　　　　　　　　　　（b）相切连续

　　（c）曲率连续　　　　　（d）曲率变化率连续　　　（e）混接曲线的连续性对比[5]

图 2.2-12　连续性

[1]　由于关于"曲率"的概念涉及高等数学知识原理，篇幅较长，故后置在本章最后一节。本节仅简要介绍"连续性"的直观概念。

[2]　即在相接处形成尖点或突出棱，通常仅有 2 个控制点。

[3]　即各有 2 个控制点保证其连续性，以 4 个控制点确保其相切关系。

[4]　即需利用每条曲线上的 3 个控制点或每个曲面上 3 排控制点确保其连续性，在同一高度有 6 个及以上控制点。

[5]　在 _Match（匹配曲线）和 _MatchSrf（匹配面曲）命令的对话框选项中，亦有 3 种连续性的选择。匹配操作之后常出现意料之外的形变，故需保证在匹配端有足量的控制点达到所需连续性。若不足，须在匹配端增加控制点，并结合 _SetPt 命令建立匹配前的必要条件。

左上角）如图 1.1-12（e）所示。图中，最靠右下角（内侧）的直线为 G_0 连续，最靠左上角（外侧）的直线为 G_4 连续[①]。

2.2.3 连续曲面上的等距断面线与阵列线

[例] 绘制丹麦莱姆维（Lemvig）港的"气候馆"（Climatorium）（图 2.2-13）。

首先，设置 XOZ 平面为工作平面。绘制如图 2.2-14(a)所示基本二维骨架线。由于该构筑物最底部接地部分有一小段为直线，故需要与两侧曲线分别单独绘制，在此步骤中，留有适当间距即可。注意曲线控制点分布位置应合理，控制点数量不宜过多，以便后期混接调整。使用 _BlendCrv 命令，混接底部的曲线。点击两条曲线后，可观察到生成了混接曲线，并弹出一个对话框，可设置曲线混接时的"连续性"等属性。Continuity（连续性）选择"Curvature"

图 2.2-13 丹麦"气候馆"建筑与景观设计（3XN 设计）

（曲率连续），使曲线在接口处呈 G_2 连续，如图 2.2-14（b）所示。将得到的曲线 _Join 为一根长线。以 _PointsOn 命令开启控制点，依据构筑物的造型需求调整控制点在 Top 视图方向上的位置，如图 2.2-14（c）所示。连接曲线在两端的交会点，执行 Gumball 命令沿着 y 轴方向挤出如图 2.2-14（d）所示的辅助面。键入 _CPlane_O 命令，设该辅助面为工作平面，绘制异形曲面的截面线。键入 _Loft 命令，放样生成大曲面。使用"Tight"（紧缩）样式，选择"以 10 个控制点为范围重建曲面"（Rebuild with 10 Control Points）。使用图 2.2-14(e) 中的曲线 1_Split 直线 2 和 3，以 _EdgeSrf 命令将 3 根线围合成最上方的面。

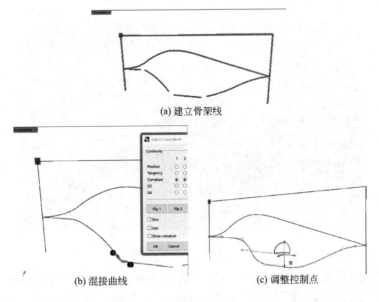

(a) 建立骨架线

(b) 混接曲线　　　　　　(c) 调整控制点

图 2.2-14 建模步骤（一）

[①] 可使用 _Gcon 命令检测 2 条曲线间的连续性。由于该命令最高可检测到 G_2 连续，因此，若连续性在 G_2 连续以上，则显示结果仍为 G_2。

049

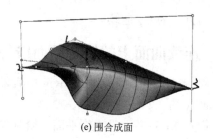

(d) 绘制截面线　　　　　　　　　(e) 围合成面

图 2.2-14　建模步骤（二）

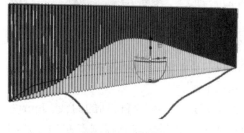

图 2.2-15　栅格

在顶部面的一侧绘制单个长方体栅格单元。将其沿着顶部的直线 _ArrayCrv（沿路径线阵列）。将靠近上方的曲线沿着 Y 轴方向挤出，得到切割辅助面。用该切割辅助面 _Split 所有的栅格单元。将大曲面、栅格、面片归为不同图层。隐藏大曲面所在图层。删除图 2.2-15 中靠上方曲线以下部分的栅格，将剩余的栅格单元用 _Cap 命令加盖成体，恢复显示大曲面所在图层。

键入 _Contour 命令生成大曲面的断面线。先选择大曲面，按回车键；当命令栏提示需要选择"Prependicular to Contour Plane"（与断面所在平面垂直的线）时，切换到主视图，选择曲面最下侧底部的点，再移动鼠标，开启"正交"，看到法向量辅助线沿着垂直方向时，按鼠标左键（图 2.2-16）。

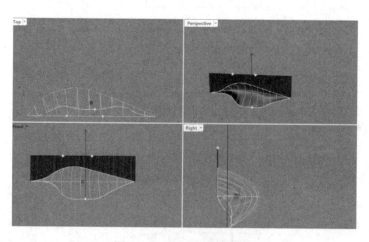

图 2.2-16　生成等距断面线

将得到的断面线归入"Contour"图层，然后隐藏其他图层。执行 Gumball 命令先后以 Y 方向和 Z 方向挤出这些等距断面线，得到一个等距断面挤出体构成的组合（图 2.2-17）。恢复显示所有图层，做出如图 2.2-18 所示的小块幕墙面。用灰色大曲面 _Split 绿色面片，删除多余部分，以 _ExtrudeSrf 命令挤出其厚度。效果如图 2.2-19 所示。

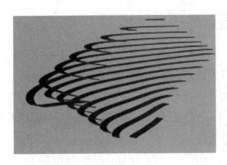

图 2.2-17　由体构成的组合

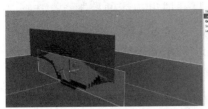

图 2.2-18　绘制墙面　　　　　　　　　　图 2.2-19　最终效果

2.2.4　曲线控制点相关常用命令

建模过程中，常用下列曲线及其控制点命令。

1．控制点、编辑点与节点

开启控制点 _PointsOn（高频命令）

开启编辑点 _EditPtOn（高频命令）

插入控制点 _InsertControlPoint（高频命令，针对点数）

移除控制点 _RemoveControlPoint（高频命令，针对点数）

插入编辑点 _InsertEditPoint（针对点数）

移除编辑点 _RemoveEditPoint（针对点数）

插入节点 _InsertKnot

移除节点 _RemoveKnot

2．曲线

重建曲线 _Rebuild（高频命令，针对阶数、点数）

改变曲线阶数 _ChangeDegree（高频命令，针对阶数）

使曲线周期化 _MakePeriodic（将非周期化曲线转化为周期化曲线）

均匀化曲线 _MakeUniform（调整编辑点的间距，使曲线布点均匀）

适当修整曲线 _FitCrv（高频命令）

求穿过点的等分曲线 _CurveThroughPt

求穿过点的等分直线 _LineThroughPt

接下来，以 3 个案例介绍曲线控制点在坡道、铺装建模中的应用。

图 2.2-20 曼彻斯特交易广场
（Martha Schwartz 设计）

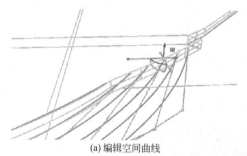

图 2.2-21 绘制同心圆

052

2.2.5 控制点与坡道建模

绘制曼彻斯特交易广场坡道（图 2.2-20）。

以 _Circle_P 与 _Scale2d 命令绘制一组同心圆。绘制每一坡道终止边的边线。将其复制一份备用（图 2.2-21）。以 _Split 或 _Trim 命令去除冗余曲线段，并确保所得曲线都为 2 阶 3 点曲线[①]。

如图 2.2-22（a）所示，以 _PlanarSrf 命令给地面和上方平台封面，并以 _ExtrudeSrf 命令挤出至相应标高处。以 _PointsOn 命令打开坡道边线的控制点，选择其中一端的所有控制点，以 _SetPt 命令改变 Z 轴方向标高，对齐到上方平台处。选中每根曲线中间位置控制点，略微以 Gumball 上移。补画一根坡道与平台相交处的短直线[②]。以坡道曲线为轨，上下两根短直线为准线，以 _Sweep1 命令的 Roadlike 样式扫掠，得到坡道，如图 2.2-22（b）所示。同样操作，得到其他坡道，如图 2.2-22（c）所示。

(a) 编辑空间曲线   (b) 绘制坡道

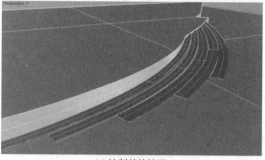

(c) 绘制其他坡道

图 2.2-22 坡道建模步骤

---

① 在对高阶曲线降阶时，不应使用 _Rebuild 命令，而以 _ChangeDegree（改变阶数）命令改变曲线阶数。

② 注意保证与 XOY 平面平行。

接下来制作带有开口的矮墙。找到已复制备用的图形。删去除如图 2.2-21 所示的圆以外的其他同心圆。从该圆的圆心出发，作合适位置的半径。将半径线 _Rotate（_Copy=Yes）旋转一份，两条半径线间的夹角需要与矮墙的开口处的距离匹配。再将 2 条半径线以 _ArrayPolar 命令，以蓝色坡道边线自始至终的角度为范围，阵列 6 份，得到辅助线。执行 _Trim 命令使用辅助线修剪蓝色坡道边线，得到矮墙的基准线（图 2.2-23）。

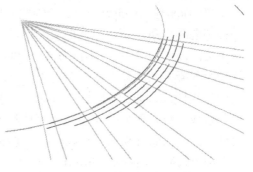

图 2.2-23　剪切得到基准线

将基准线执行 Gumball 命令向上偏移 900mm，再沿着指向圆心的法向量方向执行 _OffsetSrf 命令，挤出矮墙厚度。可使用 _Dir 命令检查曲面的朝向，使用 _Flip 命令翻转曲面的朝向。亦可点击 _OffsetSrf 命令子菜单下的 _FlipAll（反转所有面），改变挤出时依据的所有面的法向量方向，如图 2.2-24（a）所示。将所得矮墙以 _SelLast 命令选中，再以 _Group 命令归为一组，移至相应图层。以 _Move 或 _Orient 命令移回对应位置即可，如图 2.2-24(b) 所示。

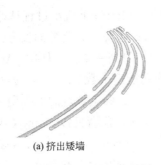

(a) 挤出矮墙　　(b) 完成效果

图 2.2-24　挤出命令

2.2.6　控制点与铺装建模

20 世纪 70 年代后，由于城市设计忽视自然生态过程、侵蚀公共空间，致使城市与自然环境间的矛盾加剧，引起了设计界对人地关系的思考，设计界涌现了"景观都市主义"的概念[1]，其内涵主要包括：工业废弃地修复、自然过程设计、绿色基础设施。据此理念，景观设计师詹姆斯·科纳（James Corner）主持设计了纽约高线公园（The High Line Park），将废弃空间转变为城市公共空间和慢行交通廊道（图 2.2-25）。

图 2.2-25　纽约高线公园（James Corner 设计）

---

① 城市规划师查尔斯·瓦尔德海姆（Charles Waldheim）最早提出了"景观都市主义"（Landscape Urbanism）这一概念，主张将建筑和基础设施视作景观的延续，景观则是连续的地表结构和城市的支撑结构。由此，景观逐渐代替建筑，成为刺激新一轮城市发展的基本要素和重新组织城市发展空间的重要手段。高线公园是"景观都市主义"理论应用的典型案例，成为高架桥景观改造的范本。

以 _Box 与 _ArrayCrv 命令绘制规整的铺装，如图 2.2-26（a）所示。然后，制作梯形的铺装混凝土条。绘制一个矩形，同时按〈Ctrl〉+〈Shift〉键（超级选择），选择矩形的一条边。以该边的中点为中心缩放（_Scale 命令），得一梯形，如图 2.2-26（b）所示。以该铺装混凝土条的最大宽度为距离，_ArrayCrv 得到一组梯形。绘制铺装条顶端所处的不规则边缘曲线，如图 2.2-26（c）所示。按住〈Ctrl〉+〈Shift〉键，逐一选择每个梯形的一条边线，将其顶边中点 _Move 至曲线上的垂直对应点，或以 _Align 命令对齐。全选所得梯形，以 _PlanarSrf 命令封面，以 _ExtrudeSrf 命令挤出厚度。执行 _Rectangle 命令绘制矩形种植区域，如图 2.2-26（d）所示。

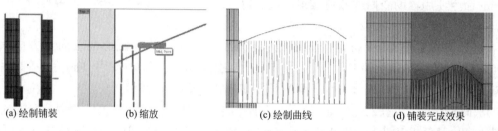

(a) 绘制铺装　　　(b) 缩放　　　　　(c) 绘制曲线　　　　　(d) 铺装完成效果

图 2.2-26　铺装

接下来建立座椅。首先，绘制基本体块，如图 2.2-27（a）所示过程从略。然后，建立凳面上的多处长条形孔洞。先将工作平面以 _CPlane_O 命令设为凳面长方体顶部处，绘制一个孔洞矩形。以 _WireCut 命令切割凳面长方体，得到一个洞。使用 _ArrayHole 命令阵列洞口。该命令可使洞口向 A、B 两方向分别阵列指定个数[①]，如图 2.2-27（b）所示。然后，以鼠标点选洞口一个角点及其阵列后对应的点位，即可预览洞口阵列后的位置。按回车键确认，完成批量开洞操作，如图 2.2-27（c）所示。靠背处以 _ArrayCrv 命令即可阵列得到。将单个座凳以 _Block 命令定义为图块，以 _Orient（Copy=Yes，Scale=No）命令建立多个全等的座凳图块，如图 2.2-27（d）所示。效果如图 2.2-28 所示。

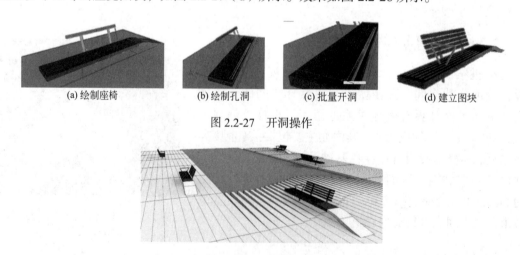

(a) 绘制座椅　　　(b) 绘制孔洞　　　(c) 批量开洞　　　(d) 建立图块

图 2.2-27　开洞操作

图 2.2-28　完成效果

----

① 本例中，A 方向为阵列方向，输入指定阵列个数；B 方向则不需阵列，输入 1 即可。

2.2.7　控制点与肌理建模

绘制外星人榨汁机（图 2.2-29）。

首先，以一根起点、终点位于同一铅垂线上的 4 点 3 阶弧线 _Revolve（旋转体），得到水滴状旋转面，如图 2.2-30（a）所示。绘制每一个支脚的轮廓（准线）与截面线（母线），以 _Sweep2 命令扫掠，以 _Cap（加盖）命令封为封闭实体，得到榨汁机的单个支脚，如图 2.2-30（b）所示。

以 _Rebuild 命令重建该旋转面为 U=20、V=5、UV 阶数均为 2 的曲面。以 _PointsOn 命令打开其控制点，如图 2.2-31（a）所示。切换至顶视图，按住〈Shift〉+〈Alt〉键（多重框选），隔一排选择一排控制点[1]，如图 2.2-31（b）所示。键入 _Scale2d 命令，以中心点为基点，缩放这些控制点，如图 2.2-31（c）所示。切换回透视图，作如图 2.2-32 所示的辅助铅垂线。将单个支脚以底面的圆形辅助线的圆心为基点 _ArrayPolar 旋转 360°，阵列数量共计 3 个即可。效果如图 2.2-33 所示。

图 2.2-29　外星人榨汁机（Philippe Starck 设计）

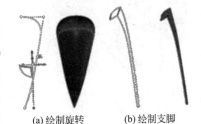

(a) 绘制旋转　　　　(b) 绘制支脚

图 2.2-30　绘制过程

 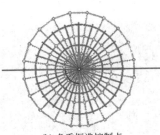 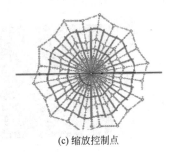

(a) 打开曲面控制点　　　　(b) 多重框选控制点　　　　(c) 缩放控制点

图 2.2-31　建模过程

图 2.2-32　绘制铅垂线

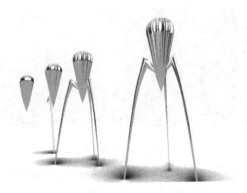

图 2.2-33　最终效果

---

① 此时，如有必要，按〈Ctrl〉可减选。

2.3　特征线

本节将阐述阵列线、结构线、等分线三类常见的特征线。

2.3.1　阵列线

图 2.3-1　栈道及其扶手案例（土人景观设计）

以一个适应坡地地形，建立景观栈道走势形态，并生成栏杆、扶手的案例（图 2.3-1），阐述生成阵列线的方法。

在 Top 视图中用 _Polyline 绘制栈道的外侧边缘平面轮廓形态。然后，在键入 _PointsOn 命令（开启控制点预览）的情况下，点选栈道的转折点，通过 Gumball 调整其高度，以控制轨迹线，使不同区域的坡度产生适应地形的变化。以 _Offset 命令偏移生成相应的内侧轨迹曲线（图 2.3-2）。

在栈道边缘位置补画一条侧面轨迹线，连接两条栈道正面轨迹线。然后，执行 _Sweep1 命令[①]。选择扫掠后生成的面，使用 _ExtrudeSrf 或 _OffsetSrf 命令，挤出栈道的厚度（图 2.3-3）。

如图 2.3-4 所示，建立栏杆的水平方向格栅单元。选择外侧轨迹线，执行 _Slab（挤出厚板）命令，鼠标放置在需要挤出的水平方向（朝向栈道中间方向），输入距离；鼠标放置在需要基础的垂直方向（朝向顶部），输入厚度。

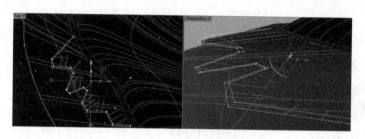

图 2.3-2　绘制轨迹线

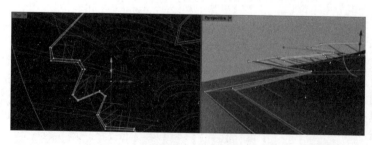

图 2.3-3　绘制栈道

图 2.3-4　建立格栅单元

如图 2.3-5 所示，确保当前工作平面为默认工作平面，若不是，则需执行 _CPlane _W_T 命令恢复默认工作平面。选择单个水平方向格栅单元，按住〈Alt〉键的同时，点

---

① 先选择 1 条路径线（Rail），再点选 2 条截面线（Cross Section Curves）的对应端点。

击 Gumball 的向上蓝色箭头，输入向上偏移距离，可同样地得到多个相互平行的扶手格栅单元。因位于最顶部的扶手尺寸与格栅不同，需要单独重复操作生成扶手（图中选中的部分）。

如图 2.3-6 所示，将上一步骤生成的扶手、格栅归为一个单独的图层，并隐藏。在靠近栈道边缘的一侧，绘制单根栏杆的竖向支撑物。

图 2.3-5　生成扶手

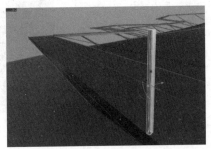

图 2.3-6　绘制支撑物

执行 _ArrayCrv（路径阵列）命令。先选择需要阵列的杆件，然后选择外侧的栈道轨迹线。在弹出的"Array Along Curve Options"（路径阵列选项）对话框中，于阵列方式（Method）栏中选择按物件间距（Distance Between Items），输入两根杆件的间距。在阵列朝向（Orientation）栏中选择呈道路状（Roadlike），点击确认按钮（图2.3-7）。

然后，根据命令栏提示点选一个阵列的基准工作平面。在本例中，需要点选栈道的顶面。执

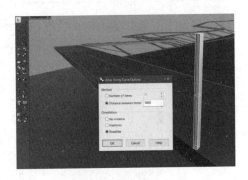

图 2.3-7　阵列命令菜单

行 _SelLast（选择上一步生成的物件）命令，即可选中所有的支撑物。执行 _Group 命令，将上一步骤中选择的栈道支撑物"打组"，并归入一个单独的图层。同理，生成内侧栈道的支撑物。在"图层"选项卡中选择显示水平方向格栅、扶手（图 2.3-8）。选择合适的人视角，使用 _ViewCaptureToFile 命令，导出位图，效果如图 2.3-9 所示。

图 2.3-8　生成扶手

图 2.3-9　效果

练习

试建立图 2.3-10 中的构筑物。

图 2.3-10 北京长城脚下的竹屋（隈研吾设计）

拓展

在 Grasshopper 中，借助向量、数列、移动相关运算器，可快速得到经指定向量方向阵列的直线段组（图 2.3-11）。详见本书第 3 章。

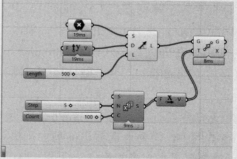

图 2.3-11 程序

2.3.2 结构线

[例] 绘制景观设施"Flora"（图 2.3-12）。

图 2.3-12 景观设施"Flora"（Eliel Saarinen 设计）

首先，使用"InterpCrv"和"_Revolve"命令生成曲面形状，如图2.3-13所示，过程略。

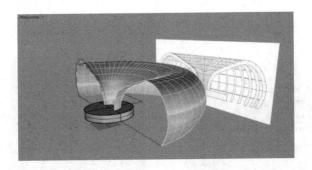

图 2.3-13 生成主要曲面

接着，需要等距离地提取下面这根曲线上的均分点，以生成附着在曲面上的弧形线条。此步骤使用的命令为 _Divide，可按照段数求曲线上的均分点（Devide Curve by Number of Segements）。该命令的按钮位于"点"命令栏中，也可在图 2.3-14 中的图标处单击鼠标右键。选取曲线，输入均分点的数量，即可得到均分点。

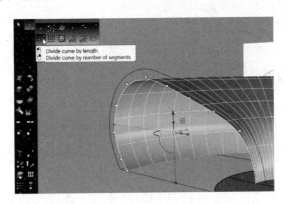

图 2.3-14 _Divide 命令

键入 _ExtractIsoCurve 命令，提取曲面在 U/V 方向的结构线。选择某曲面后，在命令栏选择"方向"（Direction）子选项①。图 2.3-15 中提取出的线条，便是依附在曲面 U 方向上的结构线。继而，选中结构线后，以 _Pipe 命令生成沿着曲线路径的管，如图 2.3-16 所示。最后，使用 _ArrayPolar 命令，生成环绕曲线圈阵列的物件，如图 2.3-17 所示。

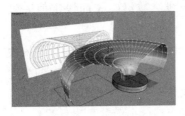
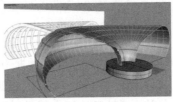

图 2.3-15 提取结构线　　　　图 2.3-16 成管　　　　图 2.3-17 环形阵列

---

① 其目的是：设定沿着曲面何种方向（U/V 方向）来提取特定位置的结构线。

练习

试建立图 2.2-18 所示的某户外构筑物、图 2.2-19 中沿圆周排列的镜园。

图 2.3-18　某户外构筑物（Verner Panton 设计）

图 2.3-19　镜园（Peter Walker 设计）

2.3.3　等分线

"t" 值是 Rhino 中曲线和曲面的内置属性，代表低维物体在高维空间的位置[①]。在 Rhino 手工建模中，_TweenCurves 命令[②] 用于生成首尾两曲线间的等分曲线，_TweenSrf 命令用于生成等分曲面，如图 2.3-20 所示。下面，以实际案例介绍 _TweenCurves 和 _TweenSrf 命令的使用。

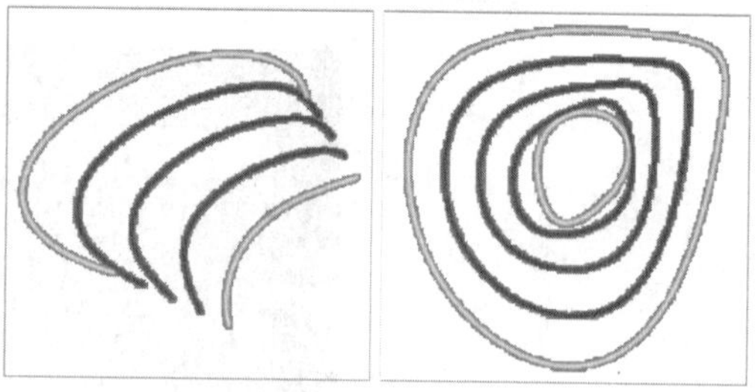

[**例 1**] 绘制涟漪草坪

在 Top 视图中绘制 2 个同圆心的圆。

图 2.3-20　_TweenCurves 命令效果

以 _TweenCurves 命令生成平面上两圆间的均分曲线。通过改变子选择中 "number" 的值，控制均分曲线的数量。选中除内、外端两同心圆以外的曲线，以 _ChangeLayer 命令将其归入单独图层（图 2.3-21 中奇数次序的线）。以 _TweenCurves_number=1 命令分别作内、外端两同心圆与其相邻曲线间的二等分线，以 _ChangeLayer 命令将其归入另一个图层。切换至 Perspective 视图，以 Gumball 将靠近内侧的偶数次序的线向上移至相应标高。将靠近内侧的偶数次序的线向下移至相应标高。将奇数次序的线所在图层隐藏。用 _TweenCurves 命令求 2 条偶数次序的线的等分线，数量与先前设定值一致（图 2.3-23）。

如图 2.3-24（a）所示，恢复显示所有图层。键入 _Loft 命令，按自内向外的顺序依次点选曲线，按回车键确认。在弹出的"放样选项"对话框中，将放样样式（Style）的类型设为 "Loose"（松弛），放样生成涟漪草坪曲面，如图 2.3-24（b）所示。最后，将曲面以 _Join 命令接合，便得到了涟漪形态的草坪微地形，效果如图 2.3-25 所示。

---

① 对于二维空间，即表示线段中的点或曲面中的线的位置。

② 在 Rhino 4 版本及之前为 _MeanCurve 命令。

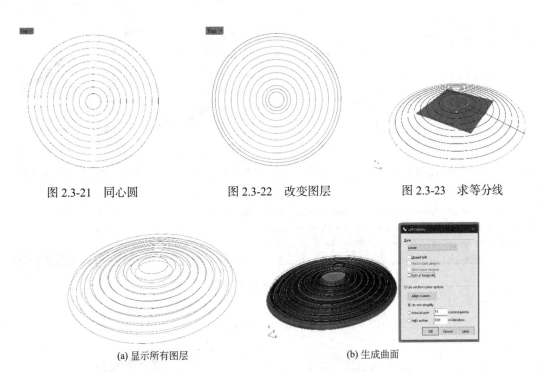

图 2.3-21　同心圆　　　　　图 2.3-22　改变图层　　　　　图 2.3-23　求等分线

(a) 显示所有图层　　　　　　　　　　(b) 生成曲面

图 2.3-24　生成过程

图 2.3-25　最终效果

[例 2] 绘制异形楼梯

在 Front 视图中绘制折线，用 _Fillet 命令倒角。以 _Rebuild 命令重建该曲线，适当增加控制点，去除该曲线的焊接点（图 2.3-26）。挤出台阶的宽度，移动复制得到另一侧台阶，如图 2.3-27 所示。执行 Gumball 命令进行二维缩放，得到如图 2.3-28 所示的台阶分段。

键入 _TweenSrf 命令，分别选择每处曲面对应端点，绘制首、尾踏步之间的等分曲面。其子选项中，Number of Surfaces（面数）为 8，Match Method（衔接模式）设为 none（无），如图 2.3-29 所示。在相应角点处点击，可调整两侧曲面对应点箭头的 U 方向和 V 方向（图 2.3-30）。将一侧的踏步组合、打组，进行复制、旋转，可得到另一侧台阶。绘制休息平台，执行 Gumball 命令挤出厚度（图 2.3-31）。

图 2.3-26　去除焊接点　　　　图 2.3-27　建立单个台阶　　　　图 2.3-28　建立台阶分段

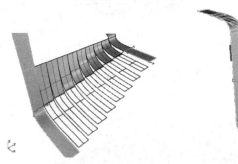

Press Enter to accept options (NumberOfSurfaces=8 MatchMethod=SamplePoints SampleNumber=10): MatchMethod

MatchMethod <SamplePoints> (None Refit SamplePoints): None

Press Enter to accept options (NumberOfSurfaces=8 MatchMethod=*None*):

| CPlane | x 6486.88 | y 1825.20 | z 0.00 | Millimeters | ■Default | | Grid Snap | |

图 2.3-29　_TweenSrf 子菜单

 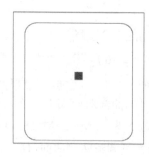

图 2.3-30　调整 U 方向和 V 方向　　　　图 2.3-31　挤出台阶

［例 3］绘制异形凉亭（图 2.3-32）

　　首先，在侧视图中绘制单个截面的矩形边线，并以 _Fillet 命令倒角（图 2.3-33）。以 _PlanarSrf 命令封面，将截面以 Gumball 命令复制 3 份。中间处截面的底面座椅边线与左侧沿截面中线呈轴对称（图 2.3-34）。以 _Split 命令和 _Join 命令，得到每个截面上的内侧闭合轮廓线。删去面，仅保留曲线。

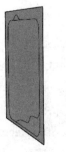 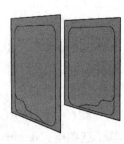

图 2.3-32　异形景观凉亭构
筑物（Snøhetta 设计）　　　　图 2.3-33　倒角　　　　图 2.3-34　截面

键入 _TweenCurve 命令，点选左侧截面和中心截面的内侧对应端，输入合适的等分数量，得到等分线，如图 2.2-35 所示。对外侧矩形框线作相同等分变换。考虑到中间处截面和右侧截面之间的等分线，与左侧截面和中间处截面之间的等分线呈轴对称关系，故将已建立的截面线组向右复制，以操作轴上 Y 轴方向的"小点"，对其进行逆向缩放，缩放比为 −1，将得到的新截面线组移至相应位置（图 2.2-36）。全选所得曲线，以 _PlanarSrf 命令封面（图 2.3-37）。

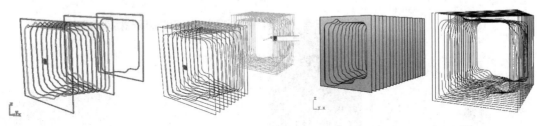

图 2.3-35 作等分变换操作　　图 2.3-36 缩放操作　　　　图 2.3-37 封面操作

以 _Distance 命令度量出每 2 个面片的间距 h。将最左侧的面以 _CPlane_O 命令设为工作平面。全选所有面片，以 Gumball 命令 Y 轴方向的"小点"向右挤出，挤出距离为 h（图 2.3-38）。最终效果如图 2.3-39 所示。

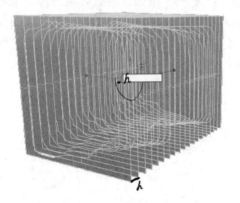

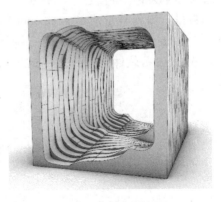

图 2.3-38 挤出操作　　　　　　　　图 2.3-39 最终效果

2.4　工作平面与图块

工作平面（CPlane）和图块（Block）是 Rhino 建模中的重要功能。下面以案例介绍工作平面和图块在建模中的实际运用。

2.4.1　图块管理

从 AutoCAD 导入的 .dwg 或 .dxf 格式的图纸、图块等，可直接被 Rhino 完全兼容地读取。

单击 Rhino 菜单栏的"文件 - 导入"（File-Import），选择需导入的 AutoCAD 文件，在弹出的"DWG/DXF Import Option"中选择需导入的内容、单位 ① (图 2.4-1)，即可读取 ②。

相较于 AutoCAD 中"图块管理器"功能，Rhino 中的 _BlockManager 命令提供了更为系统、强大的图块管理功能。键入 _BlockManager 命令，在弹出的对话框列表（图 2.4-2）中，可便捷地管理当前模型文件中已存在的图块。列表中显示了每一图块的名称、链接文件等信息。

图 2.4-1　"导入"菜单栏

图 2.4-2　_BlockManager 对话框

如图 2.4-3 所示，单击右侧"属性"（Properties）按钮，可查看或编辑图块的名称、注释、嵌入 / 链接属性等信息 ③。单击右侧"计数"（Count）按钮，可查看当前模型中各类图块的数量，得到数量清单（Amount List，如苗木表、构件数量表等）。单击"储存为CSV"（Save as CSV…）按钮，可一键将该清单导出为 CSV 格式（图 2.4-4），便于导入 Microsoft Excel 等软件，进行进一步的造价估算。

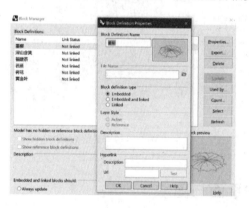

图 2.4-3　属性对话框

图 2.4-4　导出清单

① 以"mm"为单位的 AutoCAD 文件，导入以"m"为单位的 Rhino 文件中，标注常显示错乱。解决方法如下：若标注数量较多，则需借助"图块"功能。先新建一个 Rhino 文件，将其单位设为"mm"，将 CAD 文件导入此文件，该文件中的标注显示正常。以 _Block 命令将其组成图块，将图块复制到单位为"m"的 Rhino 文件即可。若标注数量较少，以 _SelDim 命令选中所有标注，在右侧栏中修改标注尺寸；以 _SelText 命令修改标注尺寸。

② 若欲导入的 .dwg 或 .dxf 文件是由天正系列、湘源控规等 AutoCAD 插件绘制的，则需先将 CAD 源文件转化为不需借助图形解释器就能读取的"普通 CAD"文件格式（Plain AutoCAD Files Format），如"t3"等。将 CAD 图块导入 Rhino 后，可对图块进行与在 AutoCAD 中几乎完全一致的操作。

③ "导出指定图块"（Export）、"删除指定图块"（Delete）、"全选指定图块"（Select）等按钮的功能和 AutoCAD 一致，不再赘述。

2.4.2　外部链接

对于较大的模型，在设计协作过程中，常将模型拆分为若干个部分，采用一个主模型文件（Master File）对各部分的模型进行包含、链接，这类整合过程被称为外部链接图块（Nested Reference Block）。主模型文件是在 Rhino 中开展设计协同的基础[①]。Rhino 中的图块分为两种主要类型，分别是"嵌入"和"链接"。"嵌入"指图块中的物件仅存在于当前文件中，且图块可原位编辑；"链接"指图块中的物件仅是被链接式地嵌入（Linked as Being Nested）当前文件中，实际上，图块在外部作为单独的模型文件存在。图块不可原位编辑。当外部文件更改时，图块将被同步更新到当前模型中。欲插入外部链接图块，应如下操作：键入 _Insert 命令，点击右上角文件夹状图标 📁，选择欲插入的模型源文件。然后，作如下设置：

对话框中，在"插入为"（Insert as）栏中选择"图块引例"（Block Instance）。取消点选"Insertion point"（插入点），"Scale"（缩放）勾选"标准"（Uniform）。在弹出的"插入文件选项"对话框中，作如下操作：取消勾选"读取链接图块"（Read Linked Blocks from the File），避免图块间相互嵌套。"图块定义类型"（Block Definition Type）栏处勾选"链接"（Linked）；"图层类型"（Layer Style）栏处，则依据需要，勾选"激活"（Active）或"参照"（Reference）[②]。点击"确认"按钮。如查看外部链接图块的信息，应操作如下：键入 _BlockManager 命令，在"图块编辑器"对话框的列表中查看已置入 Rhino 模型中的图块。在"图块编辑器"对话框中，勾选"显示定义的外部链接图块"（Show Nested Reference Block Definitions），即可显示外部链接图块。若发现有图块引例未更新，则在列表中点选该图块引例后，单击右侧"更新"（Update）按钮，即可将图块的源文件信息"同步"到当前模型中（图 2.4-5）。

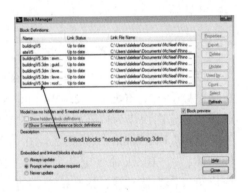

图 2.4-5　对图块的操作

2.4.3　景观古桥案例

下面利用 _Sweep1、_ArrayCrv 命令和本章所述"图块"相关功能，建立一座古桥（图 2.4-6）。

以 _Polyline 命令绘制 XOY 平面上的折线。以 _Line_P 命令作直线一端的垂线。以操作轴将直线挤出，得到适合高度的面片（图 2.4-7）。以 _CPlane_O 命令将该面设为工作平面。在该面上绘制桥体一侧的支撑构件的基准线。以 _Mirror 命令镜像，得另一侧基准

[①]　主模型的所有模型信息都从外部模型链接得到，即主模型文件原则上不包含任何实际模型，但可包含已命名视图（Named Views）等便于协作的信息（具体详见本书后文"视图"相关章节内容）。

[②]　"参照"（Reference）选项意味着：插入的模型文件将会显示，且其图层结构保留，但不能作修改；"激活"（Active）选项意味着：插入的模型文件的图层、内容都可作修改。若不希望无意中误改插入的参照模型，可选择"Reference"，便可将指定图块"外部链接"到当前模型文件中。

线（图 2.4-8）。

图 2.4-6　瑞士卢塞恩湖（Vierwaldstättersee）古桥

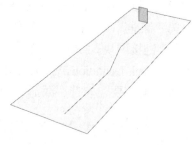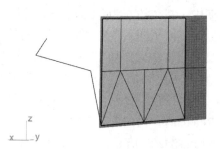

图 2.4-7　建立面片　　　　　　　　　图 2.4-8　绘制基准线

　　以 _Slab 命令的"向两侧"（Bothside）子选项，挤出为拉伸件。以 _Block 命令将所得拉伸件归为一个图块（图 2.4-9）。键入 _ArrayCrv 命令，点选 XOY 平面上的折线作为路径线，点选图块作为待阵列物件，设置恰当的物件总数，"朝向"（Orientation）子选项设为"自由"（Freedom），如图 2.4-10（a）所示。绘制屋顶檩条构件单元，以 _Slab 命令拉伸为体，以 _Block 命令定义为图块，如图 2.4-10（b）所示。以 _ArrayCrv 命令将所得图块以折线作为路径线，以合适总数进行阵列。如图 2.4-10（c）所示，将上一步阵列所得图元归入一个图层，并隐藏该图层。确保垂直面片所在平面为当前工作平面。以 _Polyline 命令在面片上绘制屋顶、栈道踏板的基准线。键入 _Sweep1 命令，以折线为路径线，分别对屋顶、栈道踏板的基准线进行单轨扫掠，并以 _ExtrudeSrf 命令向上挤出。最后，"超级选择"栈道的外侧边线，以操作轴向上挤出，以 _OffsetSrf 命令向内偏移（图 2.4-11）。

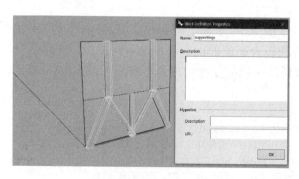

图 2.4-9　归为图块

(a) 操作一

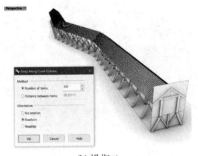

(b) 操作二

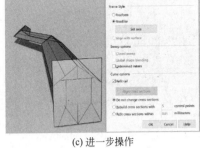

(c) 进一步操作

图 2.4-10　阵列操作

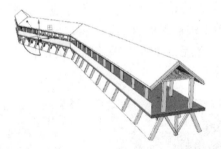

图 2.4-11　偏移操作

试利用 _Group、_Block、_ArrayCrv、_Split、_Slab 等命令建立图 2.4-12 所示的现代主义景观。

图 2.4-12　慕尼黑机场希尔顿酒店景观（Peter Walker 设计）

2.4.4 小型景观建筑实例

最后，举20世纪著名景观建筑"巴塞罗那德国馆"[①]（图2.4-13）为例。由于难度不大，仅给出简要的步骤提示，留予读者自行练习。

绘制平面图，以 _Join 命令接合边线、以 _CloseCrv 命令闭合边线，将之封为平面，并向上挤出厚度。以 _WireCut 命令建立下沉景观池。以截面拉伸，绘制台阶，并以 _BooleanUnion 命令组合。依照墙中线，以 _Slab 命令绘制墙体，归入相应图层（图2.4-14）。

图 2.4-13 巴塞罗那德国馆（Mies Van Der Rohe 设计）

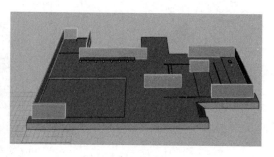

图 2.4-14 基本步骤

依照轴网，绘制承重柱，以 _ArrayCrv 命令阵列，得到2排柱，归入相应图层（图2.4-15）。以 _Divide 命令求玻璃窗平面线上的等分点。按每个玻璃窗单元的长度，以 _Box、_WireCut 命令绘制单个玻璃落地窗单元。将玻璃片与窗框归为不同图层，以 _Block 命令创建图块（图2.4-16）。然后，对含有玻璃窗单元的图块进行等间距阵列，建立所有窗构件。建立水面部分体量。

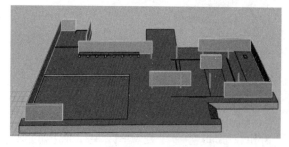

图 2.4-15 建立柱体

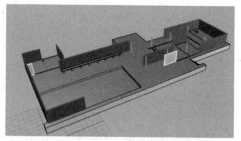

图 2.4-16 建立图块

建立2个屋顶体块，在任意侧视图中，将屋顶移至相应标高（图2.4-17）。点击右侧栏"图层"（Layers）选项卡，以 _ChangeLayer 命令将各类建筑构件归入相应图层。其中，父图层"窗"之下，嵌套着"窗框""玻璃"这两个子图层。在图层列表中，逐个点击"材质球"按钮〇，按需设定逐个图层的材质。对于图层"窗"，分别设置其下的2个子图

---

① 现代主义（Modernism）设计具有诚实、透彻、明确、结构清晰的特质，反对历史因素的作用，摒弃冗余装饰。"巴塞罗那德国馆"原为1929年西班牙巴塞罗那国际博览会德国馆，设计者为现代主义设计大师密斯·凡·德·罗（Mies Van Der Rohe）。该景观建筑是20世纪现代主义建筑的早期代表作之一，突出运用了现代主义建筑几乎全部的基本特征，包括功能主义、理性主义和减少主义。现有建筑实为1986年原址重建。

层的材质即可，无须设置父图层本身的材质（图 2.4-18）。效果如图 2.4-19 所示。

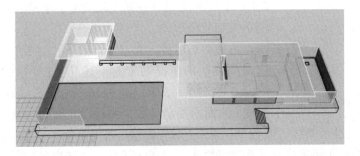

图 2.4-17　移动屋顶

图 2.4-18　设置材质

图 2.4-19　最终效果

2.5　曲面的可塑性与连续性

2.5.1　曲面控制点、阶数与一跨面

在本章前文中，我们知道，无论如何分割 Nurbs 曲线，其阶数和控制点均匀性均不变。同理，曲面的拓扑表面也可被描述为 Nurbs 曲面。这些为设计师提供了很高的可操作性，即可以通过操纵重量、节和控制点，来控制曲面的连续性。计算机科学家安托万·皮肯（Antoine Picon）认为，Nurbs 建模为设计师提供了推敲造型的创意空间，让设计师与曲线互动，以"高度直观的方式"表现空间、体积。

依据非欧几何学的观点，不存在孤立、绝对的"平面"概念[①]。曲线（或曲面）的控制点、阶数是关乎其可塑性（Deformability）的关键所在。只需几个步骤，即可在建模过程中加权、移动或操纵曲面的控制点，从而以较快的速度和较高的精度，创建具有系统性和关联性的复杂几何图形。

下面介绍曲面控制点、阶数与一跨面等概念。曲线控制点和阶数对曲线形态施以共同影响。移动具有不同阶数、相同控制点数的 2 条曲线上的 2 个控制点，可发现如下规律：

---

① 本质上，"平面"只是曲率为 0 的一种曲面，将在本书后文详述。

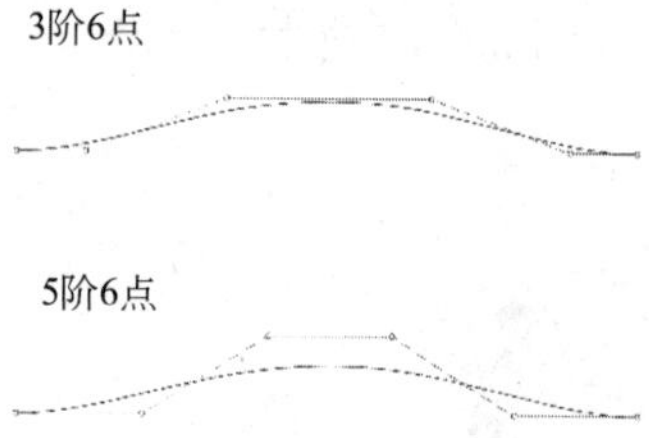

3阶6点

5阶6点

图 2.5-1　控制点的影响范围

随曲线阶数上升，控制点影响范围增大，影响强度减小（图 2.5-1）。通常而言，在形变较大处，宜放置 2 ～ 3 个控制点，便于控制曲线形态。

为使形态可控，在一些情形下，需要使用最简曲线。构成最简曲线的情况通常为下述几类：1 阶，2 个控制点；3 阶，4 个控制点；5 阶，≥ 6 个控制点等，即：①任何情况下，曲线 / 曲面的控制点数≥曲线、曲面的阶数 +1 ；②当曲线 / 曲面的控制点数目 = 曲线、曲面的阶数 +1 时，曲线 / 曲面最简。_ChangeDegree 命令可以在曲线（或曲面）不发生显著形变的情况下，增大阶数，并随即生成更多的控制点，则其曲面可塑性最佳。通常，当高阶曲面由多条≥ 6 个控制点的曲线构成时，一旦其阶数被 _Change Degree 为 5 阶。需要使用 _Change Degree 命令，而非 _Rebuild 命令。Nurbs 曲线之间的属性越接近，其生成的曲面结构线越简化，越容易控制；Nurbs 曲线之间的属性越多样，其生成的曲面结构线越冗杂，越难以控制。

通常，当观察到任意一个面的结构线（Isocurves）呈"十"字状显示时，此曲面为一跨面（1-Span Surface），俗称最简面，即所得曲面没有多余的 ISO 结构线。有如下规律：只有当 _Sweep1、_Sweep2、_Loft、_EdgeSrf 命令中路径线、截面线的阶数、点数等属性一致时，才可能出现一跨面，并会在操作菜单中出现"最简扫掠"或"最简放样"选框，如图 2.5-2（a）所示。对于路径线、截面线随意不对应地增加、减少其控制点或节点，或收敛点未聚集于一处，亦会导致无法形成一跨面。此时，通过 _MakeUniform 命令使得路径线或截面线均匀化，然后再进行操作即可[1]，如图 2.5-2（b）所示。

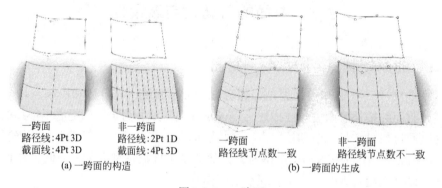

一跨面
路径线：4Pt 3D
截面线：4Pt 3D

非一跨面
路径线：2Pt 1D
截面线：4Pt 3D

(a) 一跨面的构造

一跨面
路径线节点数一致

非一跨面
路径线节点数不一致

(b) 一跨面的生成

图 2.5-2　一跨面

2.5.2　可塑有理曲线

1. 可塑曲线

对于"曲线"的绘制，景观设计中最被惯用的是普通的"Curve"命令曲线。然而，仅依靠"Curve"绘制的曲线的光顺程度、曲线与曲线间的连续性并不理想。简而言之，

---

[1]　上述规律可推广为下列三点一跨面构成条件：构成其的曲线属性（阶数、控制点数）相同、节点均匀；保证端点首尾相连；若有 2 条以上断面曲线，第 3、4、5……条断面的端点必须置于编辑点上。

采用"最简内插点曲线",是塑造有张力且连续性最佳的曲线形态。方法如下:以 _InterpCrv 命令可绘制内插点曲线。接着,使用 _ChangeDegree 命令,将绘制的内插点曲线的阶数依照造型需要升高。注意:此步骤不能使用 _Rebuild 命令升高曲线的阶数(图 2.5-3)。

图 2.5-3　_ChangeDegree 命令

在弹出的对话框中,将该曲线的"控制点数"设为较其"阶数"大 1 的数(如图 2.5-4 中绘制的曲线,其阶数为 4,控制点数为 5),这类曲线称为最简内插点曲线。曲线的"冗余"最低,光顺程度最佳。这类可塑曲线(Deformable Curve)属于 Rhino 中的有理曲线(Rational Curve)。如图 2.5-5 所示,为了对比 4 种不同曲线的曲率情况,可使用"曲率梳"(Curvature Graph)功能检查。曲线的曲率如图 2.5-6 所示。

071

图 2.5-4　设置阶数

图 2.5-5　曲率梳功能

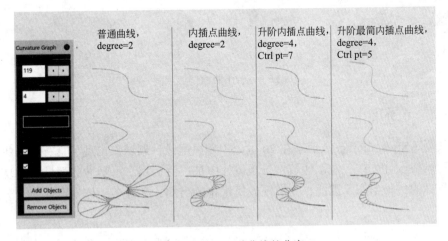

图 2.5-6　检查 4 种曲线的曲率

2. 可塑圆形

在绘制圆形及其衍生形状时,以 _Circle 命令绘制出的"工程圆"可塑性低[①]。绘制圆

---

① 随意移动其中任意 1 个控制点,将使曲线不均匀。

形及其衍生形状时，为使其可塑性最强，应采用"5阶圆"，即在键入_Circle命令后，再键入"_D"（Deformable，可塑的）。然后，更改绘制出的圆的阶数（Degree），将阶数数值调整为"5"。为对比说明"工程圆""3阶可塑性圆"与理想的"5阶可塑性圆"的区别，移动这三种不同"圆"的任意控制点，可明显看出"工程圆"的塑性效果最差，"3阶可塑性圆"次之，而"5阶可塑性圆"在其控制点变动后得到的曲线最为光顺[①]（图2.5-7）。

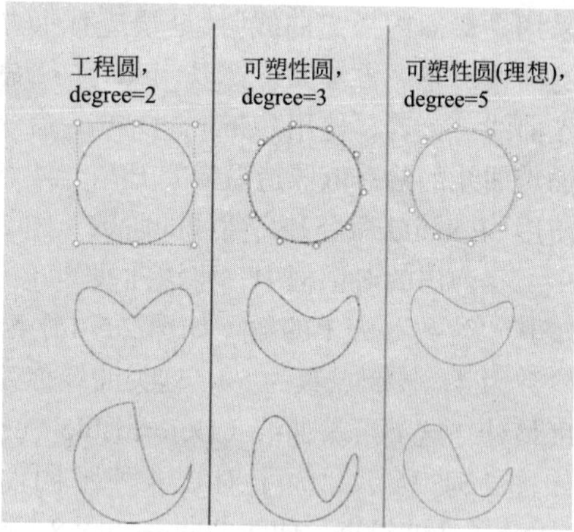

图 2.5-7　各种圆

2.5.3　Nurbs 曲面

Nurbs曲面的构成参数与Nurbs曲线类似[②]。曲面可分为3类：开曲面、闭曲面、周期曲面。U、V方向分别为1阶的曲面，所有控制点落在曲面上；U方向为3阶、V方向为1阶的开曲面（Open Surface），曲面的角点恰好落于控制点上；U方向为3阶、V方向为1阶的非周期闭曲面（Non-periodic Closed Surface），曲面的部分控制点恰好与曲面的缝线（Seam）重合（投影）。移动非周期闭曲面的控制点，造成锐边（Kink），使曲面不光顺；U方向为3阶、V方向为1阶的周期曲面（Periodic Surface），其缝线与控制点不重合；移动周期曲面上的控制点，不产生锐边，不影响曲面的光顺性（图2.5-8）。

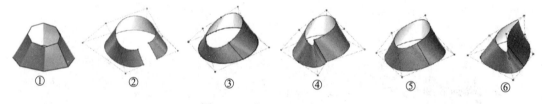

图 2.5-8　若干曲面情形示例

2.5.4　可塑曲面

流线型（Streamlining）[③]形态在20世纪中期风靡设计领域，出现了具有流畅曲线形态的流线型风格设计，在工业、建筑、景观设计中被广泛运用。可塑性曲面是相对复合人机工程学目标的一种形态，因此，为实现人机优化的目的，在许多小体量设计中，会采用适

① 若想获悉具体曲面的信息，可键入"_what"命令。曲线/曲面的阶数、控制点数、UV等将会清楚地显示。

② Rhino中，有许多曲面相关命令，来生成Nurbs曲面，读者不必深究其原理。

③ "流线型"原是空气动力学名词，用来描述表面圆滑、线条流畅的物体外部形状，以减少物体在高速运动时的风阻。流线型风格强调表面平整素静、轮廓圆滑，且大量采用铝材、酚醛塑料（俗称"电木"）、玻璃（玻璃砖）、瓷板等作为装饰材料。与现代主义刻板的几何形式语言相比，流线型的有机形态易于理解和接受，是其得以流行的重要原因之一。因此，关于流行风格的讨论，不可避免地要涉及设计商业化和设计心理学。在20世纪后期，后现代主义风格设计中，流线型形态甚至被滥用。

当的曲面扭曲形态。接下来，以案例（图2.5-9）说明曲面可塑性和连续性的应用。

在侧视图中作6点5阶曲线并拉伸。在正视图作6点5阶曲线，镜像（_Mirror）并接合（_Join）（图2.5-10）。如图2.5-11所示，以_PointsOn命令打开控制点，选择并删去顶部的锐点（Kink Point）。

图2.5-9 潘顿椅（Verner Panton设计）

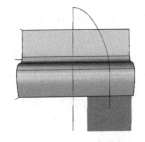

图2.5-10 作辅助线

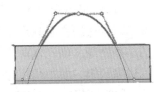

图2.5-11 去除锐点

向Y轴方向挤出，并以_Intersect命令求出其与后部的面的交线。以适当直线切分（_Split），使之分为两段曲线。以4根短直线分别连接对应的截面端点（图2.5-12）。以_Rebuild命令重建这些直线为4点3阶曲线，以_PointsOn命令打开其控制点，分别点选每根曲线中间的两个控制点，依照隆起程度，调整造型（图2.5-13）。

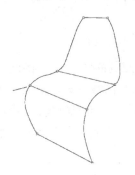

图2.5-12 连接端点

图2.5-13 调节控制点

以_Sweep2命令扫掠得到椅面（图2.5-14），以_OffsetSrf命令挤出厚度。提取（_DupEdge）出其背面边线，以_Join命令接合为一根。贴着地平面上背面边线的端点，作一条短弧线。将短直线沿着边线扫掠（_Sweep1）得到边缘面（图2.5-15）。

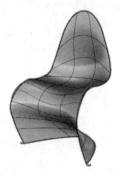

图2.5-14 扫掠成面

图2.5-15 建立边缘面

2.5.5 曲面连续性的简单应用

除现代和当代工业设计、建筑设计以外，在现代和当代景观设计中，出现了许多巧妙的形态演绎。适当地利用曲面的可塑性、连续性，对微地形形态进行许多富有创造性的设计，使景观更好地满足视觉观感和实际功能需求。在对曲面连续性的应用方面，通过 _BlendSrf（混接曲面）和 _MatchSrf（曲面匹配）命令，可在确保曲面维持一定连续性的情况下，衔接曲面之间的空隙，在微地形建模中较为常用。

_BlendCrv 命令可在两曲面间生成一个平滑过渡的曲面。键入命令后，命令栏提示选取第一条边缘。若只需要混接此曲面上的一条段边线，则按回车键。若需要混接此曲面上的多条边缘，则先选取曲面上的另一段边线。命令栏提示选取第二条边缘时，选取与第一条边缘的第一段边线相混接的目标曲面上的对应边缘，按回车键即可。

[例] 绘制"记忆之丘"（图 2.5-16）。

图 2.5-16 记忆之丘（Peter Walker 设计）

作一条 5 阶 6 点曲线，调节其控制点位置，控制曲线走势。将该曲线以适当间距进行直线阵列，共计 5 份。以 _PointsOn 命令开启所有曲线的控制点，以 Gumball 命令调整其高度，依据实际地形形态需要，建立彼此走势略有不同的曲线，如图 2.5-17（a）所示。按住〈Alt〉键，点击 Gumball X 轴方向"箭头"，逐条地将靠右侧曲线按适当距离复制至左侧，如图 2.5-17（b）所示。

(a) 若干曲线　　　　　　　　　　　　　(b) 运用 Gumball

图 2.5-17 绘制曲线

分别选中相邻 2 条曲线，以 _Loft 命令的"松弛"样式放样，得到柱面。键入 _BlendSrf 命令，依次点击相邻两曲面在其毗邻边缘上的对应端头，如图 2.5-18（a）所示。调节"可调式曲面混接"（Adjust Surface Blend）对话框中的滑块，依据形态需要，调节曲面连续性走势。由于本例中微地形需保持较光顺的表面，故"1"和"2"两处边缘的连续性均设为正切连续，如图 2.5-18（b）所示。

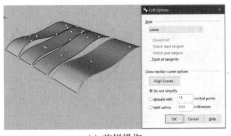

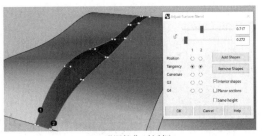

<table>
(a) 放样操作   (b) "混接"对话框
</table>

图 2.5-18　混接曲面

连接坡道侧面边线，挤出人行坡道。向下挤出坡道两侧的曲线，得到竖向面片。键入 _Split 命令，点选待切割物件（Object to Split），即图 2.5-19 中两侧竖向面片，按回车键；然后，点选切割用物件（Cutting Object），即本例中人行坡道，按回车键。选择切割后的冗余面，删去。将剩余的竖向面片以 Gumball 命令挤出为体。如图 2.5-20 所示，键入 _Join 命令，将坡地微地形曲面和混接所得面相接合。键入 _Box_P 命令，以指定三点绘制长方体，并将所得墙体以 Gumball 命令移至相应位置。

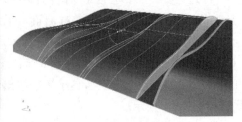

图 2.5-19　挤出为体　　　　　　　　　　　图 2.5-20　移动操作

2.5.6　多重曲面

多重曲面（Polysurface）是指由 2 个及以上 Nurbs 曲面连接所组成的曲面，如图 2.5-21 所示。每个曲面都有彼此不相关的结构、描述参数（Parameterization）和结构线方向（Isocurve Directions）。在 Rhino 中，描述曲面的方法是边界表示法（Boundary representation，Brep）。对于不同类型的曲面，本质上都以 Brep 数据结构表示。这样，在进行各种运算和操作中，Rhino 就可以直接取得这些信息，并进一步处理。

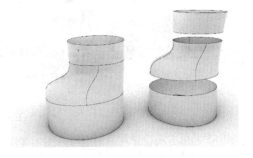

图 2.5-21　多重曲面

封闭的多重曲面对象被称为实体（Solids），也就是通常狭义意义上的"体"，是对体积（即"体量"）的准确数学描述[①]。Rhino 中，有两种定义实体的方式。

---

① 由于设计、制造精度对于需要精确尺寸容差的专业至关重要，故实体建模被广泛用于汽车、飞机、机械和建筑行业。需注意：封闭的多重曲面即实体，且存在厚度，而开放的多重曲面没有厚度，只是"薄壳"。

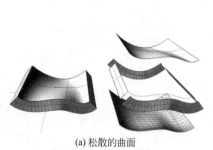

图 2.5-22　炸开操作

其一，使用精确的数学描述来定义图元。图元是基本的几何体（立方体、圆锥、球体、圆柱、棱锥等）。将几种不同的基元组合为新的形态。通常，我们使用绘制基本几何体、对实体物件进行布尔运算等操作时，得到的物件都是实体。需要注意，这些命令子选项中，若存在"实体"子选项，则必须设为"是"。将实体炸开后，得到的物件将不再是实体。例如，图 2.5-22 中，将长方体和圆柱体分别以 _Explode 命令炸开。可观察到，长方体由 6 个原生面组合而成；圆柱体由侧面和 2 个非原生面组合而成。

其二，将描述体积的一组单独的表面组合成一个实体。这些表面没有厚度，只有当它们组合在一起时才定义一个单一的、封闭的体积。对于多个独立的 Nurbs 曲面，亦可能形成封闭的体量，计算机并不知道这些表面是连接在一起形成一个体积的，而会将其视作一组松散的曲面，如图 2.5-23（a）所示。

若这些面片严丝合缝地彼此相接，则须通过"曲面编辑"相关命令（_Offset、_ExtrudeCrv、_ExtrudeSrf），对曲面表面进行偏移，并进行手工补面，以 _Join 命令接合，从而将 Nurbs 曲面集转换为实体。需要注意：对于曲面对象，_ExtrudeSrf 命令和 _OffsetSrf 命令的作用是不同的。以 _ExtrudeSrf 命令挤出的物件的侧面边线是垂直于当前工作平面的直线，以 _OffsetSrf 命令挤出的物件的侧面边线是随曲面走势影响的曲线，如图 2.5-23（b）所示。

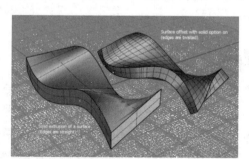

（a）松散的曲面　　　　　　（b）_ExtrudeSrf命令与_OffsetSrf命令

图 2.5-23　命令对比

2.6　形体分析法

2.6.1　形体分析法的概念

在景观构筑物设计中，出于生产、建造过程中对材料、工艺、成本、功能等的综合考量，很少以单一的形态独立成型，而是将各种结构和装饰构件以不同方式组合而成。通过组合这些构件形态的基本型，依据构件形态的比例和尺度关系，对其在形态中的主次排序，最终构成景观构筑物的形态（图 2.6-1）。其中，相对主导的形态被称为主要形态（Primary Forms），其余部分被称为从属形态（Attached Forms）。

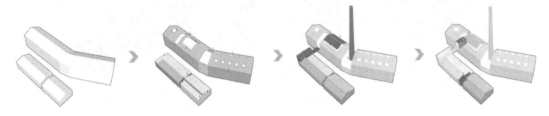

图 2.6-1 采用"形体分析法"作为建模分析方法

这种将复合形态拆解为多个基本几何体（"形"），进而通过合并、分割、剪切、阵列、挖洞等运算，最终得到目标实体物件（"体"）的建模分析方法，被称为形体分析法[1]（Constructive Solid Geometry，CSG）。使用"形体分析法"生成的整个过程非常简单，包括 3 个步骤：①建立基本几何体；②进行布尔运算操作（让基本几何体相互切削或叠加）；③编辑生成的新实体（移动体的角点、边缘或表面）[2]（图 2.6-2）。

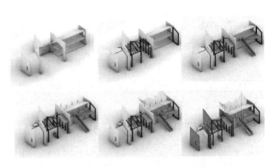

图 2.6-2 "形体分析法"推演过程

2.6.2 常见构筑物的建构方式

一般地，对于景观构筑物中各构件间的位置组合关系，主要包括邻接式组合、交叉式组合。若形态构件之间彼此不相交，仅通过表面连接，形成新形态，则称为邻接式组合（Adjacent Combination）。体量较大的形态构件成为其主要形态。在景观构筑物设计中，多采用邻接式组合，即各构件之间未发生交叉或相融，节点之间采用刚性连接（Rigid Joint）、铰链连接（Hinge Joint）、榫接[3]（Joggle Joint）等连接手段，进行组合，各形态构件相对完整（图 2.6-3）。若形态构件之间存在相交的位置关系，不同构件之间因相交、重叠而形成交线，曲面彼此融合；或其中一个构件嵌入另一个构件之中，则称其为交叉式组合（Crossing Combination）。接下来的几节中，将以若干个独具特色的景观构筑物为例，介绍形体分析法的应用。

---

① 又译"实体几何构造法"。

② 在精细建模过程中，需要更明晰物件间的相切、嵌套、相离等位置关系。尤其注意，实体物件在物理世界中不会在同一个空间位置上彼此重合。

③ 榫接本质上是介于刚接与铰接之间的"半刚性连接"（Semi-rigid Joint）。

刚接　　　　　　　　　　铰接　　　　　　　　　　　榫接

图 2.6-3　三种构件连接方式

2.6.3　集合与布尔运算

图 2.6-4　布尔运算

中学数学中，我们曾学习集合（Set）的布尔运算[①]，它是一种数字符号化的逻辑推演法（图 2.6-4）。接下来，将介绍由二维布尔运算推广到三维图形的布尔运算的过程。

首先，介绍针对曲线的二维布尔运算（2-D Boolean Operations）。_CurveBoolean（曲线布尔）命令可对曲线进行部分保留的集合运算。键入该命令后，先选取（待被减的与待减的）全部曲线［以 A、B 两条曲线围合形成的区域为例，见图 2.6-5（a）］，按回车键。然后，选取需保留曲线向内围合形成的区域（Inside Regions to Keep），这个"区域"（Region）本质上即是集合中二维维恩图（Venn Diagram）界线［以选取"A−（A∩B）"为例，见图 2.6-5（b）］。

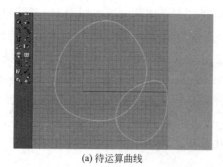 

(a) 待运算曲线　　　　　　　　　　(b) 选取操作

图 2.6-5　选取

命令子选项中的"Delete Input"可选择 Yes/No，决定是否在布尔运算后删除输入的线对象。被选取的待保留部分，按回车，即可得到需保留区域"A−（A∩B）"的文氏图界线。数学中的"集合"逻辑，亦可推广出三维布尔运算，如图 2.6-6 所示。

Rhino 中的常用的布尔运算主要包括 4 类。

---

① 在图形处理操作中，引用了集合的逻辑运算方法，使基本图形组合产生新的形体，这种建模逻辑被称为"布尔运算"（Boolean Operation）。

（1）_BooleanUnion（布尔并集 A ∪ B）；

（2）_BooleanDifference（布尔差集，A-（A ∩ B））；

（3）_BooleanIntersection（布尔交集，A ∩ B）；

（4）_BooleanSplit（布尔分解，（A ∩ B）∪（A-（A ∩ B））∪（B-（A ∩ B）））。

图 2.6-6　三维集合运算

三维布尔运算命令常被高频使用，进行扣合（_Rotate 和 _BooleanUnion 结合）、相交（_BooleanUnion 和 _MergeFaces 结合）、提升（_Extrude 和 _BooleanUnion 结合）、嵌入（_BooleanDifference 和 _BooleanUnion 结合）等形体的组合。此外，通过将布尔运算与其他基本变换复合，可得到另一些常用形态处理方法，如叠加、旋转、分枝、合并等（图 2.6-7）。

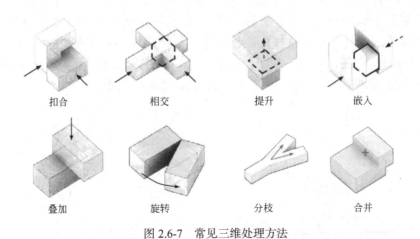

图 2.6-7　常见三维处理方法

[例]绘制导视牌（图 2.6-8）。

图 2.6-8　宋文化系列城市家具之导视牌（张唐景观设计）

步骤1：

建立用于切割主体指示牌牌身的小长方体。首先，执行 Gumball 命令，将其沿 XOY 平面旋转 45°，如图 2.6-9（a）所示。然后，将其沿 XOZ 平面旋转 45°，即可得到一个沿着（1,1,1）向量方向倾斜的长方体。此步骤建立的长方体尺寸不宜过小，以免后续切割时截面被切分得不完全，如图 2.6-9（b）所示。

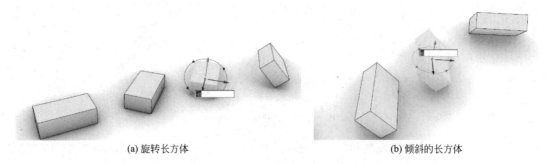

(a) 旋转长方体   (b) 倾斜的长方体

图 2.6-9　旋转过程

步骤2：

建立指示牌牌身主体的长方体。将步骤1中的小长方体复制多份，并分别沿着 XOY 平面逐个旋转 90°。小长方体与大长方体的空间关系如图 2.6-10 所示。使用 _BooleanDifference 命令，依次选择待切分物件（大长方体），按回车键，再选择切割用物件（4 个小长方体），按回车键，如图 2.6-11 所示。小长方体的顶面与大长方体的顶面呈空间上"双向分别倾斜 45°"的异面交错关系，如图 2.6-12 所示。

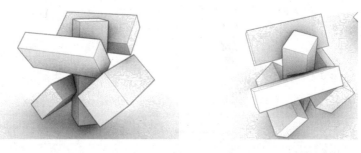

图 2.6-10　倾斜的长方体

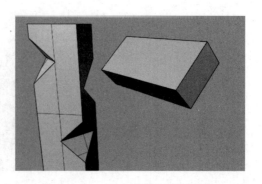

图 2.6-11　选择切割用物件　　　　图 2.6-12　小长方体的倾斜状态

步骤 3：

此时，已经初步得到了指示牌的主体和指示牌牌身上的异面交错截面。接下来，制作贴附于曲面的方向标。按〈Crtl〉+〈Shift〉键，选择单个曲面，按住〈Alt〉键的同时，拖动 Gumball，复制一份该面片（图 2.6-13）。以 _CPlane_O 命令将该面片设为工作平面（图 2.6-14）。在其上以多段线绘制指示箭头，并以 _PlanarSrf 命令封面，以 _Extrudesrf 命令挤出指示箭头的体块。

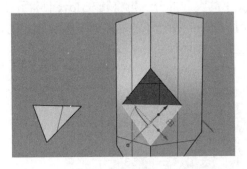

图 2.6-13　复制面片

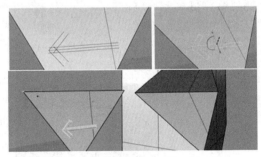

图 2.6-14　一系列操作

步骤 4：

在 Rhino 中，_Orient（基准对齐）是一个十分易用的高频命令。该命令可以将两个参考点对应到两个目标点，将物件重新定位。首先，键入 _Orient 命令。选择需要被"基准对齐"的物件，按回车键确认。在命令栏子选项中，设置"复制"（Copy）为"是"，"缩放"（Scale）为"否"。然后，如图 2.6-15（a）所示，指定其基准曲面（Base Srf）上的两个参考点（在指定参考点的位置会显示选定点标记1、2）。接着，指定目标曲面（Target Srf）上与之对应的目标点（1'、2'）。基准曲面上的两个参考点会对齐至两个目标点。然后，物件会被移动、缩放或旋转，使两个参考点恰好与两个目标点对应。若操作失败，检查工作平面是否被指定为左侧的面片，同理，完成其他区域指示箭头的"基准对齐"操作，如图 2.6-15（b）所示。

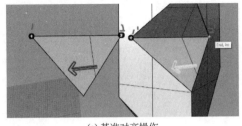
(a) 基准对齐操作

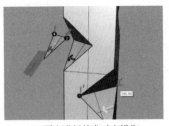
(b) 再次进行基准对齐操作

图 2.6-15　基准对齐

步骤 5：

建立浮雕文字的突起。将该导视牌的正面复制一份至右侧。如图 2.6-16 所示，键入 _TextObject 命令，键入需要生成框线的文字。在"Create geometry"（创建集合体）栏目中选择"Curves"（曲线）。选择"Group output"（成组输出）。绘制一条 XOZ 方向的铅垂

081

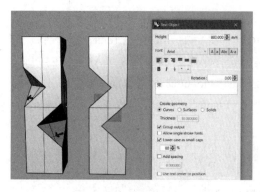

图 2.6-16 建立文字

线，以 _ArrayCrv 命令使单个文字框线沿其阵列，并将所有文字线框 _Group 为一组，如图 2.6-17（a）所示。键入 _Split 命令，以文字线框裁切这一复制出的平面，如图 2.6-17（b）所示。将裁切后的小块面选中，利用 Gumball 复制至他处，并挤出其厚度，成组，得到浮雕文字的突起部分。再将其 _Move 回原位置。利用 _Orient 命令将之对齐到指示牌牌身的对应位置。效果如图 2.6-18 所示。

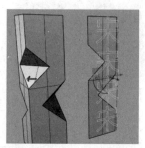

(a) 浮雕文字过程一

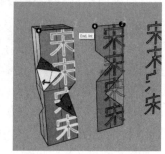

(b) 浮雕文字过程二

图 2.6-17 文字建立

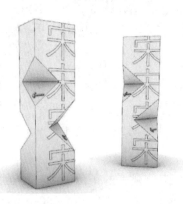

图 2.6-18 效果

试运用"布尔运算"相关命令，建立图 2.6-19 所示的阶梯硬质景观。

如图 2.6-20 所示，利用 _BooleanSplit 命令的子选项 _DeleteInput=Yes，可将位于待切割曲面或多重曲面（Surfaces or Polysufaces to Split）上的、与切割用物件（Cutting Surfaces or Polysufaces）相重合的部分切除。

图 2.6-19　阶梯硬质景观（Fletcher Steele 设计）

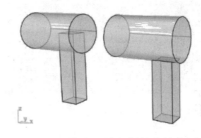

图 2.6-20　以长方体作为待切割的多重曲面，以圆柱体为切割用物件，执行 _BooleanSplit

MVRDV 设计了一种独特的"森林景观屋"构筑物（图 2.6-21），它利用独特的木 - 钢复合结构，具有将模块扩增为更大结构的可能性。构筑物内部设计采用深色竹纤维材料，形成舒适、洞穴般的氛围。试建立图 2.6-21 所示的概念景观塔楼。

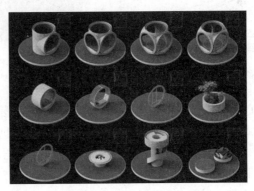

图 2.6-21　Bert 模块化森林景观屋体系（MVRDV 设计）

2.6.4　传统景观构筑物案例

首先，简要介绍"曲面的 UV"这一概念。曲面是动线运动时的轨迹，形成曲面的动线称为母线（Generatrix）。对于曲线族生成的曲面，和曲线族中的每条曲线均相交的曲线称为准线（Directrix）[1]。通常，对任意曲面以 _Rebuild 命令重建后，可观察到：U 方向以红

---

① 任意 Nurbs 曲面皆可以 $f(u, v, n)$ 表达式表示，其中，n 是曲面上每一特征点的法向量。曲面的 UV 相当于笛卡尔坐标中的 x 轴方向与 y 轴方向在曲面上的映射。U 方向和 V 方向会随曲面形态"流动"。

色箭头显示，V 方向以粗箭头显示，N 方向以细箭头显示（图 2.6-22）。对于 Rhino 中的曲面形变类命令（如 _Sweep1、_Sweep2），路径线（Rail，即"轨"）是准线，与 U 对应；截面线（Cross Section Curve）是母线，与 V 对应。下面，请看一个运用"形体分析法"建立传统景观构筑物的案例（图 2.6-23）。

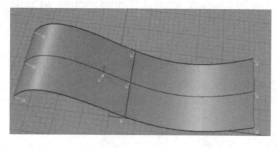

图 2.6-22　曲面的 UV

图 2.6-23　北京世界园艺博览会"延波小筑"（邢迪等设计）

步骤 1：

在 Front 视图绘制其主立面（图 2.6-24）。将构筑物顶部坡线向上挤出，得屋檐下的檩条厚度；再向上挤出一小段距离，得屋顶厚度（图 2.6-25）。执行 Gumball 命令挤出。如有必要，切换至任意侧视图，对屋顶两侧宽度约束再次调节（图 2.6-26）。

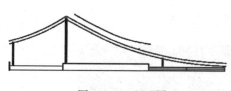

图 2.6-24　立面图

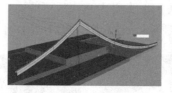

图 2.6-25　建立厚度

图 2.6-26　建立屋顶

步骤 2：

回到 TOP 视图作与屋顶开洞位置对应的参照矩形面，如图 2.6-27（a）所示，将其以 Z 轴方向上移，至屋顶上方。如图 2.6-27（b）所示，向下挤出矩形，得长方体，使之与屋顶和檩相交。以 _BooleanDifference 命令对该长方体开洞。继而，以 _DupEdge 命令提取洞口一侧边线，以 Gumball 向上复制。适当修改控制点后，先沿着 Y 轴方向挤出成面，再向上挤出成体，得到小屋顶，如图 2.6-27（c）所示。封面，并挤出步骤 1 中的柱身立面，成体，如图 2.6-27（d）所示。对位于外侧的这一排柱体执行 __Copy 和 _Mirror 命令，得 4 排柱体。

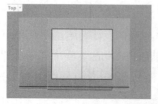
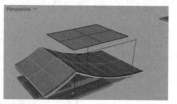

(a) 绘制参照矩形面

图 2.6-27　建模过程一（一）

(b) 开洞操作

(c) 建立小屋顶

(d) 建立柱身

图 2.6-27 建模过程一（二）

步骤 3：

以 _DupEdge 命令提取出洞口内部的边线与内平台的侧边线，复制一份至他处。在合适位置作一水平线，挤出，得一 XOZ 方向辅助面，以 _CPlane_O 命令将其设为工作平面。如图 2.6-28（a）所示，将两线 _Project（投影）至该面上。作垂线。以 _Split 命令用所有辅助面上的线切分辅助面，如图 2.6-28（b）所示。

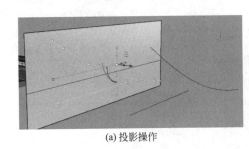
(a) 投影操作

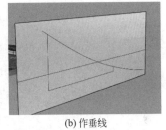
(b) 作垂线

图 2.6-28 建模过程二

如图 2.6-29（a）所示，以 _Contour 命令提取面上的等距断面线。以 _SelLast 和 _Group 命令将这些线成为群组。先向右挤出，后向 Y 方向挤出。以 _Group 命令将所得的这些切片状格栅成组。如图 2.9-29（b）所示，将格栅移至构筑物内侧相应位置，并以 _Mirror 命令得到另一侧格栅。

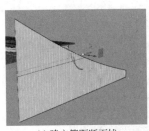

(a) 建立等距断面线

(b) 建立两侧格栅

图 2.6-29 建模过程三

步骤 4：

按住〈Ctrl〉+〈Shift〉，"超级选择"小屋顶的顶面，复制一份至他处。以 _Rebuild 命令重建这一曲面为 U=14、V=5、U/V 阶数均为 2 的曲面（图 2.6-30）。键入 _ExtractIsoCrv 命令提取其内侧顶部桁架的结构基线，将其子选项中 Direction（方向）设为 Both（两侧），点选 "Extract All"（提取所有）。将得到的面片按其走向分别沿 X 与 Y 方向执行 _OffsetSrf

命令（图 2.6-31）。建立相应构件，以 _Orient_scale=3d 命令将其"基准对齐"至相应位置（图 2.6-32）。效果如图 2.6-33 所示。

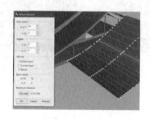

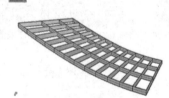

图 2.6-30　重建曲面　　　图 2.6-31　提取结构线并挤出

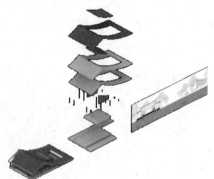

图 2.6-32　基准对齐操作　　　　　图 2.6-33　爆炸图

2.6.5　景观廊亭案例

［**例**］绘制景观桥（图 2.6-34）。

　　该景观桥设计以"轻"质介入的方式，将原有行车尺度一分为二，分隔成行人尺度。以"伞下的座椅"[①] 回应最基本的遮阳避雨和休憩的需求。

图 2.6-34　重庆北坡旧桥景观改造设计（中国乡建院设计）

---

　　① 设计方案中，"伞"回应了当地多雨的气候，向内聚拢成"斗"状的屋面，收集着民间象征财富的雨水。雨水沿着中心的雨链流入石块，下渗到排水系统中。

在 Front 视图绘制基本立面轮廓线。然后，切换至 Perspective 视图，键入 _Rectangle_C 命令，绘制从中心点出发的矩形，点选每条轮廓线的中点，按住〈Shift〉键，捕捉轮廓线的终点，绘制以轮廓线中点为几何中心的正方形（图 2.6-35）。以 _PtSrf（以 3 或 4 个点成面）命令绘制基本形体的"面片"框架（图 2.6-36）。键入 _ExtractIsoCurve 命令，依次提取柱身各面在相应位置的结构线，作为结构杆件的基准线。以 _Line 命令分别连接结构线对应端头，建立 4 根斜撑杆件的基准线（图 2.6-37）。以 _Pipe 命令将构筑物中、下部分的基准线"成圆管"。

图 2.6-35　建立正方形　　　图 2.6-36　绘制框架　　　图 2.6-37　基准线

使用本书前文已介绍的"方管生成"GH 运算器，将构筑物顶部的基准线"成方管"（图 2.6-38）。建立座椅等细部模型。以 _ChangeLayer 命令将廊亭各构件归入相应图层，得到廊亭单元模型。以 _Group 命令将所得单元模型归为一组（图 2.6-39）。复制或阵列所得的组，得到廊亭，效果如图 2.6-40 所示。

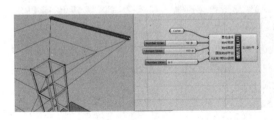

图 2.6-38　成方管　　　　　图 2.6-39　打组　　　　　图 2.6-40　效果

2.6.6　现代景观构筑物案例

［例］绘制图 2.6-41 所示构件类型更为复杂的现代景观构筑物。

图 2.6-41　德国欧罗巴广场凉亭（J.Mayer 等设计）

绘制平面图。首先，绘制直线段、正圆形部分。采用 _BlendCrv、_Fillet 命令对图形进行接弧边、倒圆角。以 _Join 命令接合曲线，若存在断线，以 _CloseCrv 命令使曲线闭合。以 _Offset 命令偏移出屋顶种植槽的边线。对所有曲线执行 _SetPt 命令，使 Z 轴坐标归零（图 2.6-42）。

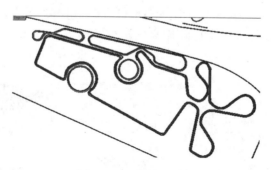

图 2.6-42　绘制平面图

由于屋面顶部倾斜，故须对平面进行处理。键入 _ CPlane_W_T 命令，恢复默认工作平面。作一辅助矩形面，将其旋转相应倾角，放置在构筑物屋檐标高处。键入 _Project 命令，将曲线投影至倾斜平面上（图 2.6-43）。如图 2.6-44 所示，对这些曲线以 _PlanarSrf命令封面。将曲线逐根封为面片，以 _OffsetSrf 命令挤出相应高度，得到屋顶种植槽（图 2.6-45）。

图 2.6-43　投影操作

图 2.6-44　封面操作

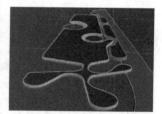

图 2.6-45　挤出操作

切换至 TOP 视图，以 _Line 和 _ArrayCrv 命令绘制平面柱网，如图 2.6-46 所示。切换到 Perspective 视图，建立单根柱身的圆柱体，如图 2.6-47 所示。切换回 TOP 视图。捕捉圆柱的平面圆心点，以 _Copy 命令复制这个圆柱，利用垂直捕捉命令，可将圆柱批量放置至柱网的相应位置。

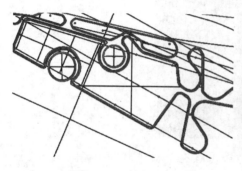

图 2.6-46　绘制柱网

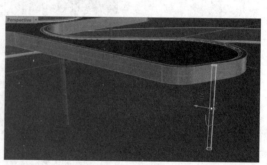

图 2.6-47　建立柱身

深化正圆形小屋顶。建立局部环形玻璃墙，过程从略。以 _DupEdge 命令提取出上方圆形顶面的边缘线，以 _Offset 命令偏移，并以 _SetPt 命令使坐标压平至地面。对于曲面形态的玻璃墙，需通过构件化（Componentization）方法[①]。以 _Rebuild 命令将截面线的阶数降为 1 阶，是对简单连续低阶曲面进行构件化的常用

图 2.6-48　构件化

方法。以 _Rebuild 命令重建此曲线为 1 阶 19 点的多段线（图 2.6-48）。将这条多段线向上 _Extrude，得到玻璃片基面（图 2.6-49）。最后，以 _ArrayCrv 命令沿着阵列玻璃外框的长方体，效果如图 2.6-50 所示。

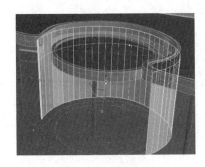

图 2.6-49　挤出操作

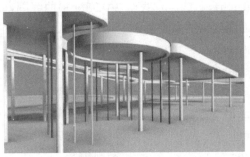

图 2.6-50　效果

试综合运用本章本节、前文中的相关知识，建立图 2.6-51 所示的工艺美术运动时期[②]的景观构筑物。

图 2.6-51　法国巴黎 Abbesses 地铁站入口景观（Hector Guimard[③]设计）

---

① 本例中，即将其变为直棱柱面（Straight Prism）的片状玻璃拼接，对接深化、施工。

② 英国"工艺美术运动"（the Art & Crafts Movement）的设计探索，引起了 19 世纪末 20 世纪初在欧洲兴起的内容广泛的"新艺术运动"（Art Nouveau）设计思潮。新艺术运动强调"功能由形式决定"，重视设计作品的整体"型"，试图以"象征性"取代"叙事性"。"新艺术运动"时期的代表作中，探索了铸铁、玻璃等工业材料的艺术表现可能性。法国是"新艺术运动"的发源地，"六人集团"（Les six）是当时影响最大的设计组织之一。

③ 埃克托尔·吉马尔（Hector Guimard），"六人集团"的代表人物。他设计了著名的巴黎地铁入口景观构筑物，具有自然主义特点，模仿植物造型，由青铜铸造，迄今保存完好。

2.7　简易微地形

2.7.1　平面形态绘制命令

景观设计建模中平面绘制处理、圆形类形态绘制相关命令归纳如下。

1. 封面、分面的高频命令

_SetPt	重置 XYZ 坐标 [1]
_Join	焊接（可用于以线接线、以面接面）+ _CloseCrv 封闭开敞曲线 + _Planarsrf 封面
_Split	切分 [2]
_EdgeSrf	由 2/3/4 根曲线围合成面

平面图绘制的高频命令

_InterpCrv	内插点曲线
_Rectangle_P	三点画矩形
_Circle_P	三点画工程圆
_Circle	作正切圆
_Circle_D	可塑圆 [3]
_Fillet	倒圆角
_Chamfer	倒直角
_Rotate	旋转
_Polygon	画正 n 边形（_Polygon_Star 画星形）

2. 关于挖各类洞的高频命令

_CPlane_O	设置工作平面到物件 + _Wirecut 线切割（常用于挖洞）
_UntrimHole	取消挖洞
_CopyHole	复制洞口 + _MoveHole 移动洞口 + _ArrayHole 阵列洞口

3. 线 - 面 - 体的生成及逆向生成命令

_Expolde	炸开 [4]
_Group	打组（_Ungroup 解散组）
_Pipe	画管道
_DupFaceBorder	提取（面 / 体的）边线
_DupEdge	提取（面 / 体的）边或棱
_Cone	圆锥
_Clinder	圆柱
_Slab	挤出厚板（常用于绘制墙体、绿篱）

---

[1]　该命令常用于使物件 Z 轴坐标归零，俗称"拍平"。
[2]　该命令有多用途，可以线切线，可以线切面，亦可以面切体。
[3]　阶数为 5 时，俗称"五阶圆"；"D"是单词 Deformable（可塑）的首字母。
[4]　该命令针对图块、组合体有效，对组（Group）无效。

_MergeAllFaces	合并面
_Cap	加盖
_Intersect	求交线
_ArrayPolar	圆周阵列
_Array	一般阵列
_ArrayCrv	沿直线阵列

_Revolve	旋转成面
_Contour	提取等距断面线①
_ExtrudeSrf	挤出面的厚度②
_OffsetSrf	偏移出面的厚度③
_BlendCrv	混接曲线
_BlendSrf	混接曲面
_Match	匹配接合曲线
_MatchSrf	匹配接合曲面

4. 效率提升命令

_Zoom_Extent	缩放布满视域
〈Alt〉+〈Shift〉+〈鼠标左键〉	框选
鼠标右键	重复执行上一次命令
_SelLast	批量选择上一次生成的物体 + _Group 打组
〈Ctrl〉+〈Shift〉	超级选择④
〈Ctrl〉+〈Shift〉+〈Alt〉	超级框选

练习

试建立图 2.7-1 所示微地形景观。

图 2.7-1　日本八千代市兴和台中央公园（局部）（户田芳树设计）

---

① 该命令常用于提取台阶边线与等高线。
② 该命令不适合挤出曲面成壳体。
③ 即依据每点的法向量进行偏移，常用于挤出曲线成壳体。
④ 即越级直接选择单个面、单根线等。

2.7.2　正圆微地形景观案例

在景观设计中，地形是涉及土地的视觉、功能特性的重要因素。为模仿大地形态起伏的错落韵律而人为设计的地形，被称为微地形（Micro-topography）。景观是地形空间本身（实体）与实体间的空旷区域（虚体）构成的连续组合体，而实体和虚体本质上由不同的地形类型构成，因此，微地形是园林中极为重要的空间塑造要素。在不同形态的微地形中，凸地形（Convex Micro-topography）常作为有支配地位的要素。起始于凸地形的底部边缘，顺延至坡顶的肌理造型，可增强凸地形的视觉效果；依附在凸地形表面，且与等高线平行的肌理造型，会削弱微地形的视觉效果。

图 2.7-2　海军公园（James Corner[①] 设计）

[**例**] 绘制海军公园景观（图 2.7-2）。

绘制并处理平面图（图 2.7-3）。常用命令有 _Split 切分，_Trim 打断，_Extend 延伸（Type=Arc 圆弧延伸，Type=Line 直线延伸），_BlendCrv 混接曲线（景观建模常用 G_1 连续），检查曲线间的断口与修正乱线。常用 _Join 命令接合，用 _CloseCrv 命令闭合连续线段的断口，以 _SetPt（=Z Axis）命令将坐标拍平。以 _PlanarSrf 命令封面，以 _Split 命令用闭合的线切割大面，得到小面。将小面分门别类归入相应图层（图 2.7-4）。以 _Extrude 命令挤出墙体、围护结构等的基础面（图 2.7-5）。

图 2.7-3　平面图

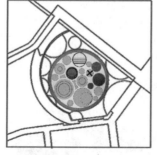

图 2.7-4　进一步处理平面图

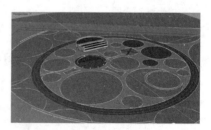

图 2.7-5　基础面

如图 2.7-6 所示，对于格栅墙建模，常用 _Rebuild 命令调整基准曲面的 UV 数量与阶数后，以 _ExtractIsoCrv 命令提取 ISO 结构线。亦可采用 _FlowAlongSrf 命令的曲面流动之法。以 _TextObject 命令建立立体字。廊架（图 2.7-7）则留予读者自行尝试建模。

---

① 詹姆斯·科纳是当代著名景观设计师，他认为"当代景观设计师过分突出对强吸引力设计的关注，致使景观丧失深刻性、持久性"，主张在景观设计中发展景观都市主义（Landscape Urbanism）的创新方法。其著名设计包括美国纽约曼哈顿区（Manhattan）的高线公园（High Line Park）、布鲁克林的多米诺公园（Domino Park）。

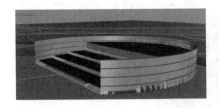

图 2.7-6 格栅与文字

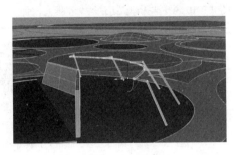

图 2.7-7 廊架

以不同标高的同心圆组成的等高线 _Patch（嵌面）得到正圆形态地形。以 _Orient（_Copy=Yes，_Scale=3d）命令[①]，等比缩放并对齐，建立多个形态呈相似的地形（图 2.7-8）。效果如图 2.7-9 所示。

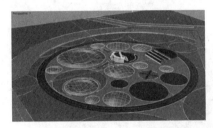

图 2.7-8 微地形建模　　　　　　　　　　　　图 2.7-9 效果

2.7.3 正圆立面造型微地形案例

在日本设计师佐藤大设计的一处广场景观（图 2.7-10）中，设计了多个飞碟状构筑物，皆由扇形预制混凝土模块装配而成。由数字建造方式制作精密预制件，现场装配，且同一模块可以多次使用。

首先，作台阶与构筑物边缘特征线的同心圆（图 2.7-11）。封面、挤出台阶（图 2.7-12）。将底面、顶部、中央平台标高处 3 根边缘特征线分别移动至合适位置，放样（图 2.7-13）。将分开的曲面 _Join 在一起，_Cap 加盖，封为体。

----

① _Orient（_Copy=Yes，_Scale=No）命令可将物件以特定 2 个目标点为参照，进行全等缩放并对齐的几何变化。此外，尚有 _Orient3Pt 命令，可通过三点定位对齐物体。

图 2.7-10　日本天理站广场（佐藤大设计）

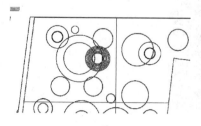

图 2.7-11　平面图

图 2.7-12　挤出操作

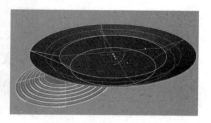

图 2.7-13　防样操作

　　构建台阶状表皮。按〈Ctrl〉+〈Shift〉，"超级选择"外立面曲面，复制一份至他处。以 _Contour 命令提取其等距断面线（图 2.7-14），并以 _SelLast 和 _Group 命令成组。执行 Gumball 命令向下挤出这些竖向的面片。然后，键入 _OffsetSrf 命令，沿朝圆心的法向量方向得到其厚度（图 2.7-15）。

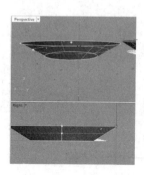

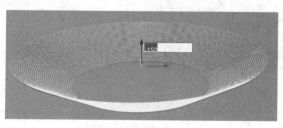

图 2.7-14　提取断面线

图 2.7-15　偏移面片厚度

　　以 _BooleanUnion 命令将立面部分与构筑物中心部分合并为整体。创建一个尺寸适宜的长方体，将工作平面设为其侧右立面，以 _Rotate 命令旋转，使其穿过台阶上部与中心平台底面下部（图 2.7-16）。键入 _BooleanDifference 命令，从构筑物本体挖出门洞。效果如图 2.7-17 所示。

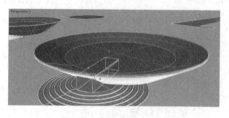

图 2.7-16　辅助长方体

图 2.7-17　效果

试建立图 2.7-18 所示微地形景观。

试建立图 2.7-19 所示建筑的外观体量。

图 2.7-18　德国慕尼黑奥林匹克公园（局部）
　　　　　（Gunther Grzimek 设计）

图 2.7-19　巴西国会大厦（Oscar Niemayer 设计）

2.7.4　连续坡道与台地景观建模

[**例**] 坡道与台地景观建模（图 2.7-20）。

图 2.7-20　挪威奥斯陆的斯堪德佛广场（Høegh Eiendom 等设计）

首先，绘制基本平面图。连续坡道线仅先以 _Polyline 命令绘制为多段折线。左侧台阶不同标高边线、休息平台处边线须绘制，如图 2.7-21（a）所示。键入 _Fillet 命令，将坡道边线以合适的半径值倒角。如图 2.7-21（b）所示，以 _OffSet 命令偏移此曲线，以 _FitCrv（适当修整曲线）命令[①] 简化其控制点数。当待简化曲线为多段线时，对于左侧台阶、平台边线与右侧坡道边线不相接处进行处理。以 _Extend（延伸）命令，先选择待延长到的边缘（Boundary Object），再选择延伸类型（Types），最后选择待延长的物件。这里，因欲延长直线，故选择"Line"，如图 2.7-21（c）所示。

---

① _FitCrv 命令会将线的顶点作为经由该曲线的点，并以输入的容差（Tolerance）值为两个控制点间最小距离的参照，删除相互间距离小于该容差值的控制点，计算出一条合理曲线。

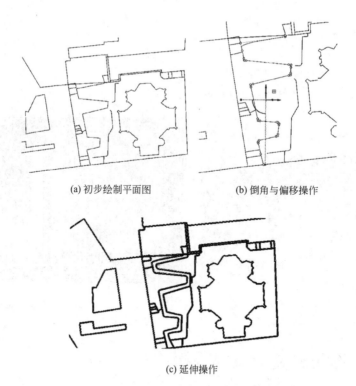

(a) 初步绘制平面图　　　　　　　(b) 倒角与偏移操作

(c) 延伸操作

图 2.7-21　平面图绘制

　　复制一份右侧坡道边线，以 _Split 命令，用台阶不同标高处边线切分。将左侧台阶、平台的区域边线以 _PlanarSrf 命令封面，并以 Gumball 移动至相应高程处，如图 2.7-22（a）所示。以 _PointsOn（打开控制点）命令显示出右侧坡道 2 条边线的控制点，按住〈Shift〉，逐一选择每一处坡道转折拐角处的控制点（每条曲线上每处各 3 个）。键入 _SetPt（设置坐标）命令，仅选择"SetZ"（设置竖坐标），将这 6 个点的 Z 方向坐标设定为与其毗邻的平台的对角点相同的标高值，如图 2.7-22（b）所示。注意到，高差约 7m 的人行步道边坡，巧妙地连接了上、下层街道，用以实现无障碍设计。[①] 因此，需要手动选择 2 条坡道曲线在相应位置的控制点，并以 Gumball 竖向移动之，使之标高均匀地位于相邻对角点标高值区间之间，便于坡道上段与段之间相衔接，如图 2.7-22（c）所示。

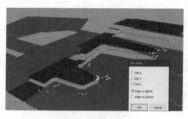

(a) 移动操作　　　　　　　(b) _SetPt命令(彩图见附录B)　　　　　　　(c) 调节控制点

图 2.7-22　初步操作

---

　　① 右侧坡道与左侧平台衔接处，仅有平台靠右侧的对角点与坡道相应位置的标高一致。坡道中段的标高呈逐步上升趋势。人行步道斜坡的坡度最大值为 6.5%。

复制 2 条坡道边线至他处。以 2 条短直线连接 2 条坡道边线的开口处，并以坡道曲线为轨，以短直线为准线，以 _Sweep2 命令扫掠成面。以 _Orient 或 _Move 命令将扫掠所得的坡道曲面移回相应位置（图 2.7-23）。

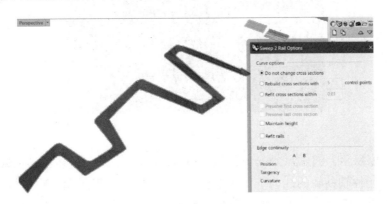

图 2.7-23　扫掠操作

如图 2.7-24 所示，执行 Gumball 命令挤出左侧平台的厚度，归入指定图层。以 _Extrude 命令挤出右侧坡道边线，得到挡土墙的基准面。以 _OffsetSrf 命令向右偏移出挡土墙的厚度。如图 2.7-25 所示，制作草坡微地形。选择坡道右侧边线与草坡边线，以 _Copy 命令复制一份至他处。在与草坡边线相对应的位置，将坡道右侧边线以 _Split 命令切分为多段。调整相应位置的控制点或添加连接线，得到草坡微地形的边界线（图 2.7-26）。

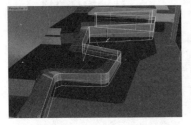

图 2.7-24　偏移操作

图 2.7-25　提取地形边线

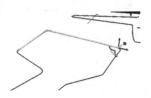

图 2.7-26　提取边界线

如图 2.7-27 所示，以 _Patch 命令嵌面，设定适当精度的 U/V 数，生成网格面。将坡道边线执行 Gumball 命令挤出，移至与网格面完全相交的位置，以 _Split 命令切分网格面，删除冗余面，得到微地形曲面。如图 2.7-28 所示，以 _Orient 或 _Move 命令将微地形曲面移回相应位置，归入指定图层。以 _SrfPt（顶点成面）命令逐一选择左侧台阶 4 个边界顶点，生成用以放坡的台阶基准面。

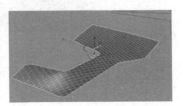

图 2.7-27　嵌面操作

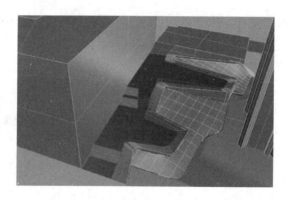

图 2.7-28 归位

如图 2.7-29 所示，键入 _Contour（等距断面线）命令，以经过基准坡面底部任一端点的、方向与 Z 坐标轴共轭的线为准线（在左 / 右视图中，开启正交捕捉即可），生成台阶的一组平行边线。如图 2.7-30 所示，键入 _SelLast 命令，全选，以 _Group 命令归为一组。台阶的详细建模方法参见本书"2.3.3"章节。整体效果如图 2.7-31 所示。

图 2.7-29 生成平行边线 　　　　图 2.7-30 归组 　　　　图 2.7-31 整体效果

试运用本章相关内容，建立图 2.7-32 所示景观的体量模型。

图 2.7-32 纽约多米诺公园 ①（James Corner 设计）

---

① 纽约多米诺制糖厂曾经是世界规模最大、产量最大的制糖厂。2004 年，制糖厂关闭。2018 年，詹姆斯·科纳（James Corner）在其原址上设计了占地 6 英亩（约 24000 m²）的多米诺公园（Domino Park）。该公园具有大面积的公共开放空间，并设有空中栈道，是纪念滨河工业历史的代表性景观。

2.8* 本章数学原理简介

2.8.1 节点的数学定义

欲定义一个控制点数为 $n+1$ 个、阶数为 p 阶的 B 样条曲线，必须提供 $n+p+2$ 个节点 u_0，u_1，$\cdots$，u_{n+p+1}。若给定 1 个 $m+1$ 个节点的节点向量和 $n+1$ 个控制点，则 B 样条曲线的阶数是 $p=m-n-1$。于此，可以与一个节点 u_i 的曲线上的点 $C(u_i)$ 对应，这个点被定义为节点点（Knot Point）。因此，节点点把 B 样条曲线划分成曲线段，每个曲线段皆被定义在一个节点区间上。若曲线存在（$n+1$）处复节点，会致使节点对象完全分离，此情形被称为 G0 不连续。

Nurbs 曲线的节点调节对曲线的开、闭有直接影响。据此，Nurbs 曲线便可分为下述三类（图 2.8-1）。若曲线的节点向量没有独有结构，则曲线不会与控制折线（控制点的连线）的首末边（Leg）接触，则曲线为开曲线（Open Curve）；若使曲线分别与其首末控制点和其首末边相切，则将变为夹点曲线（Clamped Curve）（图 2.8-1）；通过重复某些节点和控制点，则将变为闭曲线（Closed Curve），即曲线的首、末端接合为闭环状。

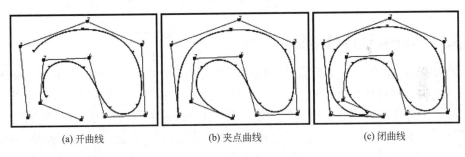

(a) 开曲线　　　　　　　　(b) 夹点曲线　　　　　　　　(c) 闭曲线

图 2.8-1　节点

2.8.2 曲率的数学定义

曲率（Curvature）是用来反映几何体的弯曲程度的量化依据。下面简要介绍曲率的基本概念及其推导。在曲线于某点处的法线上，在其凹侧取一点 O，点 O 到曲线上该点的距离等于此处的曲率半径 r，以 O 为圆心、r 为半径作圆。此圆被定义为曲线在该点处的曲率圆。

在 Rhino 中，可使用 _Circle_t 命令求曲线上指定点处的曲率圆（图 2.8-2）。使用 _Line_T 命令求曲线上指定点处的切线。使用 _Extend_Type=A 命令，延长弧线至指定边界线。按此步骤可绘制曲率圆和切线。

曲率圆的圆心被称作曲线在点处的曲率中心。其弧长 s 与曲线偏向角 α 之比值，被称为曲率半径，即 $R=\left|\dfrac{ds}{d\alpha}\right|$。接下来，用线段 $\overline{AB}$ 之长度近似 $\overset{\frown}{AB}$ 之弧长，利用微积分知识，可解得 R

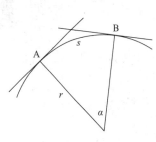

图 2.8-2　曲率圆

的表达式[1]。将 r 的倒数 K 定义为曲率（Curvature），用以表征曲线在某定点附近的弯曲程度。

$$K = \left| \frac{y''}{\sqrt{1 + (y')^2}^3} \right|，\text{其中 } y \text{ 为曲率圆半径}$$

依据上式，曲率的取值与一阶导数 y'、二阶导数 y'' 有关。曲线弯曲程度越大，则相切圆半径 r 值越小，曲率 K 值越大（图2.8-3）[2]。由微分学知识可知，曲线的凹凸性可由其在这一点二阶导数决定。因此，凸线的曲率为正，且越凸，则曲率越大；平直线的曲率为0；凹线的曲率为负，越凹，则曲率越小（图2.8-4）。

图 2.8-3　不同曲率的曲线

$$+ \qquad\qquad 0 \qquad\qquad -$$

图 2.8-4　凹凸性

2.8.3　Nurbs 连续性规律

曲线与曲面的连续性在工业设计建模中相当重要，但城规、建筑、景观等专业的建模对曲线、曲面的连续性的要求并不显著。在本章结尾处，较严格地阐述 Nurbs 连续性规律。

一般地，G_1 连续已足够适用于大部分情形。在 Rhino 中，以常规方法得到的"倒角"，绝大部分仅达到 G_1 连续。对于较大面积曲面间的混接，若有必要，可考虑使之达到 G_2 连续。G_2 连续已足以满足几乎所有的规划、建筑、风景园林专业建模。对于 Nurbs 曲面，其连续性（Continuity）与曲线在不同位置的曲率直接相关，间接地由生成曲面所使用的曲线的连续性决定。存在如下连续性检验规律：

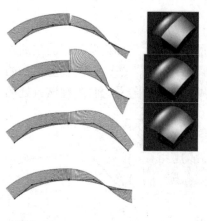

图 2.8-5　曲线的曲率梳

当曲线为 G_0 连续时，曲率梳在曲线连接处断开，存在 V 形开口；当曲线为 G_1 连续时，一条曲线在相接处附近的控制点在另一条曲线对应位置的切线方向的延长线上，此时，3 个控制点共线；当曲线为 G_2 连续时，一条曲线的尾端曲率与另一条曲线的首端曲率相一致。曲线的曲率梳不存在间断点，且高度一致，但存在微小尖角；当曲线为 G_3 连续时，曲线的曲率梳在两曲线交点处不存在 G_2 连续时的微小尖角，如图 2.8-5 所示。

---

①　此处略去证明。
②　事实上，在极限情形下，曲线即变为直线。经过曲面上的一点，可以作无穷多条线。

当曲面连续性为 G_0 时，斑马纹交接处断开；当曲面连续性为 G_1 时，斑马纹交接处连续，但带有抖动；当曲面连续性为 G_2 时，一个曲面的尾端曲率与另一个曲面的首端曲率相一致。斑马纹相交处基本连续，不存在抖动；当曲面连续性为 G_3 或以上时，斑马纹极为光顺，如图 2.8-6 所示。

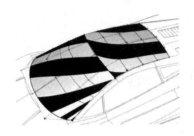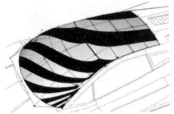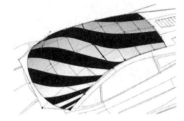

图 2.8-6　曲面的斑马纹

在 Rhino 中，通过 Analysis（分析）—Surface（曲率）—Curvature Analysis（曲率分析）可分析任意曲面的曲率。"Style"栏下可选择曲率分析类型。点击"Auto Range"按钮，可使曲率值域自动调整至较容易观察的色彩范围内。有 3 种常用类型的曲率类型可供分析，分别介绍如下。

图 2.8-7 中，平均曲率（Mean Curvature）是曲面上过指定点任意两个相互垂直的正交曲率（Orthogonal Curvature）K_1、K_2 的算术平均值 $(K_1+K_2)/2$。

依据高等数学知识，过曲面上指定点，存在无穷个正交曲率。其中，存在一条曲线处取得曲率极大值 K_{Max}，垂直于极大曲率曲面的曲率取得极小值 K_{Min}。这两个曲率称为主曲率（Principle Curvature），如图 2.8-8 所示，反映了曲面在指定点处不同方向上的不同弯曲程度。如图 2.8-9 所示，高斯曲率（Gaussian Curvature）是两个主曲率的乘积，是曲率的内在度量，反映指定点位置上曲面的局部弯曲程度。依据高等数学知识，在双曲面（Hyperboloid）和环面（Torus）等曲面上，高斯曲率亦可能为负值。环面是竖向截面为圆形的闭合旋转体，形似面包圈（图 2.8-10）。

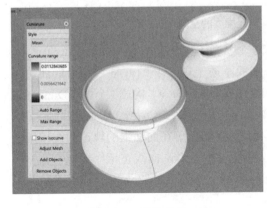

图 2.8-7　平均曲率

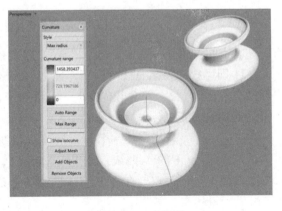

图 2.8-8　主曲率

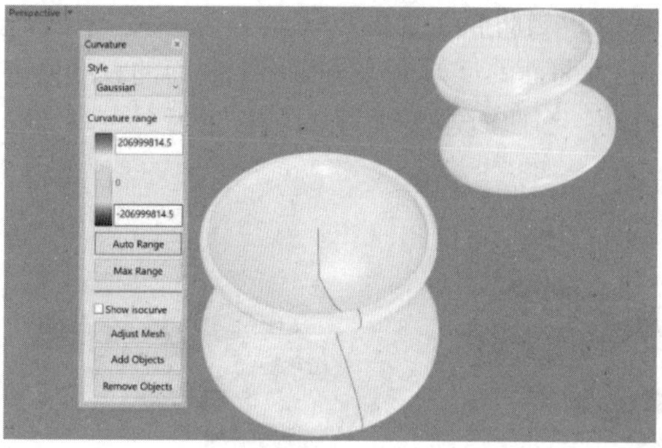

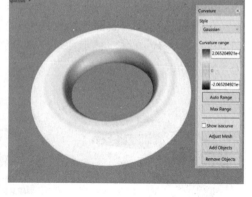

图 2.8-9　高斯曲率

图 2.8-10　环面

2.8.4　线性空间和 Nurbs 曲面的本质特征

高等数学中，R_n 表示 n 元有序实数组（x_1，x_2，$\cdots$，x_n）全体构成的集合，称为 n 维空间（n-D space）。在平面直角坐标系中，R_2 与平面中的点或向量构成一一对应。在空间直角坐标系中，R_3 与空间中的点或向量构成一一对应。R_n 中的元素 x=（x_1，x_2，$\cdots$，x_n）被称为 R_n 中的一个点或一个 n 维向量（图 2.8-11）[①]。

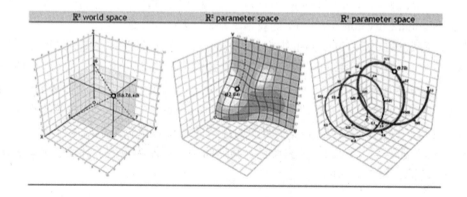

图 2.8-11　不同维度的空间

在空间直角坐标系中，对于"线"，以带有 1 个参数 t 的表达式 $(x,y,z)=(x(t),y(t),z(t))$ 即可描述一条直线。对于"面"，Nurbs 曲面本质上是 $\{u\}$、$\{v\}$ 曲线构成的曲边矩形网格，包含了 2 个隐含几何方向。若已知带有 2 个参数的 (u,v) 构成 1 个域（Domain），可得到曲面 S 的参数方程 $r(u，v)=(x(u，v)，y(u，v)，z(u，v))$，在曲面 S 上取一点 $(u_0，v_0)$，若指定某一个 $u=u_0$ 不变，仅变化 v，则动点落在曲面上的轨迹曲线被定义为过点 $(u_0，v_0)$ 的 u- 曲线，记作 $r(u_0，v)$；同理，可定义 v- 曲线，记作 $r(u，v_0)$[②]。参数曲面上过任一点皆存在 1 条 u- 曲线与 1 条 v- 曲线，如图 2.8-12 所示，构成参数曲线

---

① 此处的 x_i 元素被称为点 x 的第 i 个坐标，或 n 维向量 x 的第 i 个分量。
② 被称作曲面 S 上的曲纹坐标（Curved Coordinate）。

网（Parametric Curve Network）[1]。如图 2.8-13 所示，在 Grasshopper 中，更改曲面 UV，使 U、V 的值域在（0，1）区间的运算，称为重参数化（Reparameterize）。此运算有助于在曲面上进行分析与细化。

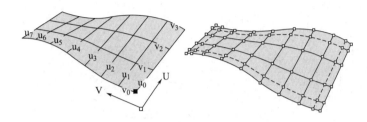

图 2.8-12　曲面域与曲纹坐标

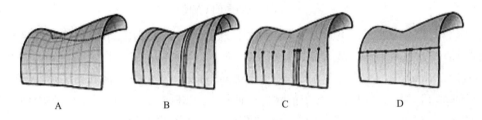

A　　　　　　　B　　　　　　　C　　　　　　　D

图 2.8-13　重参数化

2.8.5　向量及其点乘

图 2.8-14 中，e 是一个单位向量，向量 e 与向量 a 是共线向量（Collinear Vectors）。则 $\forall a \in V$ 均可唯一地正交分解（Orthogonal Decomposition）为 $a = a_e + a\frac{1}{e}$，a 关于 e 的水平投影（Horizontal Projection）称为 a_e，$a\frac{1}{e}$ 是 a 关于 e 的垂直投影（Vertical Projection）。在高等数学中，我们曾通过将第一个向量投影到第二个向量上，即 $a_e = (|a|\cos<a, e>)e = (a \cdot e)e$。然后，通过除以它们的标量长度来"标准化"，便可推导出向量的数量积（Dot Product），即点乘运算。向量 e 的模 $|e|$ 被称为投量（the Projection），记作 $|e| = proj\beta\alpha$。投量可用公式 $|\vec{a}| \times \cos\langle a, b \rangle = |\vec{a}| \times \frac{\vec{a} \cdot \vec{b}}{|\vec{a}||\vec{b}|} = \frac{\vec{a} \cdot \vec{b}}{|\vec{b}|}$ 计算。

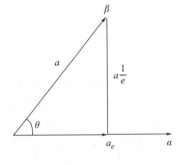

图 2.8-14　平面向量

2.8.6　曲面的 UVN、曲面的展开

对于一个平整的、由 UV 单元格构成的矩形网格构成的域 D，对其进行拉伸、扭曲等

---

[1]　其定义域称为曲面域（Surface Domain）。

形变后，可得到三维空间中的曲面 S。此时，矩形网格的任一点，皆对应曲面 S 上的一个 (u, v) 坐标。通过一个双射[①]（Bijection）$r: D{\rightarrow}S$，将域中的每一点对应到三维欧式空间中的指定点（x, y, z）。这样，在矩形网格上绘制的曲线即被映射为曲线，平面图形即被映射为曲面（图 2.8-15）。

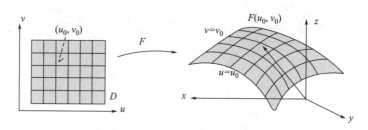

图 2.8-15   曲面的 UVN

连续曲面皆可被展开、还原为矩形。例如，球体是一个旋转面，由矩形平面上两方向向内弯曲形成，上下两条侧边被压缩为上下两个奇点（Singularities），左右两条侧边被合（图 2.8-16）。在 Rhino 中，在彼此共面的面（Co-planar Faces）上，若出现冗余的缝线，可使用 _MergeFaces 或 _MergeAllFaces 命令消除也可使用 _SplitFace 命令增加曲面上的缝线，将其并为一条缝线（Seam）[②]。此类曲面在解析几何学中被称作可展曲面（Developable Surface）。

图 2.8-16   球体的展开

解析几何中，这种用来表示点在球面三维空间中的位置的坐标系，被称为球面坐标系（Spherical Coordinate System）。例如，地球表面即是由经度弧（Arc of Longtitude）与纬度弧（Arc of Latitude）组成的球面坐标系（图 2.8-17）。

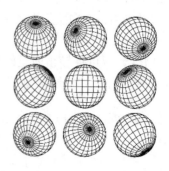

图 2.8-17   球面坐标系

———————————

① 一个由集合 X 映射至集合 Y 的函数，若对每一在 Y 内的 y，存在唯一一个在 X 内的 x 与其对应，则此函数为双射函数。

② 可使用 _CrvSeam 命令调整一条封闭曲线的接缝位置。常用于对截面线在进行放样之前，调整其边缘，以确保生成形体规整。

第3章 形面、形变与变换

本章以"面"的构建为核心，围绕 Nurbs 曲面和实体，阐释较复杂有机造型生成的基本方法，并以"形变"为线索，讲解 Grasshopper 平台下的基本参数化形态造型方法。

在本章前半部分中，我们将从 Nurbs 曲面的基本编辑命令出发，较为系统地介绍基本的曲面建构方法——"形面分析法"。继而，以较复杂的有机形态构筑物为例，展现复杂的渐消面的"形变"构建方法。

欲发挥 Grasshopper 参数化设计工具的作用，须运用正确的参数化思维，并了解参数化工具的运作规则。在本章后半部分中，我们将依次介绍概型、数列、空间向量、线性变换、常见数据结构、干扰算法、分形几何等数学概念和计算机图形学知识，步步为营，搭建参数化造型技术的基本知识框架，实现 Grasshopper 在复杂景观建模中的实际应用。

3.1 放样与网格面

3.1.1 基本放样

放样（Loft）是将二维形体对象作为沿某个路径的剖面，而形成复杂的三维对象的建模方法[①]。在放样的路径的不同位置，可输入不同的面，以构建具有复杂截面的形体。如图 3.1-1 所示的 20 世纪芬兰设计师阿尔托（Alvar Aalto）的著名设计，即是以"放样"作为造型生成方法得到的。首先，我们简要介绍最为基础的"基本放样"。

［例］绘制美国西北人寿保险大楼（图 3.1-2）。

图 3.1-1　1936 年的花瓶设计（Alvar Aalto 设计）

图 3.1-2　美国西北人寿保险大楼（Yamasaki 设计）

---

① 由于放样生成的曲面多为直纹面（Ruled Surface），故在 Rhino 早期版本中，放样的命令为"_Rule"。

先绘制柱头顶部部分。作一组不同标高的正方形（图 3.1-3）。使用 Gumball 的"小方块"，将不同标高处的矩形向中心缩放至合适尺寸（图 3.1-4）。键入 _Loft 命令，依次点选各正方形对应位置的端点。若点选的端点不在对应位置上，则放样后会生成错误的形态。此时，界面上会显示各端点处的方向指示箭头，需要确认各箭头指向同一方向（图 3.1-5）；如果不是，点击端点处，即可反转箭头的朝向。然后，按回车键。在弹出的"放样选项"（Loft Option）对话框中设置如下：样式（Style）设为"松弛"（Loose）（图 3.1-6）。对于断面（Crosssection），可酌情选择以较少控制点数重建。

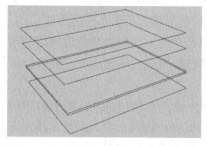

图 3.1-3　一组正方形　　　图 3.1-4　中心缩放　　　图 3.1-5　确认方向

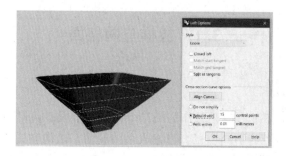

图 3.1-6　放样操作

键入 _Cap 命令，将柱头曲面封为闭合实体。补画柱身的长方体部分，并与柱头部分 _Join 在一起。复制这个柱体单元到他处，并阵列，以 _Group 命令打组，如图 3.1-7 所示。构建建筑其他部分的体量，将柱复制至对应位置，效果如图 3.1-8 所示。

图 3.1-7　柱身　　　　　　　图 3.1-8　效果

试结合"放样"和第2章中所学"结构线"相关知识，建立图3.1-9所示景观构筑物。

图3.1-9　日本"誓言之丘"公园展望台（隈研吾设计）

3.1.2　记录建构历史

在许多建模软件中，具有一种用于记录建模步骤中每一步几何操作所对应的特征、参数和约束的功能，被称为"历史树"。在 Rhino 中，有记录建构历史（Record History）这一类似"历史树"的简易功能[①]。开启命令栏右下角的记录建构历史（Record History）选项，即可开启，如图3.1-10所示。当不需记录建构历史时，可再次单击此处，关闭对"建构历史"的记录。

图3.1-10　选项卡

在"记录建构历史"保持开启的情形下，调整放样曲面的输入曲线，放样所得曲面将随即改变（图3.1-11）。下面，我们以一个采用 _Loft 命令建立的典型案例（图3.1-12），介绍"记录建构历史"。

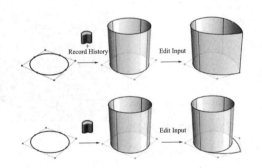

图3.1-11　记录建构历史命令

图3.1-12　约克郡皇家剧院庭院景观（De Matos Ryan 设计）

① 　Rhino 中的"记录建构历史"仅是辅助功能，输入物件与输出物件之间的"建构历史"连接非常容易被破坏。欲保留物件的建构历史，须符合以下条件：a.不能清除子物件（输出物件）的建构历史；b.不能删除用来建立子物件的父物件；c.不能编辑子物件的控制点或移动子物件；d.不能同时移动父物件与子物件；e.组合物件会破坏物件的"建构历史"。

107

如图 3.1-13 所示，与上例所述方式类似，建立若干条六边形截面线。如图 3.1-14 所示，键入 _Loft 命令，依次自上向下点选六边形截面线，在对话框中，"样式"选为"松弛"（Loose）。如图 3.1-15 所示，在"记录建构历史"保持开启的情形下，以操作轴移动、缩放相应位置的截面线，即可改变所得曲面形态。将最上方位置的六边形以 _Ribbon 命令向外生成宽度。将单个廊亭构件归为一组，将该组以 _Array 命令阵列（图 3.1-16）。

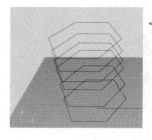

图 3.1-13　截面线　　　　　　　　图 3.1-14　放样操作

图 3.1-15　移动截面线前后　　　　　图 3.1-16　效果

必要时，使用 _SelParent 命令，选取指定子对象物件的父对象物件；使用 _SelChildren 命令，选取指定父对象物件的子对象物件；使用 _HistoryPurge 命令，可删除父物件和子物件间的"建构历史"连接。

试建立图 3.1-17 所示景观廊道。

3.1.3　景观构筑物综合案例

接下来，将"放样"命令与上一章中"结构线"相关内容相接合，尝试建立一个构件较多、较复杂的景观构筑物（图 3.1-18）。绘制基本立面图（图 3.1-19），生成基本长方体体量（图 3.1-20）。

图 3.1-17　加州大学圣迭戈分校校园"六边形体系"景观廊道（Santiago Calatrava[1] 设计）

---

①　圣地亚哥·卡拉特拉瓦（Santiago Calatrava）是 20 世纪后半叶西班牙著名建筑师、土木工程师、景观师，擅长异形建筑、桥梁结构、景观构筑物设计。卡拉特拉瓦提出了"工程设计的 3 种层次特征"理论，即：作为"建筑"，具有稳定性、抗瓦解性；作为"容器"，可容纳人群活动；作为"表皮"，具有对场地的遮蔽效果。

图 3.1-18 浙江金华无影阁景观建筑
（上海大椽建筑设计事务所等设计）

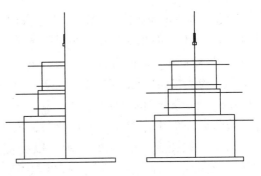

图 3.1-19 立面图

以 _DupFaceBorder 命令提取长方体顶面边线，适当缩放、位移，得到 3 条截面线。以 _Loft 命令的"松弛"样式放样，得到屋顶面片，如图 3.1-21（a）所示。绘制顶部屋顶的特征线，以 _Rebuild 命令将 4 条屋脊线重建为 2 阶。以 _PointsOn 命令打开其控制点，点选中间高度位置的控制点，以 Gumball 调整其 Z 轴方向高度。将所有曲线以 _Explode 命令炸开，分别以 _EdgeSrf 命令封为三角面，如图 3.1-21（b）所示。继而，对其他几处屋顶进行类似操作，如图 3.1-21（c）所示。

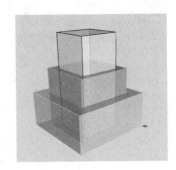

图 3.1-20 基本体量

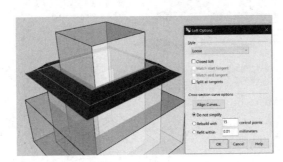

(a) 屋顶面片

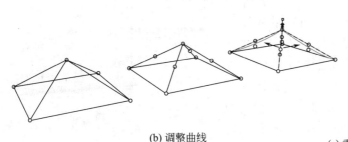

(b) 调整曲线

(c) 重复操作

图 3.1-21 初步建模

将长方体复制一份至他处。炸开，构建适合尺寸的矩形面片。键入 _Contour 命令，以其底边两端点间的方向为方向，提取等距断面线。将提取出的断面线以 _Group

命令打组，以 Gumball 将其朝 Y 轴正方向挤出，再以 _SelLast 和 _Group 命令选中所得面片并打组，再朝外挤出，得到栅条单元，归为一组，如图 3.1-22（a）所示。对所得的组以 _Orient_Copy=Yes，Scale=No 命令，点选对应端点，进行"基准对齐"的复制，建立其他格栅单元，如图 3.1-22（b）所示。对于内部格栅，以相似方法建立。以 _CPlane_O 命令分别将相应立面设为工作平面，并在相应平面上绘制圆洞门（或圆洞窗）的圆形外框线，键入 _Split 命令，依次点选面片、圆形外框线，完成对面的"开洞"切割，如图 3.1-22（c）所示。以类似方式，建立该立面的格栅。以 _Ribbon 和 _OffsetSrf 命令，分别依据圆形外框线，建立圆洞嵌框。类似地，建立处在最内部位置的格栅（图 3.1-23）。

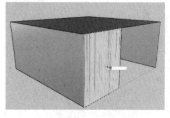  

(a) 挤出　　　　　　　　　　(b) 基准对齐操作　　　　　　　　　(c) 切出洞口

图 3.1-22　格栅建立

图 3.1-23　建立其他位置的格栅

以 _Isolate 命令"独立显示"所有屋顶面片，炸开，以 _Rebuild 命令重建，使 U 方向与 V 方向阶数均为 1 阶，U 方向控制点数均为 4 个，V 方向控制点数均为 40 个（图 3.1-24）。如图 3.1-25 所示，以 _ExtractIsoCurve_D=Both_E（方向为两侧，提取所有）命令，分别提取每一面片的结构线，以 _Group 命令打组。键入 _Pipe 命令，依据结构线，生成适当半径的管体。再以 _SelLast 命令选中所得圆管，以 _Group 命令打组。对所有面片重复相同操作，建得屋顶部分的"编织格

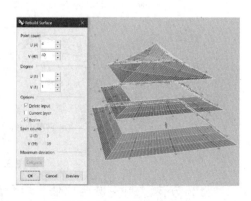

图 3.1-24　重建屋顶曲面

"栅"。以 _Unisolate 命令恢复显示所有物件。将所得构筑物各部分组合，分别归入相应图层（图 3.1-26）。

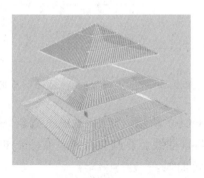

图 3.1-25 建立屋顶檩条　　　　　　图 3.1-26 效果

3.1.4 网格面

[例] 建立南非 Bosjes 堂（图 3.1-27）。

如图 3.1-27 所示的景观构筑物中，正弦衍生形态的屋顶创造轻量、动态的结构，令该景观建筑似浮于山谷之中。周边的水池营造了一种失重错觉。

图 3.1-27 南非 Bosjes 堂（Steyn Studio 设计）

首先，在 Front 视图中绘制该景观建筑主立面的正弦衍生形态的屋顶曲线。以 _Rectangle_3Points 命令绘制出建筑立面上正弦函数曲线的外接矩形（Bounding Rectangle）。键入 _Explode 命令将其炸开。然后，对矩形的两条长边进行 _Divide（求等分点）命令操作，等分数量为 8，得到每一边的八等分点，作为正弦曲线的控制点（图 3.1-28）。键入 _Curve 命令，设定其子选择中的 Degree（阶数）为 3。依次点选图 3.1-29 中 1、2、3、4 的点，作为曲线的控制点，即得到 1/4 周期的正弦图像。使用 _Mirror 命令镜像此正弦曲线，得到如图 3.1-30 所示的正弦衍生形态曲线。

在 XOY 平面上绘制侧面底边线，并复制一份到侧面顶边线。同理，以 _Divide 命令等分两条边线，数量为 4。同理，获得侧面屋顶边缘的余弦形曲线，如图 3.1-31（a）所示。以 _Rebuild 命令重建此曲线为 5 点 3 阶曲线，以 _SetPt 命令改变其最下端驻点的位置，

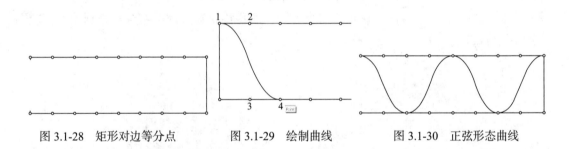

图 3.1-28　矩形对边等分点　　　　图 3.1-29　绘制曲线　　　　图 3.1-30　正弦形态曲线

使之标高为该景观建筑总高度的 1/2，如图 3.1-31（b）所示。使用 _Mirror 命令，镜像已绘制的正弦（余弦）形曲线，得到另一侧的屋顶特征曲线。复制立面的屋顶特征曲线至与侧边中心处重合位置，得到图 3.1-31（c）中的紫色曲线。

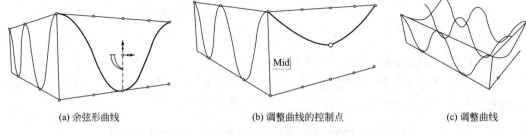

(a) 余弦形曲线　　　　　　　　　(b) 调整曲线的控制点　　　　　　　　(c) 调整曲线

图 3.1-31　调整曲线

　　然后，以 Gumball 操作紫色曲线，使之以 Z 轴方向缩放 –1 倍[①]，如图 3.1-32 所示。使用 _PointsOn 命令，开启曲线的控制点，将该曲线两侧的控制点移动至与侧面屋顶曲线中点相交处，如图 3.1-33 所示。选中曲线中间处最下端的 3 个驻点，以 _SetPt 命令使其 Z 坐标与侧面曲线中点标高平齐，如图 3.1-34 所示。

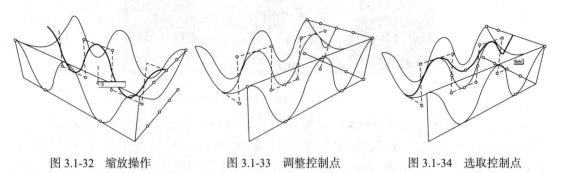

图 3.1-32　缩放操作　　　　　图 3.1-33　调整控制点　　　　　图 3.1-34　选取控制点

　　键入 _Copy 命令，将侧面曲线分别复制至正立面外接矩形的相应 1/4 等分点处，并以 Gumball 使之沿 Z 方向缩放 –1 倍（图 3.1-35）。键入 _PointsOn 命令，开启其控制点。同理，以 _SetPt 命令调整其 Z 坐标（图 3.1-36）。捕捉相应标高处的特征点，使其标高与紫色曲线 Z 方向对应位置的极值点的标高齐平（图 3.1-37）。

---

① 即以 XOY 平面为法平面镜像。

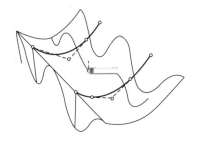

图 3.1-35 复制缩放曲线

图 3.1-36 调整 z 坐标

图 3.1-37 标高齐平

选中 X 方向的 3 条屋顶特征曲线和 Y 方向的 4 条屋顶特征曲线，键入 _NetworkSrf（从网格建立曲面）命令，构建屋顶曲面。若不成功，请仔细检查上述步骤中绘制的曲线是否彼此呈闭合且相交的关系。其中，容差（Tolerance）值决定了所生成曲面的边缘曲线（Edge Curves）和内部曲线（Interior Curve）的精度，即间接决定了曲面的 UV 数量。边缘衔接（Edge Matching）的不同选项，则决定了所生成曲面的连续性（图 3.1-38）。

在 XOY 平面上绘制玻璃墙的平面边缘线，挤出为面片（图 3.1-39）。键入 _Split 命令，以屋顶曲面切分挤出的墙面，删去冗余面。绘制正立面中央的玻璃嵌框（图 3.1-40）。可利用 _MoveFace 命令，方便地移动任意多面体的指定面至所需位置（图 3.1-41）。利用 _Mirror_3Points（三点镜像）命令，镜像出对应立面的杆件。以 Gumball 挤出屋顶厚度。归类不同物件至相应的图层，分别赋予图层以材质（图 3.1-42）。

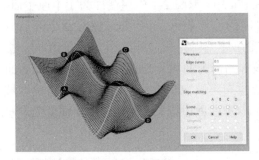

图 3.1-38 边缘衔接

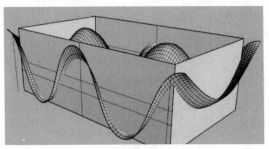

图 3.1-39 挤出面片

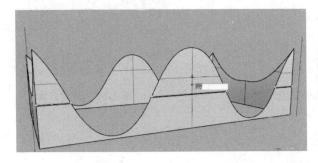

图 3.1-40 绘制玻璃嵌框

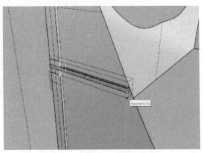

图 3.1-41 移动多面体

图 3.1-42　赋予材质

3.2　形面分析法与渐消面

3.2.1　原生面与非原生面

在前文中，我们已知道，Rhino 中的 Nurbs 曲面通常由 U、V、N 三要素决定。Nurbs 曲面按其几何特征，可分为两类：未被修剪的曲面称为原生面（Underlying Surface），已被修剪的曲面称为非原生面（Non-underlying Surface）。图 3.2-1 中左侧即为 1 个原生面。将其表面以 _Split 或 _Trim 命令修剪，得到右侧的非原生面。以 _PointsOn 命令开启其控制点，可观察到由原生面修剪得到的非原生面的控制点，排布与原生面完全相同。被 _Trim 和 _Split 等命令操作而得的非原生曲面被称为修剪曲面（Trimed Surface）。修剪曲面的原像是经切所得的非原生面，故其控制点排布区域均质分布于其原像所包含的区域（图 3.2-2）[1]。_ShrinkTrimmedSrf 命令可用于缩回修剪曲面边缘，无法将修剪曲面变为未修剪曲面[2]。

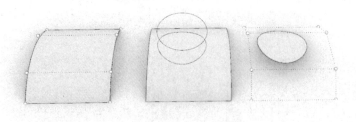

图 3.2-1　原生面、非原生面控制点分布　　　　图 3.2-2　修剪曲面

---

① 此性质将在"等距变换"章节的案例中进一步说明。

② 真正将修剪曲面拟合为未修剪曲面的方法如下：在右侧栏 Properties – Object（属性 – 物件）中修改结构线的显示密度；以 _ExtractWireFrame 命令抽离结构线；分为 U、V 两方向，分别以 _Rebuild 命令重构结构线曲线，其控制点数只能增、不能减；以 _NetworkSrf 命令建立网格面。

3.2.2 形面分析法简介

1. 基本概念

在数字化建模技术出现前，油泥模型[①]曾被广泛应用。其制作过程主要分为2个步骤。首先，根据设计物的大体尺寸，制作基本的木质骨架，作为基本"大形"的骨架；继而，将油泥敷在骨架上，再用刮刀、刮片等工具，对油泥进行形体塑造，得到具体的"表面"造型（图3.2-3）。

图3.2-3 骨架（"形"）与油泥（"面"）

Nurbs建模过程中，有一种用于建立带有复杂曲面的方法，类似于在支架上绷"橡皮膜"、在骨架上敷油泥。这种方法的操作流程如下：通常，先构建四边面为原生面，作为基本"形"的骨架。继而，进一步对其进行修剪，构建更复杂的非原生面，并对其进行进一步形变、混接等，最终得到具体的"面"。这种用于Nurbs建模的分析方法称为形面分析法（Form-surface Analysis）。

2. 曲面的原生性与收敛特征

曲面的趋势与其收敛特征有关。我们考虑数列 $a(n)$，若当项数 n 无限增大时，$a(n)$ 值与某个常数 a 的距离无限地靠近0，则称 $a(n)$ 收敛于 a[②]。以此类推，我们将"收敛"的定义直观地推广至曲面。若曲面的走势在某位置趋向于一点，则该点被称为收敛点（Convergence Point）（图3.2-4）。

图3.2-4 收敛点

基于"收敛点"的定义，对于原生面在具有不同收敛点个数的情形下，应采用的构建方法，便可进行分类讨论。对于原生单曲面，由于单曲面必在其一边呈平直趋势，故先绘制曲线收敛点附近处存在曲率变化的一边，然后，以挤出、放样等命令生成曲面，最终通过修剪生成造型（图3.2-5）。

图3.2-5 生成造型

---

① 油泥模型（Plastocene Model）是一种高效的手工模型制作方法，因其表现真实的特点曾被广泛应用。
② 或称 a 存在极限（limit）；若不存在极限，则称 $a(n)$ 发散。

接下来，对于原生双曲面，分类讨论其构建方法。

（1）UV 相互垂直的四边面。

构建 1U1V 结构线，单轨扫掠成面；或构建 2U1V 结构线，双轨扫掠成面（图 3.2-6）。

（2）收敛于 1 点的曲面。

先构建 2 条 U 方向结构线，使之另一端点收敛于一点，再构建 1 条 V 方向结构线，双轨扫掠成面（图 3.2-7）。

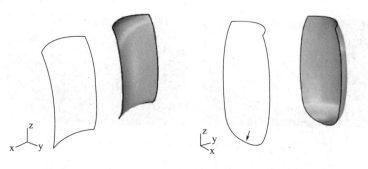

图 3.2-6　扫掠成面　　　　　图 3.2-7　双轨扫掠成面

（3）收敛于 2 点的曲面

根据曲面趋势变化，构建多条 U 方向结构线，且所有 U 方向结构线的两端点均收敛于一点，放样生成曲面（图 3.2-8）。这里，给出一个巧妙构造扫掠轨迹线的案例，留给读者自行尝试（图 3.2-9）。注意，在以 _Rebuild 命令重建 4 条曲线时，阶数、点数尽量保持一致（图 3.2-10）。

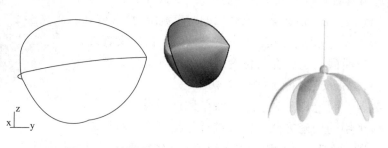

图 3.2-8　放样成面

图 3.2-9　Bloom 吊灯
（Constantin Bolimond 设计）

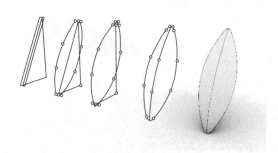

图 3.2-10　建模过程

3.2.3 非原生面

接下来，我们介绍非原生面的构建方法。非原生双曲面则需要经复杂形变生成。Rhino 记录非原生面的原理是：通过线性空间中的原生曲面和二维修剪用曲线，可确定三维空间曲面上的三维边线[①]。对于原生曲面，可通过移动控制点的方式编辑。然而，对于非原生曲面和多重曲面，在编辑后，不易保证曲面彼此间能保持连续[②]。若直接编辑非原生曲面，常会导致曲面间出现缝隙（图 3.2-11）。此外，由于非原生面的控制点排布较简单，很难对其进行精确控制（图 3.2-12）。

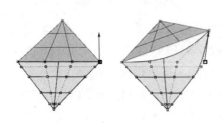 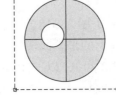 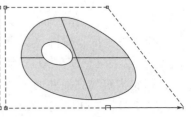

图 3.2-11 间隙　　　　　　　图 3.2-12 非原生面的控制点排布

由于其曲面边界形态复杂，需根据曲面类型和曲面的 UVN 性质进行推断，进而，以形面分析法逆向推导出其生成过程，并在原生双曲面的基础上进一步修剪。

[**例**] 田野地景建筑（图 3.2-13）。

键入 _Split 命令，以平直面切分球体，得到球面，作为原生面（图 3.2-14）。以 _DupFaceBorder 命令提取原生面的边线，向 Z 轴正半轴方向移动适当距离（图 3.2-15）。将该曲线所在平面指定为工作平面。绘制构筑物顶视图轮廓的形态特征边线（图 3.2-16）。对该曲线以 _Split 命令切割，以 _Join 命令接合，以 _Fillet 命令倒角，得到顶视图的正投影边线（图 3.2-17）。

图 3.2-13 田野地景建筑（佐藤大设计）

 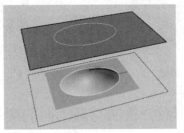

图 3.2-14 球面　　　　　　图 3.2-15 提取边线并移动

---

① 每个非原生曲面都有一条定义其"外边界"的闭合曲线，被称为外环（Outer Loops），以及若干条用以定义"孔洞"的不相交闭合内曲线，被称为内环（Inner Loops）。因此，被修剪的非原生面，必具有与其原生面（Underlying Surface）相同的外环，且不具有内环。

② 这是由于具有公共边的毗邻面可能是非原生面，其 Nurbs 结构常不匹配。

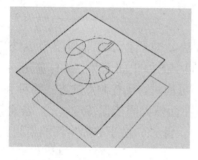

图 3.2-16 绘制形态特征边线　　图 3.2-17 顶视图的正投影边线

恢复默认工作平面，键入 _Project 命令，将曲线投影至原生面上。以曲线切分（_Split）原生面，删除冗余部分（图 3.2-18）。将投影后得到的边线以 Gumball 向下挤出（图 3.2-19）。以在 XOY 平面上的平直面切分（_Split）挤出得到的柱面，删除冗余部分，得到构筑物立面曲面（图 3.2-20）。以 _OffsetSrf 命令向外挤出立面曲面，建得外墙（图 3.2-21）。在相应位置绘制长方体，键入 _BooleanDifference 命令，点选外墙、长方体，完成开洞（图 3.2-22）。效果如图 3.2-23 所示。

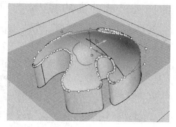
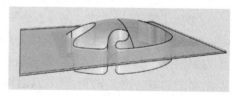

图 3.2-18 曲线投影　　　图 3.2-19 边线向下挤出　　　　图 3.2-20 构筑物立面

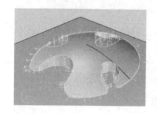

图 3.2-21 外墙　　　　　图 3.2-22 操作后效果　　　　图 3.2-23 效果图

3.2.4 形面分析法与渐消面的应用

接下来，以一个后现代主义景观构筑物外观（图3.2-24）为例，阐述形面分析法与渐消面的应用。

步骤 1：

在 Top 视图中，以五阶内插点曲线（_InterpCrv_D=5命令）绘制建筑顶面轮廓特征曲线。以此曲线作为母线，使用 _Orient_Copy=Yes, Scale=3d 命令，得到相同阶数、

图 3.2-24 Chanel 移动艺术画廊
（Zaha Hadid 设计）

点数的另外数条特征曲线。Nurbs 曲线之间的属性越接近，其生成的曲面结构线越简化，越容易控制；Nurbs 曲线之间的属性越多样，其生成的曲面结构线越冗杂，越难控制（图 3.2-25）。同理，绘制屋顶天窗轮廓线（图 3.2-26）。以 _EditPtOn 命令打开、调整其编辑点（图 3.2-27）。

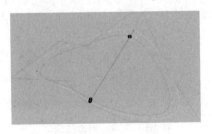

图 3.2-25　基准对齐

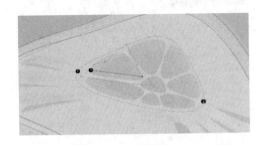

图 3.2-26　绘制轮廓线

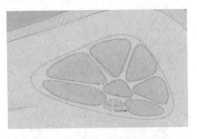

图 3.2-27　调整曲线的编辑点

步骤 2：

调整曲线至相应标高（图 3.2-28）。对屋顶部分的特征曲线进行 _Loft（放样），将顶部天窗所在的面以 _PlanarSrf 命令封面。将天窗轮廓线闭合、挤出为体。以 _Boolean Difference 命令切去顶面的天窗部分，并封面，生成窗户玻璃（图 3.2-29）。

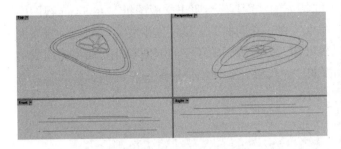

图 3.2-28　调整至相应标高

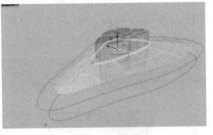

图 3.2-29　生成天窗

步骤 3：

在主立面墙体处绘制一条将被用以生成立面形态的曲线，其最下方控制点落于底部曲线上（图 3.2-30）。以该曲线作为截面线，以底部曲线为路径线（轨），以 Z 轴方向自下至上的直线为中轴线，使用 _RailRevolve 命令[①]，生成主要立面形态（图 3.2-31）。点选所

---

① _RailRevolve（绕轨生成旋转形）命令是 _Revolve（旋转体）命令的一般化推广，可构建非圆形旋转体。其完成形态由路径线和截面线决定。操作时，依次点选截面线、路径线、中轴线。截面线应与中轴线垂直，保证所得物体的顶部平滑，避免出现凹坑或尖角。

生成曲面的上方边线和屋顶曲面的下方边线，以 _MatchSrf 命令的"维持另一端正切连续"（Perserve other end : Tangency）模式匹配曲面（图 3.2-32）。

图 3.2-30　构造曲线

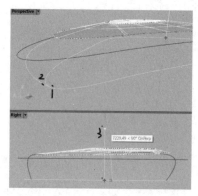

图 3.2-31　生成立面形态

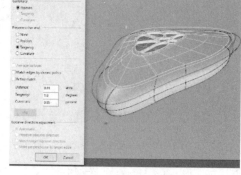

图 3.2-32　匹配曲面

步骤 4：

此时，模型中主体曲面走势框架的"形"已基本建立。继而，以主体的"形"为参照，在"形"的骨架上构造出具有不同特征的"面"。参照正立面图纸，在 Front 视图中以 _Split_IsoCurve（沿结构线分割）命令，在正立面曲面连续性发生变化的两处，将立面曲面沿 V 方向分割（图 3.2-33）。观察可知，分隔得到的正立面墙面和外立面墙面构成错合关系（图 3.2-34）。因此，在 Top 视图中，以该正立面墙体曲面的左侧端头为圆心，将其逆时针旋转相应角度，如图 3.2-35 所示。

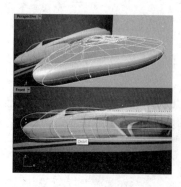

图 3.2-33　分割

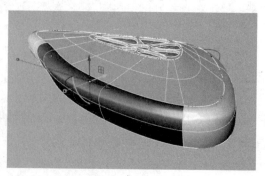

图 3.2-34　错合关系

继而，在 Front 视图中描绘门洞的基本外轮廓线。键入 _Split 命令，以这根外轮廓线剪切调整位置后的正立面墙体曲面，得到玻璃门曲面（图 3.2-36）。在 Perspective 视图中将切分后得到的玻璃门曲面适当缩小，向建筑内部移动适当距离（图 3.2-37）。键入 _BlendSrf 命令，点选立面墙体门洞的边线、玻璃门曲线的边线。外侧曲线的连续性设置为"正切连续"，内侧曲线的连续性设置为"位置连续"。适当调整上方的滑条，调节混接所得曲面的走势和光顺程度（图 3.2-38）。

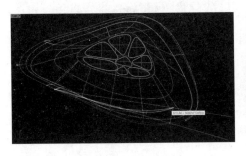

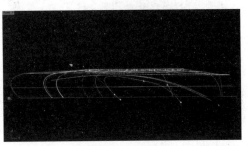

图 3.2-35　旋转　　　　　　　　　　　图 3.2-36　得到曲面

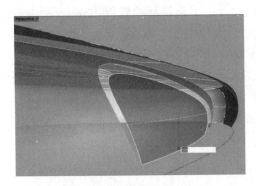

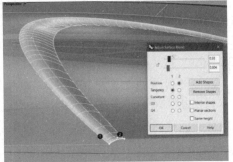

图 3.2-37　移动适当距离　　　　　　　图 3.2-38　连续性

若曲面与其毗邻曲面之间的连续性在不同位置有差异，则称其为渐消面（Fading Face）。如图 3.2-39 中的耳机产品，其机身上两曲面间的连续性从 G_0（位置连续）渐变为 G_2（曲率连续）[1]。本例中，通过曲面混接，构造出了建筑内侧门洞顶部的渐消面。可使用"极地模式"预览效果（图 3.2-40）。

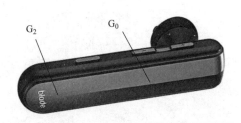

图 3.2-39　渐消面示意图　　　　　　　图 3.2-40　预览效果

---

[1]　在工业设计中，加入渐消面是营造造型效果的惯用方法。

对与外立面相接的局部屋檐处进行曲面混接。在混接时，除可设置混接连续性外，可通过调节混接曲线的控制点手柄，控制混接曲面的截面线，进而控制所得曲面形态（图 3.2-41）。局部效果如图 3.2-42 所示。

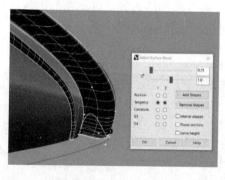

图 3.2-41　曲面混接操作　　　　　　　　　图 3.2-42　局部效果

步骤 5：

在 TOP 视图中绘制建筑顶部天窗隆起部分的特征线，确保线的起始点分别落在步骤 1 中绘制的 2 条建筑顶面特征轮廓曲线上（图 3.2-43）。将特征曲线以 _Project 命令投影至屋顶曲面上。键入 _Split 命令，以这些曲线切分屋顶曲面（图 3.2-44）。然后，删去天窗所在位置的冗余曲面（图 3.2-45）。打开天窗隆起处的特征曲线的控制点，对其向上移动（图 3.2-46）。按〈Ctrl〉+〈Shift〉，"超级选择"天窗位置的所有曲线、建筑顶面特征轮廓曲线，复制一份至他处（图 3.2-47）。对于建筑顶面特征轮廓曲线，以天窗隆起部分的特征线将其打断。对天窗隆起部分的围合边线嵌面。建立天窗玻璃所在面。将所得天窗及附近的屋顶曲面移回原位（图 3.2-48）。效果如图 3.2-49 所示。

图 3.2-43　特征线　　　　　　　　　　　　图 3.2-44　切分

图 3.2-45　删去曲面　　　　　　　　　　　图 3.2-46　移动

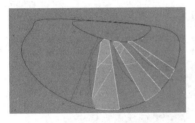
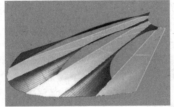

图 3.2-47　封面　　　　　　　图 3.2-48　归位　　　　　　　图 3.2-49　效果

再举一例。江南传统园林怡园[①]中，有一堵独特的"云墙"（图 3.2-50），它不仅立面呈弧线高低起伏形态，平面亦呈起伏的正弦形曲线状，造型十分活泼。下面运用形面分析法，建立该"云墙"。

图 3.2-50　江南传统园林怡园中的"云墙"

步骤 1：

绘制长度适宜的直线，并将其以 _Rebuild 命令重建为 2 阶 11 点曲线。以 _PointsOn 命令开启其控制点，并按住〈Shift〉，依次隔一个点地选中，以 Gumball 移动其位置，得到"云墙"平面的正弦形曲线（图 3.2-51）。

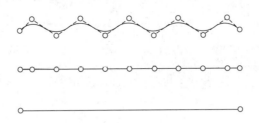

图 3.2-51　绘制曲线

如图 3.2-52（a）所示，将该曲线以 Gumball 沿 YOZ 平面旋转 90°，以 _PointsOn 命令开启其控制点，向上移动其中央处控制点，得到新曲线。将原曲线与新曲线分别挤出，使之在恰当位置相交。以 _Intersect 命令求两曲面交线，移至他处备用。键入 _Split 命令，

----

① 怡园是一座清光绪年间所建的传统园林，取《论语》"兄弟怡怡"句意而得名。分东、西两小园。因建园较晚，吸收了苏州诸园所长，如复廊、鸳鸯厅、假山、石舫等。1919 年，怡园园主为弘扬琴文化，与琴家叶璋伯、吴浸阳等人相聚怡园举行琴会，会后，李子昭作《怡园琴会图》长卷，吴昌硕作《怡园琴会记》长题以志其盛。顾麟士在《怡园琴会图》上题诗纪念，有"月明夜静当无事，来听玉涧流泉琴"之句，一时传为佳话。

以新曲面切割原曲面。如图 3.2-52（b）所示，以该曲面的竖向中轴线直径所在线，绘制一个 XOZ 平面上的圆，挤出，并以 _Split 命令切分原曲面。删除门洞所在面。

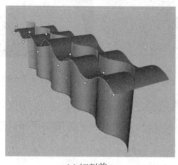
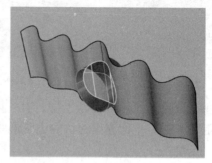

(a) 切割前   (b) 切割后

图 3.2-52　初步建模过程

步骤 2：

以两曲面交线的一个端点处为起点，绘制一条与 Z 轴平行的直线段。将该直线段以 Gumball 向上挤出为一个与 YOZ 平面相平行的面。以 _CPlane_O 命令将其设为工作平面，如图 3.2-53（a）所示。以 Gumball 的"小方块"缩放该辅助面至合适大小。在辅助面上，以交线的一个端点为对称轴的下端点，绘制图 3.2-53（b）所示的封闭图形，作为"云墙"上瓦的截面。如图 3.2-53（c）所示，键入 _ExtrudeCrvAlongCrv（沿线挤出）命令，首先，点选瓦的截面线，按回车键。然后，点选步骤 1 中所得的两曲面交线，按回车键，建得"云墙"的瓦。将墙体曲面挤出，以 _BooleanUnion 命令组合挤出后所得的墙体。将瓦移至相应位置，与墙体组合，如图 3.2-53（d）所示。

(a) 设定工作平面前   (b) 设定工作平面后

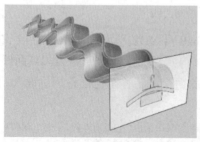
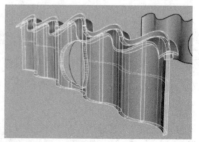

(c) 设定工作平面   (d) 收尾

图 3.2-53　建模过程

在后现代主义设计中，常使用仿生（Biophilic）形态和拼贴（Collage）形态。其中，仿生形态给观者带来的仿生反应（Biophilic Responding）是自然的重要文化表达效应。当代环境心理学理论认为，自然景观具有"错综结构性"（Complex & Gross Structural Properties）。基于此，后现代主义景观设计中，常用以创造艺术作品的创造性或构建性的语法，构建自然型（Natural Form）景观，破坏建筑固有形态和构造的协调性，达到构造其形态特征的效果，故后现代主义中较主导的设计流派被称为解构主义（Deconstructionism）。环境心理学中"瞭望-庇护"理论（Prospect-refuge Theory）是指导后现代主义景观设计、空间形态设计的主要理论之一。基于"瞭望-庇护"理论，后现代主义建筑设计也常采用某些新奇的空间形态设计手法，其特征包括广维度、高吊顶、宽视野、透明边界、复杂层级等（图3.2-54）。

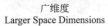

| 广维度 Larger Space Dimensions | 高吊顶 Raised Ceilings | 宽视野 Wide Views | 透明边界 Transparent Boundary | 复杂层级 Multi-elevated |

图 3.2-54　环境心理学理论（彩图见附录 B）

[例] 以公共建筑（图3.2-55）为例，尝试建立较复杂的后现代主义建筑外观。

步骤1：

首先，绘制横、竖方向轴线，并以 _Ellipse 命令构成平面形态的椭圆。然后，以 _BlendCrv 命令在椭圆圆周恰当位置混接，并调节控制手柄点位（图3.2-56）。

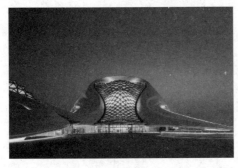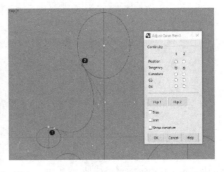

图 3.2-55　哈尔滨大剧院建筑外观（马岩松设计）　　图 3.2-56　调节曲线

以 _Trim 命令裁切去除冗余曲线段，以 _Join 命令接合为一根曲线，并以 _MakeUniform 和 _FitCrv 命令适当简化曲线控制点的数量与排布（图3.2-57）。同理，绘制外侧平面轮廓特征曲线（图3.2-58）。在接下来扫掠成面的过程中，曲线的质量直接决定所生成曲面的质量。同理，绘制位于中间的特征曲线（图3.2-59）。

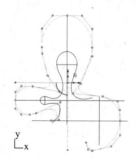
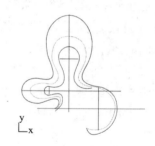

图 3.2-57　简化曲线　　　图 3.2-58　外轮廓曲线　　　图 3.2-59　内侧曲线

步骤 2：

以内侧轮廓特征曲线与横、竖轴线的交点为起始点，作相应高度垂线段。连接垂线段与横、竖轴线的交点，并以 _Extend 命令延长该连线（图 3.2-60）。

以 _EditPtOn 命令打开内侧曲线的编辑点，以 Gumball 和 _SetPt 命令适当调节端头处控制点的标高。选中其中一处原位于椭圆圆周上的编辑点（图 3.2-61）。在选中相应位置编辑点后，键入 _Rotate3d 命令，进行三维旋转（图 3.2-62）。前文中构造的横、竖两方向的轴线，可分为 2 条有向线段，分别是三维旋转变换中的 2 条旋转轴（Axis of Rotation）和旋转轴对应的旋转法

图 3.2-60　作垂线

线（Normal of Rotation）。首先，点选线段 OL 的两个端头作为旋转轴，再点选 OP 作为旋转变换的始边法线，最后，点选 OQ 作为旋转变换的终边法线。

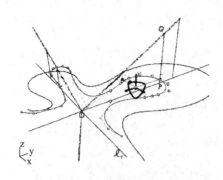
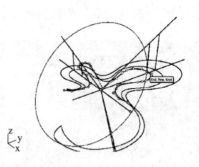

图 3.2-61　选择编辑点　　　　　　图 3.2-62　旋转

当曲线进行三维旋转变换后，曲线在平面上的平行投影将发生一定偏差。此时，以 _Scale1d 命令对曲线进行单轴缩放，减少偏差。同理，变动另一位置的编辑点，得到内侧轮廓空间曲线（图 3.2-63）。调节外侧曲线对应位置的控制点标高。以 _SetPt 命令将对应位置的标高设定为与中间曲线毗邻位置的标高相同（图 3.2-64）。

步骤 3：

连接内、外侧曲线上原三维椭圆的外侧顶点，得到 2 条连线（图 3.2-65）。挤出中间

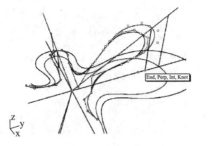
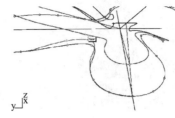

图 3.2-63　变动点　　　　　　　　图 3.2-64　变动标高

曲线，成面片，以 _Intersect 命令求出 2 条连线与面片的交点（图 3.2-66）。分别连接该交点和横、竖轴线交点，得到中间曲线进行三维旋转变换时的旋转法线（图 3.2-67）。对中心曲线相应位置的控制点进行相同操作的三维旋转变换。

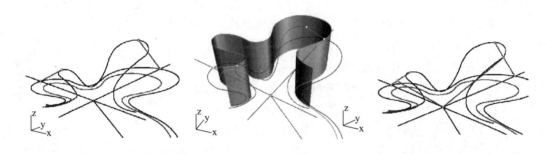

图 3.2-65　作连线　　　　　图 3.2-66　求交点　　　　　图 3.2-67　求旋转法线

步骤 4：

将中间曲线复制一份，粘贴至原位。以"分析"工具集中的"分割边缘"命令分割曲线边缘，将中间曲线打断，以便在接下来的扫掠过程中直接选择对应的边缘曲线（图 3.2-68）。连接内部、中间两条特征曲线对应位置的截面线（图 3.2-69）。将内部、中间两条特征曲线以 _Sweep2 命令扫掠成面（图 3.2-70）。同理，补画外侧、中间特征曲线之间的截面线，双轨扫掠[①] 得到其所构成的空间曲面（图 3.2-71）。

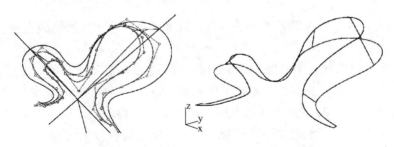

图 3.2-68　打断曲线　　　　　　　图 3.2-69　连接截面线

① 在以双轨扫掠命令生成曲面时，若 2 条截面线具有不同属性（阶数、控制点数不一致），则曲面会产生过多冗余节点，降低曲面的可编辑性。必要时，可使用 _RemoveMultiKnot 命令适当删去曲线或曲面上重复的节点，或使用 _RemoveKnot 命令移除在曲线指定处的节点。亦可通过"双轨扫掠选项"对话框中的"以……容差重新逼近曲面"（Refit cross section within…）减少曲面上的节点，其中，容差大小须在 Rhino 当前默认容差范围内。

图 3.2-70　扫掠成面

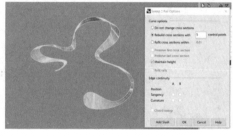

图 3.2-71　继续扫掠成面

在右侧栏"显示"（Dispaly）面板中，可控制是否显示曲面结构线（Surface Isocurve）、正切边缘（Tangent Edges）等。必要时，可选择不显示曲面结构线（图 3.2-72），避免不必要的视觉干扰。

步骤 5：

以 _Fin（沿法线方向挤出）命令，其子选项 Reverse（反转）设为"Yes"，挤出内部曲线所毗邻的幕墙外侧边缘线（图 3.2-73）。

制作立面上呈凹陷形的廊道窗口。以 _ExtractIsoCrv 命令提取立面上 U 方向恰当位置的 2 条结构线。键入 _Split 命令，以提取出的结构线切分曲面，得到细长的条状曲面面片（图 3.2-74）。以 _OffsetSrf 命令将该条状面片以恰当距离偏移，得到一个体。以 _Explode 命令炸开体，删去最外侧的条状面片，保留其他面片，即可得到立面凹陷处廊道形态（图 3.2-75）。

图 3.2-72　设置

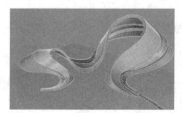

图 3.2-73　挤出

图 3.2-74　得到面片

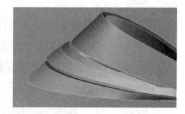

图 3.2-75　得到廊道

以 _DupEdge 命令提取幕墙外侧边缘线，移至他处。连接该边缘线上适当点位，以 _Rebuild 命令调节其为空间曲线。打开其编辑点并微调，使这些曲线彼此相交（图 3.2-76）。以 _Split 命令分割轮廓线，打断，形成顶部与两侧的三根曲线。此时，已得到 U 方向的 4 条特征网格线与 V 方向的 3 条特征网格线。键入 _NetworkSrf 命令，依次分别点选 U 方向网格线与 V 方向网格线，以 Edge matching（边缘匹配）的"Loose"（松弛）状态，建立幕墙网格面（图 3.2-77）。同理，对另一处幕墙进行相同操作[①]。将所得幕墙曲

───────────────

① 对于由曲线构造而成的网格面，若由两方向开放曲线构成，曲线边缘封闭，内部曲线与边缘曲线相交。成面失败的可能原因包括：a. 边缘曲线被打断；b. 出现重复或交叉曲线。若网格面由一方向的开放曲线与另一方向的封闭曲线构成，成面失败的可能原因包括：a. 开放曲线之间不连续，与封闭曲线形成封闭环状形态；b. 封闭曲线一侧方向的曲线被打断为开放曲线。由曲面边缘与曲线构造网格面（此情形常形成曲面内部"洞口"）必须形成两方向的同类曲线，方能成功形成网格面。一般而言，Rhino 将自动保持构造出的网格面与原曲面形成连续。

面[①]移回对应位置（图3.2-78）。

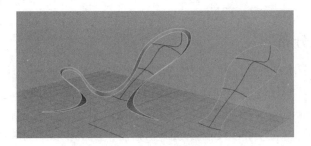

图3.2-76　调节曲线

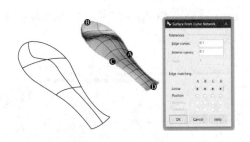

图3.2-77　建立网格面

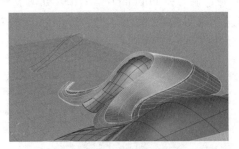

图3.2-78　幕墙曲面

绘制一层墙中线，向上挤出成面。以建筑立面所属曲面 _Split，以 _OffsetSrf 偏移出厚度，得到一层玻璃墙。最后，以 _OffsetSrf 命令挤出建筑立面（图3.2-79）。竖梃等建筑构件建模过程从略。最终效果如图3.2-80所示。

图3.2-79　挤出操作

图3.2-80　效果

练习

试建立图3.2-81所示建筑的概念体量。

图3.2-81　河滨交通博物馆（Zaha Hadid 设计）

---

① 由于幕墙构件建模涉及较复杂的曲面拓扑相关算法，需使用 Weavebird 等 Grasshopper 插件，故从略。

3.3* 概型与数列

3.3.1 随机分布

若某集合中，个体在每个取样单位中出现的概率相同，且任何个体的存在不影响其他个体的出现，则称其构成随机分布（Random Distribution）。下面，先以平面图上的种植设计为例，介绍 Grasshopper 中生成随机分布的方法。

如图 3.3-1 所示，新建一个 Populate2D 运算器，随机生成位于指定面域上的点。在 Rhino 中绘制一条需要在其中随机植树的封闭曲线，拾取至 Populate2D 运算器的 Region（域）输入端。将 Population 输出端与一个 Circle（绘制圆）运算器的 Plane（平面）输入端相连。如图 3.3-2 所示，将 Populate2D 的 Court（项数）输入端指定一个 Number Slider 输入，数值即为需要在区域中随机种植的树木棵数。

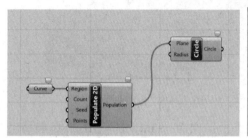
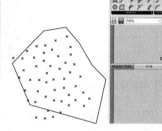
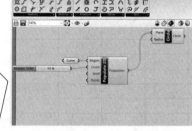

图 3.3-1　连接　　　　　　　　　　图 3.3-2　设定种植棵数

如图 3.3-3 所示，新建一个 Random（随机）运算器（其图标🐱状如"薛定谔的猫"，代表其生成随机的含义），生成一组 Pseudo 随机数构成的列表①。如图 3.3-4 所示，新建一个 Construct Domain（构造定义域）运算器，其输入端分别为定义域（Domain）的最大值、最小值。将结果输出给 Random 运算器的 Range（范围）输入端，并指定 Random 的 Number（数量）输入端数值。

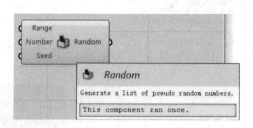

图 3.3-3　Random 运算器

将 Random 的输出端与 Circle 的 Radius（半径）输入端相连；将 Populate2D 的输出端与 Circle 的 Plane（平面）输入端相连。可观察到大致在框线范围内已经随机生成了不同冠径的树木平面，如图 3.3-5 所示。

---

① 关于列表的详细介绍，将在本章后文中展开。

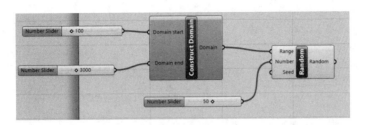

图 3.3-4 简易程序

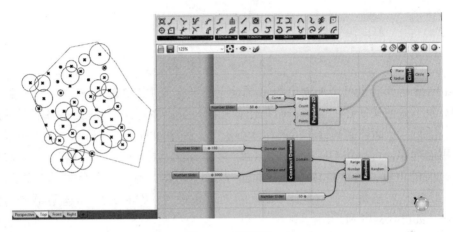

图 3.3-5 平面图

Populate2D 运算器的 Count 输入端数值即代表需要随机种植树木的数量。Construct Domain 运算器的输入端数值即代表待随机种植树木的冠径的极值。Random 运算器的 Seed 输入端代表 "随机种子"，改变其数值可对树木分布进行随机微调。将 Random 运算器 "拍平"（Flatten）[①]，连接一个 Panel（图 3.3-6），即可读取每一棵随机种植的树木的冠径。可使用 List Item（列表项）运算器读取指定项数的项在表单中的对应值（图 3.3-7）。

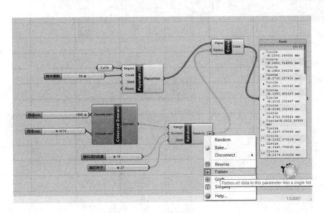

图 3.3-6 列表项运算器

---

① "拍平" 是一种调整数据结构的常用操作，用于将数据结构中于不同分支的数据归为同一级别，将在本章后文中详述。

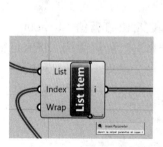

图 3.3-7　求项数对应值

List Item 运算器也可增加输出的每项对应的下标值（图 3.3-8、图 3.3-9）。若需随机散布的对象不是前文所述的圆形，而是任意几何对象，则可使用 Scale 运算器对其进行随机缩放、排布，从而控制其分布位置和分布密度，程序如图 3.3-10 所示。为了在未来更方便地调用该程序，可以将 GH 程序按需封装为 Cluster，便于构成"黑箱"，反复取用。在需输入数值的位置，逐个新建 Cluster Input 对象，与需要输入参数的端口分别相连，如图 3.3-11 所示。右击每一个参数输入端，可对其重命名，Cluster Input 运算器的名称亦会随之变化，如图 3.3-12 所示。

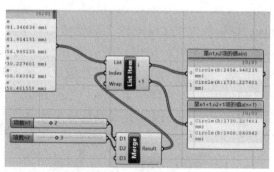

图 3.3-8　List Item 运算器　　　　　图 3.3-9　程序片段

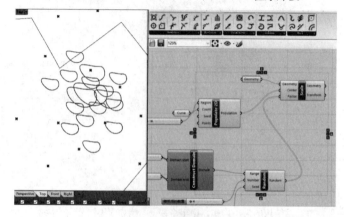

图 3.3-10　完整程序

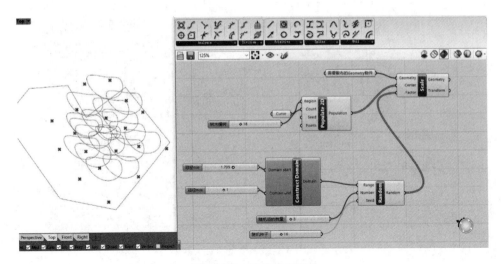

图 3.3-11　随机分布形状

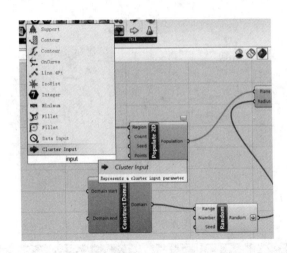

图 3.3-12　加入运算器

　　如图 3.3-13 所示，将 Circle 端输出结果接入一个 Group（成组）运算器，可将程序最终输出结果打组，方便选取。Group 运算器输出端的数据必须 Flatten（拍平），否则，输出结果将不成组。最终，将一个 Cluster Output 对象与运算器的最终输出端相连（图 3.3-14）。然后，全选这些 GH 小程序组件和输入 / 输出端口，选择 Edit-cluster，即可将其导出为一个"黑箱"Cluster，如图 3.3-15 所示。进行"随机植树"操作的 Cluster 即封装完成，如图 3.3-16 所示。

　　通过几何概型的随机变换，以随机数作为参数，构建几何体，还可生成许多与表面凹凸有关的形态，如"气泡纹""锤目纹"[①] 等表面肌理（图 3.3-17、图 3.3-18），可通过在基准曲面的表面随机地建立许多椭球体，并以布尔差集去除冗余部分得到。

---

　　① "气泡纹"可通过在基准曲面的表面随机地建立许多椭球体得到；"锤目纹"是一种来源于中国古代银器加工技术的纹样，常被运用于园林景观、工业设计中。

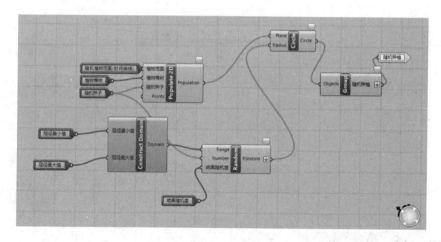

图 3.3-13　准备封装

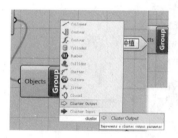

图 3.3-14　加入运算器

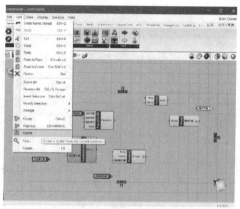

图 3.3-15　点击命令

图 3.3-16　封装后电池

图 3.3-17　锤目纹

图 3.3-18　澳大利亚 Evandale 公园的户外舞台
（ARM Architecture 设计）

　　首先，利用 _NetworkSrf、_Ribbon 命令，建立如图 3.3-19 所示的基本面片。将顶面作为 Surface 对象拾取进 Grasshopper，以 Offset Surface Loose 运算器将曲面向外偏移。在所得曲面上，加入 Populate Geometry 运算器和 Random 运算器，并按图 3.3-20 所示方式连接，并通过 Construct Domain 运算器设定 Random 运算器 R 端值，作为构造几何概型的定义域，从而在曲面上生成适当数量的随机点。以所得随机点为圆心，利用 Sphere 运算器生成球体。

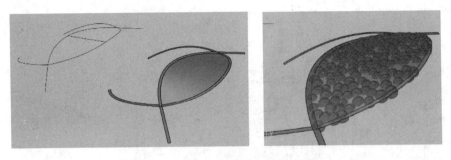

图 3.3-19　基本面片

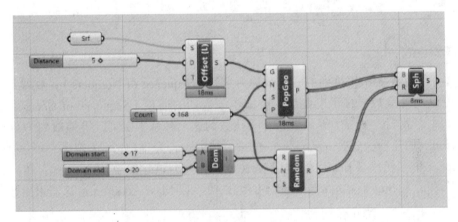

图 3.3-20　初步程序

然后，以 Surface Closest Point 运算器，求出已建的内侧曲面上的对应点，使之离外侧曲面上的随机点距离最短。以 Vec2pt 运算器连接 2 点，得到曲面上各随机点的法向量方向。以 Adjust Plane 运算器，依照随机点、法向量，建立坐标系（图 3.3-21）。

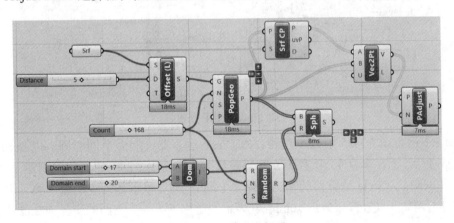

图 3.3-21　建立坐标系

加入 ScaleUN 运算器，将已建的球体沿法向量方向进行缩放，得到椭球体群。调整参数，使椭球体群的分布、尺寸满足实际需要。将 ScaleUN 运算器所得结果"烘焙"出，并以原基准曲面分割。完整的程序如图 3.3-22 所示，效果如图 3.3-23 所示。

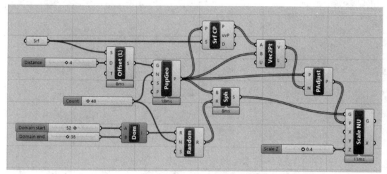

图 3.3-22 完整程序

图 3.3-23 效果图

3.3.2 数列

数学中，按一定次序排列的一列数称为数列（Sequence of Numbers）。数列 $a(r)$ 的第 r 项可以用含参数 r 的等式表示，被称作该数列的通项（Sequence of General Term）。中学数学中，我们曾学习了等差数列和等比数列这两种基本数列。等差数列（Arithmetic Progression）的通项公式为 $a_n=a_1+(n-1)d$，其中，a_1 为首项，d 为容差，n 为项数。在 Grasshopper 中，使用 Series 运算器以生成等差数列。该运算器有 3 个输入端，分别是 Start（首项 a_1）、Step（容差 d）、Count（项数 n）。以 Mass Addition 运算器求出数列 n 项之和。

[例 1] 运行图 3.3-24 所示的小程序，将计算出数列 $a_n=n$ 的前 100 项之和 $1+2+3+\cdots+100=5050$。

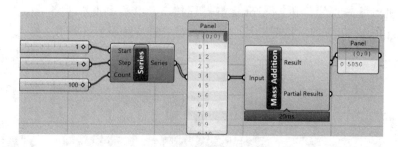

图 3.3-24 等差数列

[例 2] 运行图 3.3-25 中的小程序，以 Circle 运算器绘制多个同心圆，以 Series 运算器构造首项为 2、容差为 4、项数为 9 的等差数列，作为逐个圆的半径值。创建一个 Panel 控件，将 Series、Circle 运算器的输出端赋予 Panel，则可显示数列中的每一项、逐个同心圆的信息，例如，"Circle（R：2.0mm）"表示"所作（第一个）圆的半径为 2mm"。

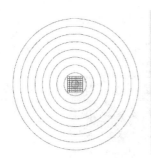
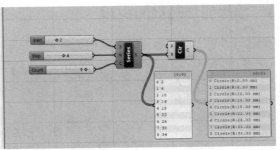

图 3.3-25　等差数列示例

等比数列（Geometric Progression）的通项公式为 $a_n=a_1q^{n-1}$，其中，a_1 为首项，n 为项数，q 为公比。在 Grasshopper 中，可组合使用 Series 和 Power（幂）运算器，以生成等比数列。例如，运行图 3.3-26 所示小程序，将计算出数列 $a_n=3^{n-1}$ 的前 100 项。

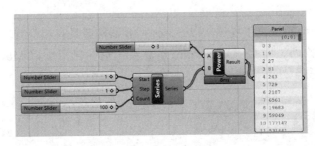

图 3.3-26　等比数列

自然界中存在许多斐波那契螺旋线的图案，是自然界最完美的黄金分割率（Golden Ratio）。自从古希腊人发现黄金分割以来，这种比例就被认为是美学的最佳比例而得到广泛的应用，成为造型艺术中的一种分割法则[①]（图 3.3-27）。斐波那契螺旋线，亦称"黄金螺旋"，是根据斐波那契数列（Fibonacci Sequence）绘制的螺旋曲线。斐波那契数列通常以递归的方式定义。其通项公式为 $a_0=1$，$a_1=1$，$a_n=a_{n-1}+a_{n-2}$（图 3.3-28）。

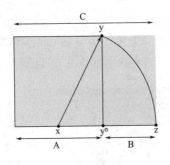
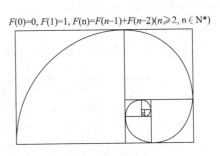

图 3.3-27　黄金分割率　　　　图 3.3-28　黄金螺旋

$$F(0)=0, F(1)=1, F(n)=F(n-1)+F(n-2)(n\geqslant 2, n\in N^*)$$

① 分割方法为：将某直线段分为两部分，使一部分的平方等于另一部分与全体之积，或使一部分对全体之比等于另一部分对这一部分之比。

3.3.3 斐波那契数列的应用

下面介绍与"斐波那契螺旋线"的构造有关的开孔排布问题及其应用（图 3.3-29）。

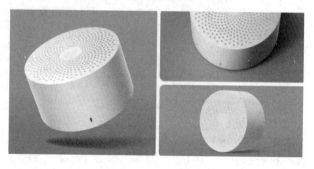

图 3.3-29 "斐波那契"产品设计（原研哉设计）

步骤 1：

在 TOP 视图中绘制一个工程圆。以 Series 运算器构造具有相应首项（S）、容差（N）、项数（C）的等差数列。以 Construct Point 运算器构造一排点。以 Move 运算器和 UnitX 运算器将这些点右移至外圆半径处（图 3.3-30）。

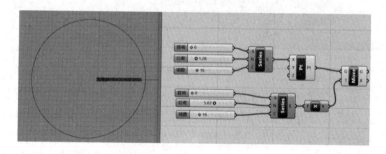

图 3.3-30 构造数列

步骤 2：

将 Series 运算器和 Construct Point 运算器断开连接。将 Series 运算器的输出端与 Remap Number 运算器的 V 输入端相连[①]。同时，将 Series 运算器输出端与 Bound 运算器相连，将输出值赋予 Remap Number 运算器的 s 输入端，将两点间距映射到 [0, 1] 区间内（图 3.3-31）。

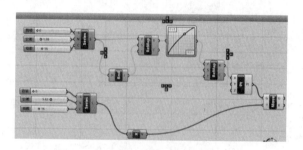

图 3.3-31 步骤 2 第一部分

---

① 缺省状态下 S、T 输入端的默认值为 [0, 1]。

然后，使用 Graph Mapper 运算器的 Conic 型图形类型（Graph type），对点的间距进行干扰，再以 Remap Number 运算器将其映射回原区间。将 Remap Number 运算器的 R 输出端与右侧 Construct Points 运算器的 X 输入端相接（图3.3-32）。

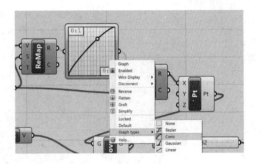

图 3.3-32　步骤 2 第二部分

步骤 3：

将步骤 2 中运用的运算器复制一份。适当更改 Series 运算器的输入参数。将 Graph Mapper 运算器的图形类型调整为抛物线型（Parabola）

（图 3.3-33）。加入 Rotate 运算器，将其 G 输入端与 Move 运算器的 G 输出端相连。加入 Series 运算器，构造一个项数与步骤 1 中数列相同的等差数列，并赋予 Rotate 运算器的 A 输入端，数据类型设为 "Degree"（角度制）。这样，便分别以每点为圆心，数列的逐项值为半径，绘制了一排弧形排布的、具有渐变半径的圆形族（图 3.3-34）。

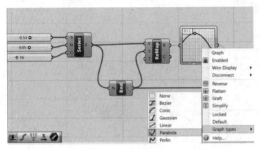

图 3.3-33　抛物线型

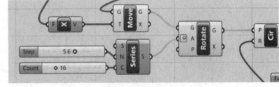

图 3.3-34　圆形族

将 Rotate 运算器的 G 输出端、步骤 3 中编写的部分的 Remap Number 运算器的 R 输出端分别与一个 Circle 运算器的 P、R 输入端相连。Circle 运算器绘制出的每个圆形的半径值，即分别受 Graph Mapper 运算器（抛物线型）的形变干扰（图 3.3-35）。以 ArrayPolar 运算器将所得的圆形族圆周阵列，计 32 份。此时圆形的排布路径呈斐波那契螺线形态（图 3.3-36）。以 Extrude 运算器沿着 UnitZ 运算器的指定方向、距离，挤出这些圆形。以 Cap 运算器加盖成体（图 3.3-37）。完整程序如图 3.3-38 所示。

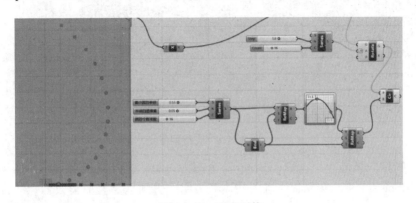

图 3.3-35　形变干扰

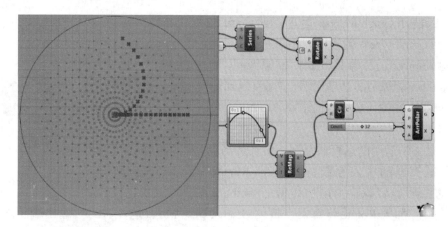

图 3.3-36　生成路径

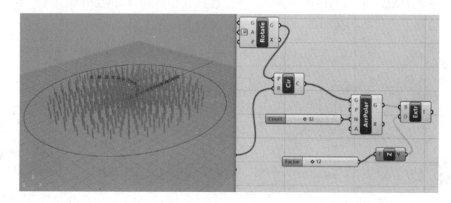

图 3.3-37　加盖成体

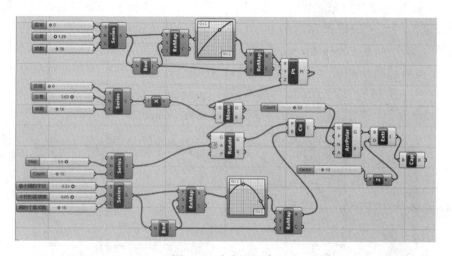

图 3.3-38　完整程序

　　将所得物件"烘焙"出，以 _Group 命令归为一组。将外侧正圆封面、挤出，得到圆柱体。以 _BooleanDifference 命令将圆柱体减去组，得到呈斐波那契数列螺线排布的孔洞（图 3.3-39）。

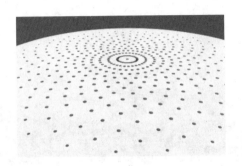

图 3.3-39　孔洞效果

3.3.4　渐变悖论图形

图 3.3-40　埃舍尔的画面

现代设计中，常出现一类非常规的"悖论（Paradox）图形"，如图底反转图形、矛盾空间图形、极限悖论图形、渐变悖论图形、异质同构图形等。其中，以动态变化的角度，对指定图形同时进行缩放和旋转变换，经多次迭代，可生成渐变悖论图形。在渐变悖论图形创作上，迄今最有建树的画家是埃舍尔（Maurits C. Escher）[1]（图 3.3-40）。图 3.3-41 所示的基本渐变悖论图形[2] 在 Grasshopper 中的生成算法如图 3.3-42 所示。注意，Rotate 运算器的 A 输入端变量需要设为"角度制"。其中，用以输入函数表达式的运算器为 Expression 运算器。经过深化，可得到"大地艺术"（Land Art）景观梯田地。将景观构筑物与地形结合后，效果如图 3.3-43 所示。

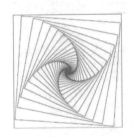

图 3.3-41　基本渐变悖论图形

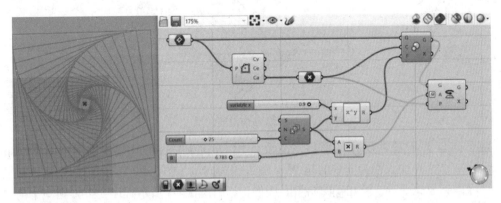

图 3.3-42　完整程序

---

① 除了旋转和缩放变换外，埃舍尔的画面中还运用了几何学中的分形、对称、双曲几何等图形变换知识。日本设计师福田繁雄也将渐变悖论图形在设计中进行了许多应用。
② 这一变换关键变量包括：用于旋转的基本母形（本例中为正方形）、控制形态迭代生成的数列。本例为一个以幂函数为母函数的数列。

图 3.3-43　效果图（彩图见附录 B）

3.4* 初等线性变换

3.4.1 空间向量

在 Grasshopper 中，点、平面和向量是创建和转换立体几何信息的基础。三维空间中，既有大小又有方向的有向线段可表示为空间向量（Space Vector）。向量是描述方向和长度的几何量，而非实在的几何元素[①]。在 Grasshopper 中，Vec2Pt 运算器可用于生成指定起点、终点的向量。例如，分别以 ConstructPt 运算器构造两点 A（1，2，3）、B（4，5，6），将两点分别输入至 Vec2Pt 运算器的 A、B 输入端，即可得到以两点为端点的向量 AB（图 3.4-1）。

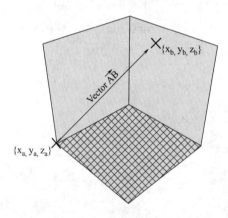

图 3.4-1　一个空间向量

由于向量并不是常规几何物件，需要使用 Display Vector 运算器显示向量。Display Vector 运算器的 A 输入端为向量的起点，V 输入端为向量（图 3.4-2）[②]。改变 A 输入端输入的点，可得到彼此平行、模相等的向量。例如，运行图 3.4-3 所示程序，可得到一个与"起点为（1，2，3），终点为（4，5，6）的向量"平行的，且以（0，−1，−3）为起点的有向线段。

[①] 向量的坐标表示和点的坐标都是由 3 个数（a，b，c）组成的列表，但点是绝对的几何元素，而向量是相对的。当将含有 3 个数的列表视为一个点时，它表示空间中此点的坐标；当将其视作向量时，它是指向指定的方向的向量。向量长度被称为模（Modulus）。

[②] 由于向量的定义为"既有大小又有方向的量"，其起点并未定义，故需进一步定义向量的起始点。

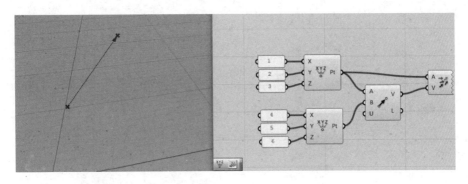

图 3.4-2　向量示意

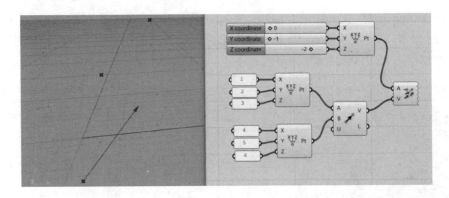

图 3.4-3　例子

模为 1 的向量被定义为单位向量（Unit Vector）。特别地，可用 Unit X、Unit Y、Unit Z 运算器，建立 X、Y、Z 三轴方向单位向量（图 3.4-4）。

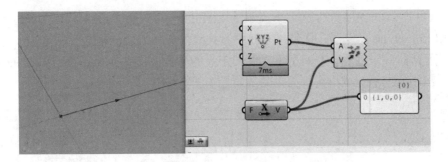

图 3.4-4　单位向量

3.4.2　空间中的平面

空间中的平面是由一个中心点（Origin）与法向量（Normal Vector）共同定义的，并可在空间中向两方向无限延伸[①]。曲面上指定点处的法平面（Normal Plane），如图 3.4-5 所示。

---

①　"平面"（Plane）不是实在的几何对象，一种特殊的向量组合，仅用于定义三维空间中的坐标系。"面"（Face）则一般是实在的几何物件。

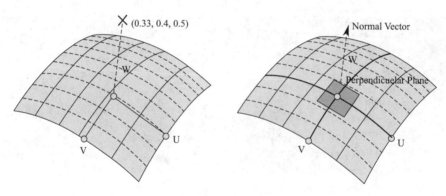

图 3.4-5　法平面

在 Grasshopper 中，Construct Plane 运算器可用于生成空间中的平面，O 输入端输入中心点坐标，以 X、Y 输入端分别定义平面上的 2 点，这 3 点共同决定了平面的基底（Base），便可间接地确定空间中平面的法向量，如图 3.4-6 所示。

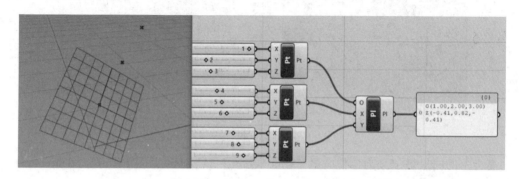

图 3.4-6　确定空间中平面的法向量

图 3.4-7 所示的程序可生成 1 个大小为 6×6 的，在向量（1，1，1）方向上的平面。还可采用 Line+Line 运算器，作经过空间中不共线的 2 条线段的平面（图 3.4-8）。可采用 Plane3Pt 运算器，作过 3 个空间中不共线的定点的平面（图 3.4-9）。可通过 Plane Normal 运算器求出指定向量（或指定平面）的法向量（图 3.4-10）。

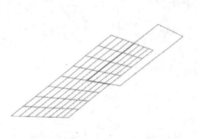

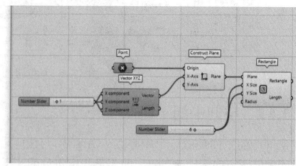

图 3.4-7　生成平面

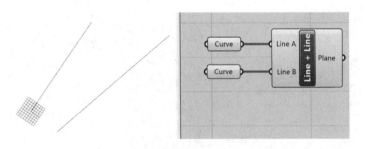

图 3.4-8　作经过空间中不共线的 2 条线段的平面

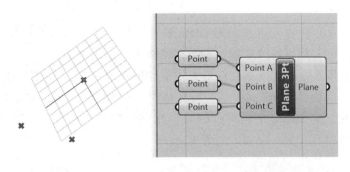

图 3.4-9　作过 3 个空间中不共线的定点的平面

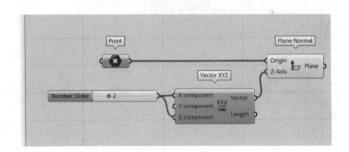

图 3.4-10　求出指定平面的法向量

接下来，尝试对"空间向量"相关知识加以简单运用。

［例］不规则六边形凸起物（图 3.4-11）。

在现代景观设计中，常将许多彼此镶嵌的棱柱体，进行不规则凹凸，用作铺装、种植槽、水盘等景观小品的形态。这些拉伸方向固定，而高度随机的棱柱体，可容易地用 Grasshopper 建立。

首先，以 Hexagon 运算器创建六边形网格。其 P 输入端连接 XYPlane 运算器，S 端输入单个六边形的大小，Extent X 与 Extent Y 输入端则定义 X、Y 方向上的网格数（图 3.4-12）。

图 3.4-11　户外景观设施 System H-E-X
（Dieter Rams 设计）

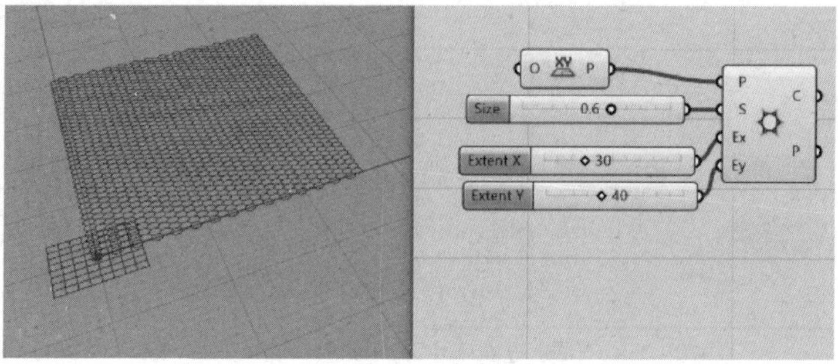

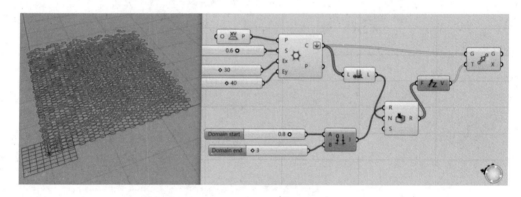

图 3.4-12　网格

如图 3.4-13 所示，以 Construct Domain 运算器构建定义域，接入 Random 运算器的 R 输入端。将 Hexagon 运算器的 C 输出端数据结构拍平，接入 List length 运算器，将输出值赋予 Random 运算器的 N 输入端，构造几何概型随机值，作为六棱柱的高度。将 Random 运算器的 R 输出端连接 UnitZ 运算器，定义移动方向为 Z 轴方向。将输出值赋予 Move 运算器的 T 输入端。将 Hexagon 运算器的 C 输出端数据结构拍平，连接至 Move 运算器的 G 输入端。

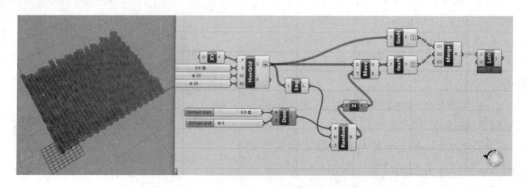

图 3.4-13　初步建模

以 Graft Tree 运算器（输出端数据结构设为 Simplified），Merge 运算器作如下连接：将 Hexagon 运算器的 C 输出端连接至 Graft Tree 运算器的 T 输入端。最终，以 Loft 运算器放样，得到随机高度六棱柱。完整的程序如图 3.4-14 所示。效果如图 3.4-15 所示。

图 3.4-14　完整程序

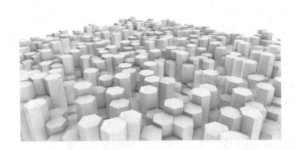

图 3.4-15 效果

3.4.3 空间向量的简单应用

[例] 蛇形画廊（Serpentine Pavilion）（图 3.4-16）。

步骤 1：

首先，绘制构筑物顶部边缘空间曲线（图 3.4-17）。以 _Patch 命令嵌面，得到屋顶曲面。复制并原位粘贴，以 _SetPt 命令拍平其 Z 坐标，得到屋顶的平面投影（底面曲面）（图 3.4-18）。

图 3.4-16 蛇形画廊（石上纯也设计）

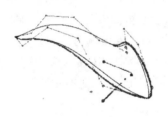

图 3.4-17 空间曲线

图 3.4-18 平面投影

步骤 2：

将两个曲面分别拾取，并连接至 Subdivide 运算器，得到曲面表面的等分点。将底面曲面的等分点赋予 Vec2Pt 运算器的 A 输入端，将屋顶曲面的等分点赋予 Vec2Pt 运算器的 B 输入端。使用 Victor Display 运算器显示所得向量。这些向量从底面等分点出发，依次指向顶面等分点（图 3.4-19）。

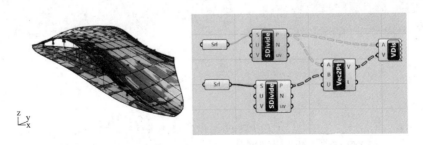

图 3.4-19 从底面等分点出发，依次指向顶面等分点的向量

步骤 3：

绘制一条 Z 方向线段，作为柱体的中轴线，拾取进 End Points 运算器，其 S 与 E 输出端分别连接至 Vec2Pt 运算器的 A 与 B 输入端。此时，Vec2Pt 运算器的 Vector 输入端即输出柱体对应的方向向量，该向量的模为柱体高度，方向与柱体中轴线方向一致。将此线段再输入 Pipe 运算器的 Curve 输入端，将柱体的半径值给定 Radius 输入端（图 3.4-20）。

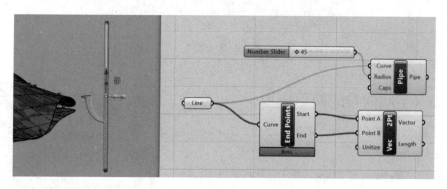

图 3.4-20　指定柱体的半径值

步骤 4：

使用 Orient 运算器进行基准对齐。该运算器功能与 Rhino 中的 Orient 命令相一致[①]。因此，须如下操作：将 Pipe 运算器的 P 输出端与其 G 输入端相连；将 End Points 运算器的 S 输出端与其 pA 端相连；将"生成柱体"时的 Vec2Pt 运算器的 V 输出端与其 dA 输入端相连；将输入了底面曲面的 Subdivide 运算器的 P 输出端与其 pB 端相连；将"生成顶、底面之间的向量"时的 Vec2Pt 运算器的 V 输出端与其 dB 输入端相连。将所得柱体 Bake 出，即可完成建模（图 3.4-21、图 3.4-22）。效果如图 3.4-23 所示。

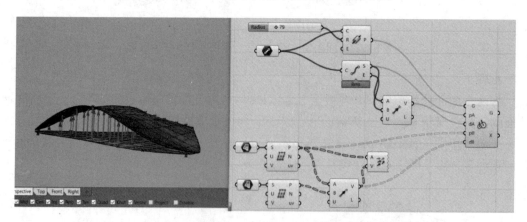

图 3.4-21　显示运算器图标

---

① 即先拾取 2 个点作为定位参照点，然后拾取 2 个目标点，依据前后 2 个对应点的方向，复制物件并缩放其大小。Orient 运算器的 G 输入端连接需要基准对齐的几何物件；pA 与 pB 输入端分别为该几何体的参考基点与目标基点；dA 与 dB 输入端分别为参考向量与目标向量，定义基准对齐操作后几何物件的大小和方向。

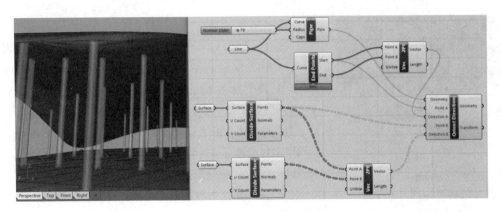

图 3.4-22   显示运算器名称

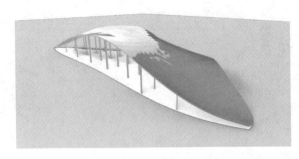

图 3.4-23   效果图

试运用 Grasshopper 编写一个小程序，建立图 3.4-24 中的景观外廊。

图 3.4-24   青岛阿朵小镇亲子活动中心景观改造
（栖城设计）

3.4.4* 空间向量的综合应用

下面我们将尝试运用所学知识，生成较为复杂的景观构筑物形态（图 3.4-25）。

步骤 1：

拾取 1 个原点对象，将其以 Unit X、Unit Z、Move 运算器分别移动适当距离，建立

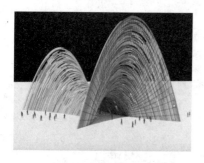

图 3.4-25 "Monroe"概念景观构
筑物（Thomas Heatherwick 设计）

如图 3.4-26 所示 4 个点。

按住〈Shift〉，分别点选原点、XOZ 平面上的极大值点与 X 轴方向最右侧端点（对应的 Move 运算器的 G 输出端），将其接入 InterpCrv（内插点曲线）运算器的 V 输入端，得到 1 条 XOZ 平面上的二次曲线（图 3.4-27）。

加入一个 Move 运算器，将其 G 输入端与 InterpCrv 运算器的 C 输出端相连。将一个 Unit Y 运算器与 Move 运算器的 T 输入端相连。以 Series 运算器生成首项为 0、适当容差、适当项数的等差数列。将此等差数列（的列表）赋予 Unit Y 运算器的 F 输入端。如此，便得到了一组沿 Y 轴方向单位向量进行等距平移变换后的曲线族（图 3.4-28）。

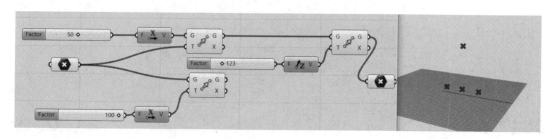

图 3.4-26 建立点

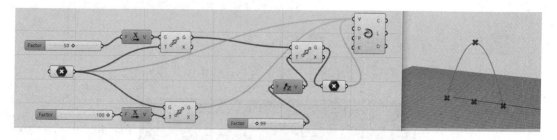

图 3.4-27 建立曲线

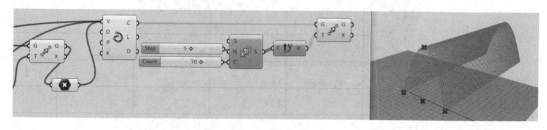

图 3.4-28 曲线族

步骤 2：

在步骤 1 中，找到生成 X 轴方向的曲线端点连线中点的 Move 运算器。将其 G 输出端与 1 个 Point 对象相连（图 3.4-29）。

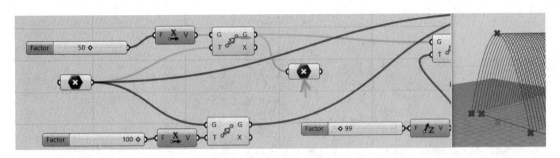

图 3.4-29　赋予运算器

将该点对象与 Move 运算器相连。复制步骤 1 中已建立的等差数列，将输出的数列列表赋予 Move 运算器。如此，便得到了 Y 轴方向的一组等距分布的中点，且其点数与步骤 1 中所得曲线族一致（图 3.4-30）。

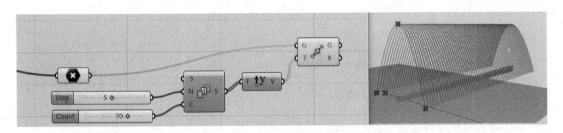

图 3.4-30　中点

步骤 3：

加入 Scale 运算器。Scale 运算器与 Rhino 中的 _Scale 命令实现功能相同。其 G 输入端输入待缩放几何体[1]。例如，运行图 3.4-31 所示的小程序，以指定点为缩放中心，将较大立方体进行缩放比为 0.3 的三轴缩放。

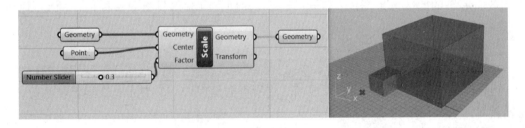

图 3.4-31　三轴缩放

将所生成的曲线族与 Scale 运算器的 G 输入端相连至先后加入的 2 个 Move 运算器的 G 输出端，将所生成的中点族与 Scale 运算器的 C 输入端相连（图 3.4-32）。接下来，需要定义 Scale 运算器的 F 输入端的输入值。观察案例构筑物，可知其形态特征与正弦型函数 Asin（ωx+φ）相关。因此，加入 1 个 Graph Mapper 运算器，并将其图像类型（Graph types）设为 Sine 型（图 3.4-33）。

---

[1] 其 C 输入端输入缩放基点，F 输入端输入缩放比，G 输出端输出缩放所得几何体，X 输出端输出形体转换数据。

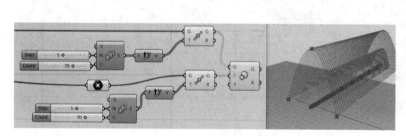

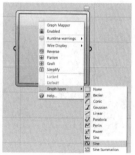

图 3.4-32　中间过程

图 3.4-33　设置 Sine 函数型

由于 Graph Mapper 运算器所绘 Asin（$\omega x + \varphi$）图像的定义域为 x∈（0，1），其中，X为自变量。加入 Range（值域）运算器，其 D 输入端保持不变，为默认区间（0，1）。其N 输入端取值与步骤 2 中所求中点数量相同（图 3.4-34）。

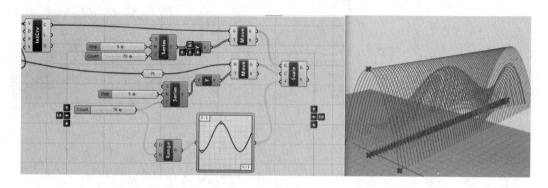

图 3.4-34　区间设置

此时，改变 Graph Mapper 运算器所绘 Asin（$\omega x + \varphi$）图像的周期、振幅，可得到不同截面形态的曲线族（图 3.4-35）。改变其周期，可获得具有更多极值点的截面曲线（图 3.4-36）。

步骤 4：

接下来，生成构筑物被不均匀"挖洞"的表面。首先，将 Scale 运算器的 G 输出端与Loft 运算器的 C 输入端相连，放样成面。将所得曲面以 Divide Domain2 运算器细分，设定适量 U、V 数（图 3.4-37）。

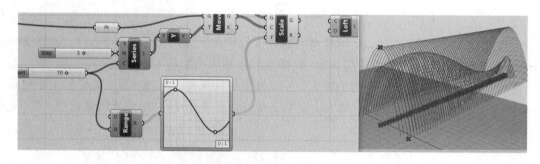

图 3.4-35　改变周期

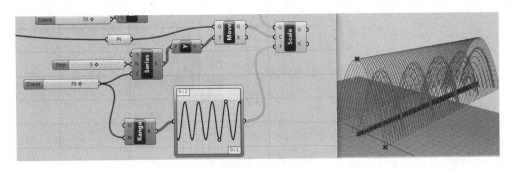

图 3.4-36　改变振幅

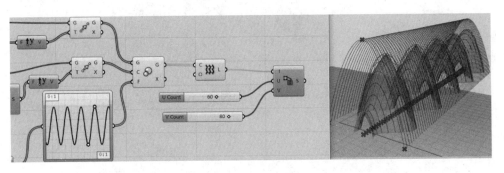

图 3.4-37　细分

加入 Isotrim（结构线修剪，又名"SubSrf"）运算器。将其 S 输入端与 Loft 运算器的输出端相连。将其 D 输入端与 Divide 运算器的 S 输出端相连。此时，便将曲面按已设定的 U、V 数进行分割（图 3.4-38）。

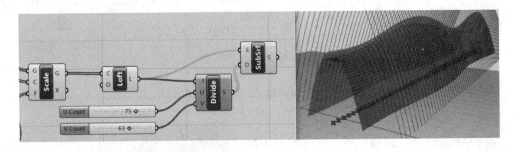

图 3.4-38　按 U、V 分割

由于构筑物表面的格栅被随机地"去除"，其是否被"挖洞"的分布服从几何概型。使用 Random Reduce 命令可实现该功能。将 Isotrim 运算器的 S 输出端赋予 Random Reduce 运算器的 List 输入端。设定 Random Reduce 运算器的 Reduction 输入端数值，此值决定了曲面被"挖洞"的概率（图 3.4-39）。

最后，通过改变 Graph Mapper、Divide Domain2 和 Random Reduce 运算器的各项参数，则可生成具有不同造型特征的构筑物形态。图 3.4-40 中列举了较为典型的 4 种形态。内部视角效果如图 3.4-41 所示。完整程序如图 3.4-42 所示。

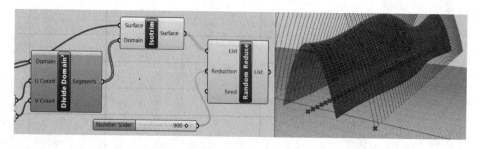

图 3.4-39　概率分布

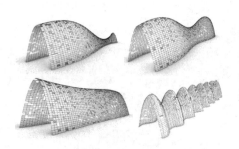

图 3.4-40　构筑物形态

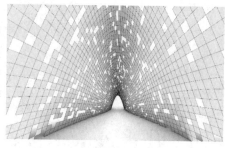

图 3.4-41　效果

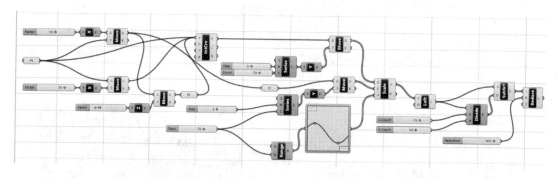

图 3.4-42　完整程序（彩图见附录 B）

[例] 景观栈道（图 3.4-43）。

以 _Spiral 命令绘制螺旋线，并拾取进 GH 中[①]（图 3.4-44）。接下来，创建坡道的截面。使用 Horizontal Frames 运算器建立垂直方向的框（图 3.4-45）。

此时，可观察到所生成的截面需要进一步改进。因为截面应在螺旋线的垂直方向，这个二维平面不符合要求。因此，我们需要使用 Deconstruct Plane 运算器"解构"当前的平面，

图 3.4-43　延庆世界葡萄博览园中的景观栈道
（Valerie Barry 设计）

---

① 关于螺旋线的介绍，参见本书 5.4—5.5 节。

再使用 Construct Plane 运算器来创建新的垂直平面，互调 X 轴和 Y 轴（图 3.4-46）。

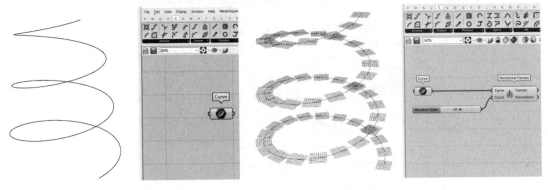

图 3.4-44　螺旋线　　　　　　　　　　　　　　　　图 3.4-45　法平面

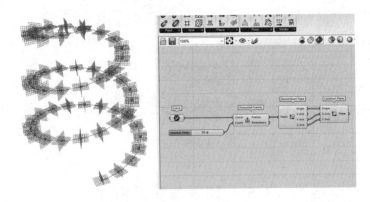

图 3.4-46　解构

接着，在每个截面上用矩形创建一段坡道。使用 Construct Domain 运算器，定义 X 和 Y 的域。在其 Domain Start 输入端，添加一个 Negative 运算器，以便在两个方向上创建矩形（图 3.4-47）。使用 Loft 运算器对这些矩形截面放样。最后，以 Cap 运算器加盖，形成坡道（图 3.4-48）。完整的程序如图 3.4-49 所示。

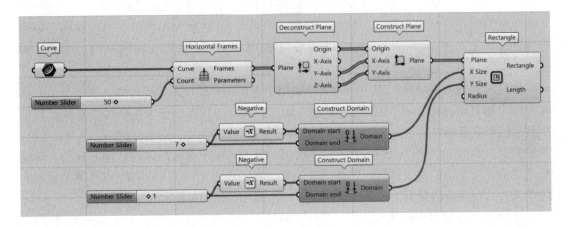

图 3.4-47　初步程序

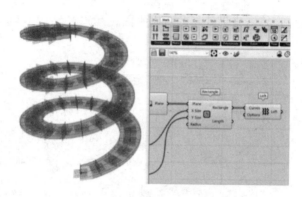

图 3.4-48　加盖

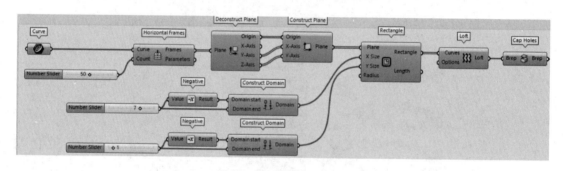

图 3.4-49　完整程序

3.5* 列表与简易桁架

3.5.1 列表

计算机程序设计中，列表（List，又译"链表"）是由多个节点（Knot）链接而成的序列。每一项（Item）节点都是列表中的一个实例（Instance）。若一个列表的每个节点仅存在一个指针域，则称之为单列表。我们将列表看作彼此连接的节点的序列，节点间的箭头表示指针与指针域中的指针。例如，已知一个由 n（$n \in N_+$）项数据元素组成的一个线性序列 a_1，a_2，$\cdots$，a_i，$\cdots$，a_n（$1 \leqslant i \leqslant n$），则由 n 个节点连接而成的单列表应表示为 $\boxed{} \rightarrow \boxed{a_1} \rightarrow \boxed{a_2} \rightarrow \boxed{a_i} \rightarrow \boxed{a_n \wedge}$。

单列表是列表中最简单的一种形式。如用于进行阵列的 Array 运算器，其每个节点仅存在一个指针域，如 {0，1，2，3，4，5，6，7，8…}。然而，更为复杂的情形下，数据以列表的形式存储在其他列表中，被称为多维列表，如 {{1，2，3，4}，{5，6，7，8}，…}，多维列表具有树形结构。在 GH 中，对于数据的管理，是根据树的排序结构实现的。借助树形结构，可直接控制变量间的概念逻辑关系。基于此，设计师不再需要直接讨论数据的数学表达，仅需要借助 GH 的数据结构，便可控制对象间的复杂数据逻辑关系。

下面简要介绍树形结构。在树（Tree）的枝干中，存在单独的主干（Stem），其路径（Path）为 path{0}。主干下存在若干个子分支（Branch），每个子分支下又含有次级子分支

（Sub-branch），但这些子分支本身不直接包含数据[①]。每个数据项（Data Item）具有一个唯一路径，此路径指向其在树形结构中的相应位置。数据结构可生动形象地以树状图（Tree-chart）表示（图3.5-1）。可使用Param Viewer控件显示数据树结构[②]。图3.5-2中建立的等差数列的数据仅包含1个分支（Data with 1 branch）。

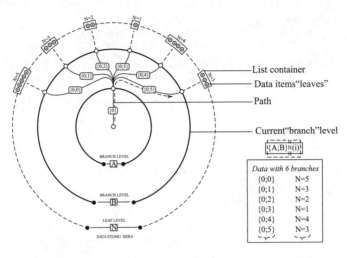

图3.5-1　树状图

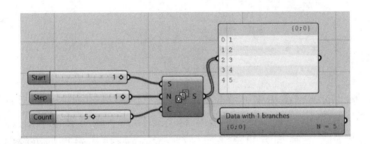

图3.5-2　1个分支

在Param Viewer控件上单击鼠标右键，选择Draw Tree（树状图）选项，可切换至树状图显示（图3.5-3）。若使用Partition List（分割列表）运算器对该数据列表进行分割，则可使列表的数据结构变为含有2组分支的树状结构，如图3.5-4所示。其中，{0;0;0} 分支下包含了3个数据，即 {0;0;0;0} 为1，{0;0;0;1} 为2，{0;0;0;2} 为3；{0;0;1} 分支下包含了2个数据，即 {0;0;1;0} 为4，{0;0;1;1} 为5。

将树形结构中包含的所有数据分支移除，并将其放入同一个主干中的操作，被称为"拍平"（Flatten）。"拍平"的逆过程被定义为"升枝"（Graft）。如图3.5-5所示，若在Partition List运算器的输出端单击鼠标右键，选择"Flatten"，则输入的多个数据列表将变

[①]　次级子分支下又嵌套着第三级子分支，第三级子分支下又嵌套着第四级子分支，数据在第四级分支处停止继续向下细分。

[②]　在Grasshopper中，当运算器不对多个数据进行同步运算时，数据树"不可见"，即数据结构仅以一个分支（或主干）构成。

为 1 个列表。

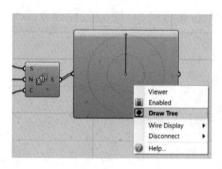

图 3.5-3 切换显示

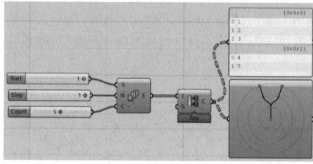

图 3.5-4 分支结构

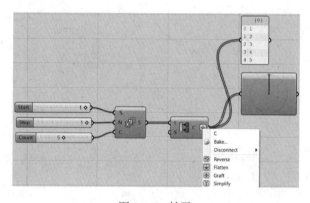

图 3.5-5 拍平

在 Grasshopper 的编程逻辑中，数据列表相关算法占有相当比重。与数据结构相关操作中，还有对列表中节点的查找、插入、偏移等操作。下面简要介绍相关运算器的作用。List Length 运算器用于测量列表的长度。在 Grasshopper 中，每一列表的项数都从第 0 项开始计（图 3.5-6）。

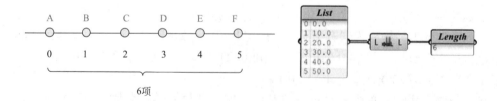

图 3.5-6 List Length 运算器

List Item 运算器用于从列表中提取出某一指定项的值。其 L 端输入值是待提取的列表。其 i 输入端输入值是待提取值在列表中的项数，依据需要，可为单个数值，也可为多个数值（图 3.5-7）。Reverse List 运算器用于前后颠倒整个列表的顺序（图 3.5-8）。

Reverse List 运算器用于按照指定数值将整个列表进行偏移。该运算器的 S 输入端输入偏移值，W 输入端与一个 Boolean Toggle 运算器相连。在 S 输入端所输入的偏移值为正

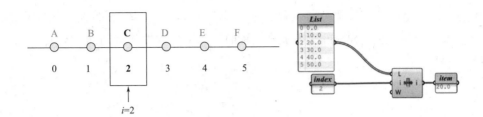

图 3.5-7　List Item 运算器

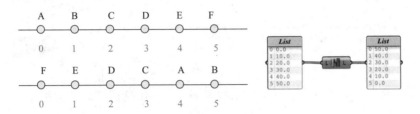

图 3.5-8　Reverse List 运算器

整数时，若 W 输入端的输入值为 True，则列表的末项将偏移首项，其他项随即移动；若 W 输入端的输入值为 False，则列表的首项将偏移至末项，其他项随即移动。当 S 输入端所输入的偏移值为负整数时，反之（图 3.5-9）。Insert Item 运算器用于将指定的新项加入列表中（图 3.5-10）。

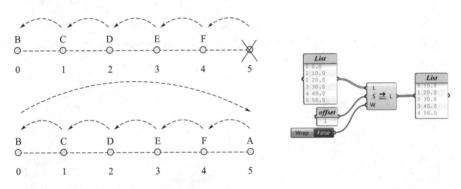

图 3.5-9　输入的偏移值为负整数时

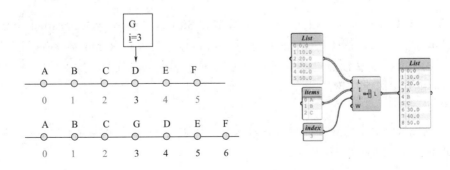

图 3.5-10　Insert Item 运算器

Weave 运算器用于根据其 P 输入端定义的 Weave Pattern，将 2 个或多个列表进行合并。当 Pattern 与数据流（Stream）不完全匹配时，则输出数据将自动加入空项（Null）补齐（图 3.5-11）。

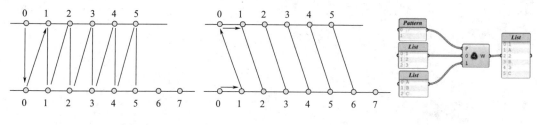

图 3.5-11　Weave 运算器

接下来，我们以生成二维、三维桁架的实例，进一步阐述列表的应用。

3.5.2　二维桁架

步骤 1：

首先，在 Rhino 中创建一个有待生成桁架结构的任意简单曲面（不能为高阶球面或 Mesh 曲面）。在 Grasshopper 中创建 Surface 运算器，将曲面拾取进入。在 Surface 运算器上单击鼠标右键，选择"Reparameterize"（图 3.5-12）。

步骤 2：

将 Maths-Domain-Divide Domain2（分割定义域）运算器加入，依照如图 3.5-13 所示方式，将该运算器与拾取进入的曲面连接。加入 2 个 Number Slider，其取值 $a \in [2, 10]$，舍入方式为整数集，即保持缺省默认值（图 3.5-13）。

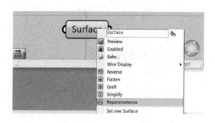

图 3.5-12　拾取

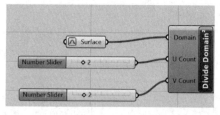

图 3.5-13　建立区间

将 Surface-Util-Isotrim（独立修剪）运算器和 Surface-Analysis-Deconstruct Brep（解构边界域）运算器拖入，依照如图 3.5-14 所示方式连接。可以在 Rhino 窗口中观察到该曲面上待建立的桁架的交叉顶点已高亮显示。可以通过拖动 Number Slider 的数值改变桁架在 U、V 方向的均分阵列密度。

步骤 3：

为了避免 Rhino 中已有曲面对查看效果产生干扰，在 Surface 运算器上点击鼠标右键，关闭"Preview"（预览）（图 3.5-15）。

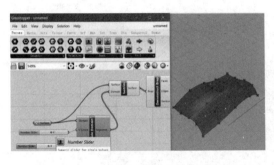

图 3.5-14　调节密度

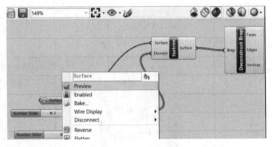

图 3.5-15　预览按钮

若欲查看每个桁架交点的坐标，可建立 Panel 运算器，使之与 Deconstruct Brep 运算器的 Vertices 输出端相连，即可求出每个交点的坐标（图 3.5-16）。

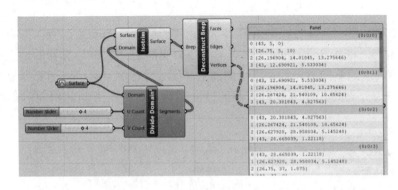

图 3.5-16　求交点坐标

步骤 4：

加入 Set-List-List Item（列表项）运算器。将 List 输入端与 Deconstruct Brep 运算器的 Vertices 输出端相连。将数值为 0 的一个 Number Slider 运算器与 List Item 运算器的 Index 输入端相连，用以提取由桁架交叉顶点坐标值构成的列表中的指定项。此时，在 Rhino 界面中可观察到所有 0 分支的桁架交叉顶点处于高亮状态（图 3.5-17）。复制上一步建立的 List Item 运算器和 Number Slider 运算器，计 4 份。其 Index 输入端的数值分别定义为 0、1、2、3，构建 4 个分支，再将它们皆与 Deconstruct Brep 运算器的 Vertices 输出端相连，如图 3.5-18 所示。其目的是创建 4 个列表项，收集存放有各个桁架交叉顶点的完整数组所构成的列表。

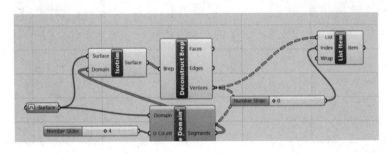

图 3.5-17　列表项操作

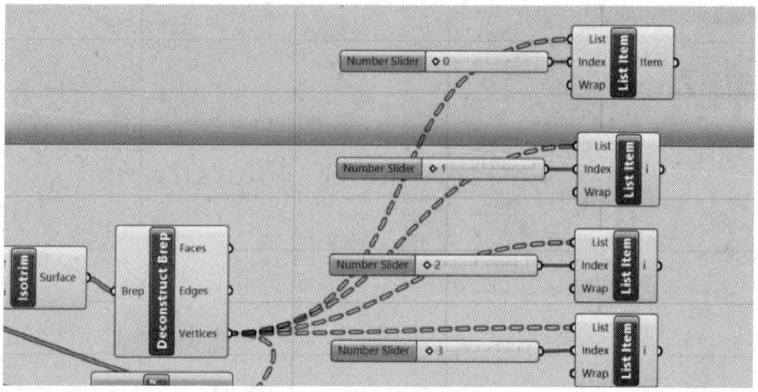

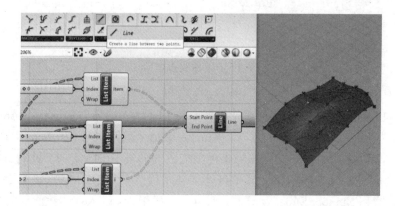

图 3.5-18　收集列表

步骤 5：

将 Curve-Primitive-Line（线）运算器加入。将其 Start Point（起点）与 0 分支的 List Item 运算器相连，将其 End Points（终点）与 2 分支的 List Item 运算器的输出端相连。此时可以观察到，一组斜向对角线贴附于曲面上（图 3.5-19）。将 Line 运算器复制一份，分别与 1 分支与 3 分支的 List Item 运算器的输出端相连。另一方向的斜向对角线便生成了（图 3.5-20）。

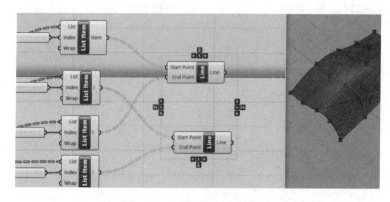

图 3.5-19　斜向对角线

图 3.5-20　另一侧斜向对角线

步骤6：

加入 Pipe 运算器，依照如图 3.5-21 所示方式连接，创建桁架的圆管实体。按住〈Shift〉，将 Pipe 运算器的 Curve 端拖动，与上一步建立的两个 Line 运算器分别相连。再用一个 Number Silder 运算器与 Radius（半径）输入端相连，调整桁架圆管的半径值。

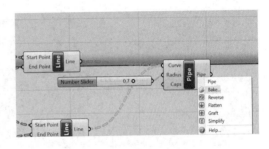

图 3.5-21 "烘焙"操作

通过预览，调整前文所述 Number slider 的相应参数，可以改变桁架结构的 U、V 方向密度和截面半径。确认效果后，在 Pipe 运算器处右击"烘焙"，即可输出最终桁架结构（图 3.5-22），完整程序如图 3.5-23 所示。

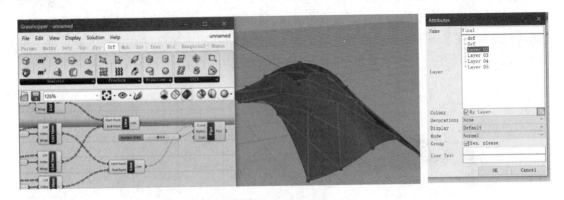

图 3.5-22 完成

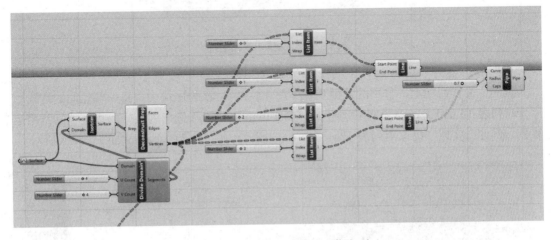

图 3.5-23 完整程序（彩图见附录 B）

通过改变步骤 1 中拾取进 Grasshopper 小程序的曲面形态，可以创造出不同的桁架结构形式。例如，为图 3.5-24 所示的由一根样条曲线以 _Revolve 命令得到的简单旋转体表面生成桁架，有较少的材料损耗与较好的结构性能。求得该曲面的桁架结构如图 3.5-25 所示。

图 3.5-24 结构示意

图 3.5-25 完成效果

3.5.3* 空间桁架结构

空间桁架结构（Space Truss）体系是大跨空间结构中的一种重要结构形式。通常，空间管桁结构与平面管桁结构相比，具有跨度大、稳定性佳、抗扭刚度大且外表美观等特征（图 3.5-26）。在上一节中，已简要介绍了简单曲面生成小跨度桁架的方法。下面将进一步介绍 Grasshopper 中一种生成简单空间桁架结构的方法。

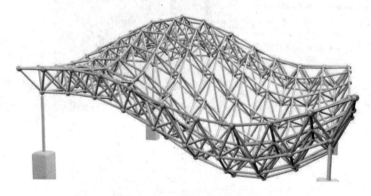

图 3.5-26 空间桁架结构

步骤 1：

首先，简要回顾上一节中的关键步骤（图 3.5-27）。该程序块中，每一端点间的连线顺序皆自列表（List）中点所在的序列生成。List Item 是用以筛选出列表中的指定项的常用运算器。例如，实现"提取出列表 {aa, bb, cc} 中第 1 项"功能的小程序如图 3.5-28 所示。

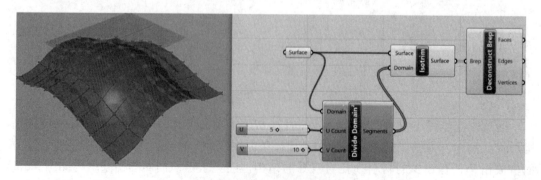

图 3.5-27 关键步骤

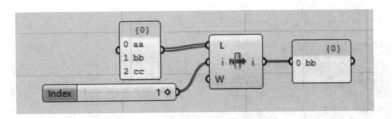

图 3.5-28　List Item 运算器

为了提取由桁架交叉顶点坐标值构成的列表的指定项，在 Isotrim 与 Deconstruct Brep 运算器直接插入 List Item 运算器。然后，在 Deconstruct Brep 运算器的 V 输出端接入 Point List 运算器，可检查每个点在列表中的序号。此时，序号自左上至右下为 {2, 1, 3, 0}（图 3.5-29）。

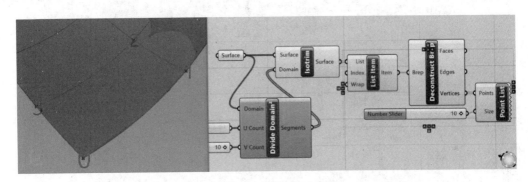

图 3.5-29　检查序号

接下来，将 List Item 运算器移至与 Deconstruct Brep 运算器的 V 输出端相接，并在其输出端添加 $i+1$、$i+2$、$i+3$ 三个子项（图 3.5-30）。这 4 个列表项用以收集存放有各个桁架交叉顶点的完整数组所构成的列表（图 3.5-31）。

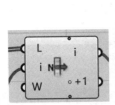

图 3.5-30　加入子项

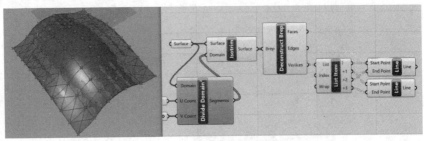

图 3.5-31　构成列表

步骤 2：

由于 Deconstruct Brep 运算器提取出的每一桁架单元边线皆是弧线，不满足结构优化要求，故需进一步生成桁架框线。使用 End Points（求端点）运算器与 Deconstruct Brep 运算器的 E 输出端连接，将其输出端分布于 Line 运算器的 A、B 两输入端相连。此时，可观察到，对于每一桁架单元，皆生成了与之匹配的 4 条边线（图 3.5-32）。接下来，将步骤 1 中除了 Surface 以外的运算器复制一份（图 3.5-33）。使用 Offset Surface 运算器将已拾取的曲面向上偏移适当距离（图 3.5-34）。

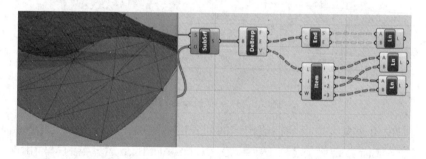

图 3.5-32 生成匹配曲线

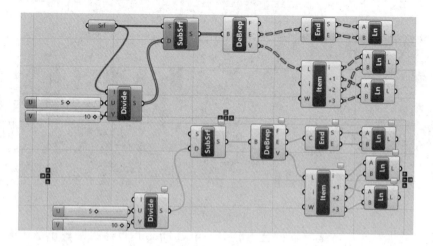

图 3.5-33 复制

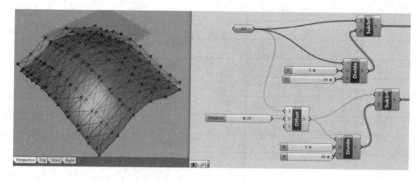

图 3.5-34 偏移

Shift List 运算器[①]用于推移列表数列的项数。例如，将原列表 {3，1，*bb*，*aa*} 赋予 Shift List 运算器的 L 输入端，当 S 输入端（偏移项数）输入 1 时，整个列表中所有项皆向后推移了一位，列表被赋予新值 {1，*bb*，*aa*，3}（图 3.5-35）。此时，将原程序中的 Deconstruct Brep 运算器的 V 输出端与 Shift List（偏移列表）运算器的 L 输入端相连。在

---

① 此运算器经常被用于构建错位、偏移等形式的空间构件。

Deconstruct Brep 运算器的 V 输出端接入 Point List 运算器，可检查每个点在列表中的序号。此时，序号自左上至右下为 {1, 0, 3, 2}（图 3.5-36）。

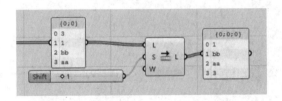

图 3.5-35 赋予新值

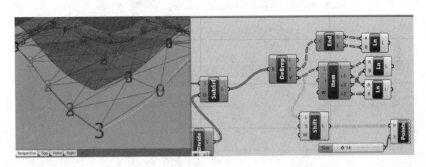

图 3.5-36 接入 Point List 运算器

将经复制后的程序块中的 Deconstruct Brep 运算器的 V 输出端、Shift List 运算器的 L 输出端，分别与 Line 运算器的 A、B 输入端相连。此时，列表数列中的 4 个点对应的项数皆以逆时针方向变动了 1 项（图 3.5-37）。将原像[1]、像[2] 的对应项数的点连接为线段，即可得到空间桁架的斜向基线（图 3.5-38）。

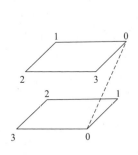

图 3.5-37 变动 1 项

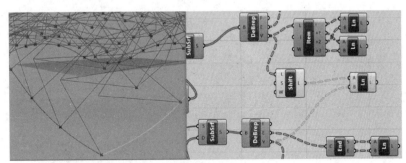

图 3.5-38 得到斜向基线

为了进一步生成不同管径的桁架，不妨将不同管径的基线分类，赋予 Line 运算器的 A、B 输入端，即将斜向桁架部分的基线赋予给一个 line 运算器（图 3.5-39）。将横向桁架部分的基线赋予另一个 Line 运算器，使用 Pipe 运算器成管，并将所得结构"烘焙"出。完整的 Grasshopper 小程序如图 3.5-40 所示。效果如图 3.5-41 所示。

---

[1] 本例中为变换前的下方桁架。
[2] 本例中为变换后的上方桁架。

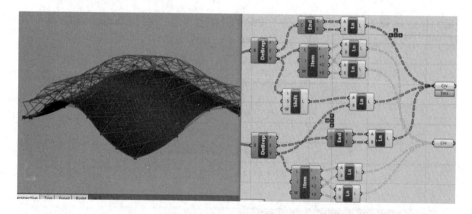

图 3.5-39　将斜向桁架部分的基线赋予一个 Line 运算器

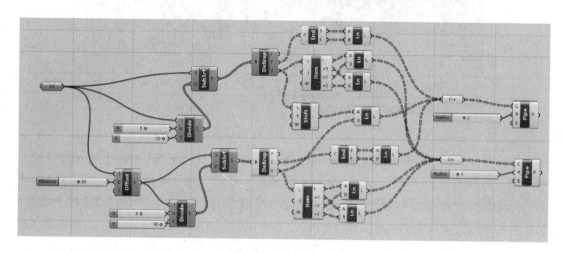

图 3.5-40　完整程序

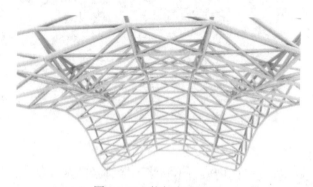

图 3.5-41　桁架完成效果

📋 拓展

　　关于 Shift List 运算器的灵活运用。已知 2 个半径不同的同心圆，以及在圆周上的 20 等分点。将这两组点依照一定的线性结构序列，连接为直线（图 3.5-42）。

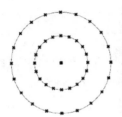
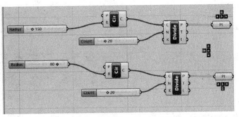

图 3.5-42 连为直线

首先，加入 Shift List 运算器，将外圆的等分点与其 L 输入端相连，将输出值赋予 Line 运算器的 A 端。将内圆的等分点直接与 Line 运算器的 B 端相连。此时，得到一组朝顺时针方向螺旋排布的直线段族（图 3.5-43）。

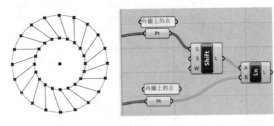

图 3.5-43 顺时针直线段族

然后，在保持上述程序其他部分不变的情况下，将"−1"赋予 Shift List 运算器的 S 输入端，此时，得到一组逆时针方向螺旋排布的直线段族（图 3.5-44）。

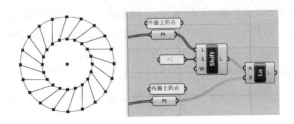

图 3.5-44 逆时针直线段族

完整的 Grasshopper 小程序如图 3.5-45 所示。

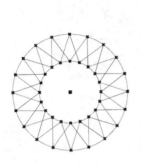
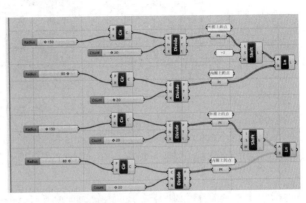

图 3.5-45 完整程序

在 Grasshopper 开源插件 Lunchbox 中，有若干直接快速构建空间桁架结构的运算器。本文中编制的 Grasshopper 小程序与其中的 "Space Truss Structure 1" 运算器（图 3.5-46）同理。读者可自行进一步尝试。

图 3.5-46　Lunchbox 插件

3.6* 干扰与磁场

3.6.1　简易曲线干扰

指定一些几何物件和干扰曲线，依据几何物件与曲线间的欧几里得距离，使物件产生与距离值相关的重新映射（Remap）形变，如改变尺寸、旋转角、位置等的几何变换，被称为"曲线干扰"。本节将简要阐述简易曲线干扰在 Grasshopper 中的实现方法。

首先，如图 3.6-1 所示，运用 Rectangular（矩形方阵）运算器生成矩形格点方阵。其 Size X、Size Y 输入端分别代表每个 X、Y 的矩形方格的尺寸；Extent X、Extent Y 输入端分别代表 X、Y 方向分别生成的矩形个数。将其 Cells 输出端进行"拍平"。

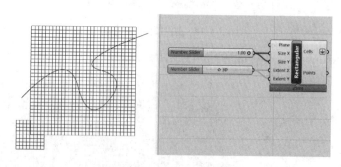

图 3.6-1　Rectangular 运算器

接下来，将 Rectangular 运算器的 Cells 输出端与一个 Area（面积）运算器相连，其 Centroid 输出端能输出每个矩形的几何中心①。如图 3.6-2 所示，将该输出端与 Curve

---

① 数学中，具有一定对称性的物体最中心的位置(如圆心、平行四边形两对角线的交点)被称为几何中心(Geometrical Center)。具有几何中心的物体，在进行能够重合自身的对称性变化时，其旋转轴、对称轴、旋转基点等必经过几何中心。

Closest Point（曲线最近点）运算器的 Point（点）输入端相接。然后，拾取 Rhino 中已绘制的干扰曲线，为 Curve 对象，将其输入 Curve Closest Point 运算器的 Curve（曲线）输入端。此时，Curve Closest Point 运算器的 Distance 输出端的值将为一个列表，列表中储存有干扰曲线上的点与每个矩形的几何中心点的距离，如图 3.6-2 所示。

如图 3.6-3 所示，将 Curve Closest Point 的 Distance 输出端连入一个 Bounds（区间）运算器。加入 Remap Numbers（重新映射数）运算器。其 Value（数值）输入端与 Curve Closest Point 的 Distance 输出端相连，Source（源）输入端与 Bounds 运算器的输出端相连，Target 运算器与一个 Construct Domain（构建定义域）运算器相连①。

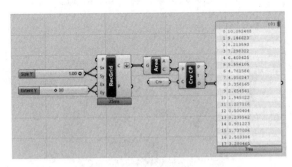

图 3.6-2　求至几何中心的距离

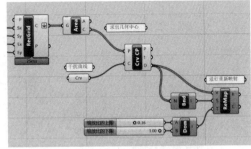

图 3.6-3　构造定义域

如图 3.6-4 所示，加入 Scale（缩放）运算器，其 Geometry（待缩放的几何体）输入端与 Rectangular 运算器的 C 输出端相连，Center（缩放中心）与 Area 运算器的 C 输出端相连，Factor（缩放系数）与 Remap Numbers 运算器的 Mapped（映射后数据）输出端相连。这样，便生成了以指定曲线"干扰"矩形格点方阵，其中，每个矩形单元的边长与其到指定曲线的距离呈反相关关系。完整程序如图 3.6-5 所示。

如图 3.6-6 所示，加入 Extrude（挤出）运算器，将其 Base（基底）输入端与 Scale 的 G 输出端相连，Direction（方向）输入端与 Unit Z 运算器相连，Unit Z 运算器的输入端被赋值自 Remap Numbers 运算器的 R 输出端②。效果如图 3.6-7 所示。

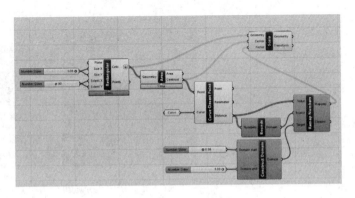

图 3.6-4　加入运算器

---

① Construct Domain 的输入端决定了每个矩形单元形变的缩放比的上、下限。

② 这样，便能得到"干扰"所得不同高度的长方体，其高度与其到指定曲线的距离呈反相关关系。

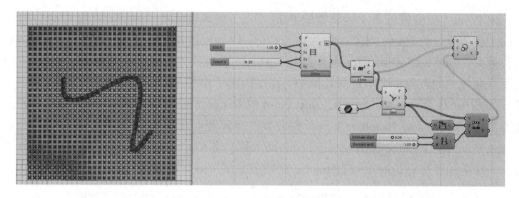

图 3.6-5　完整程序

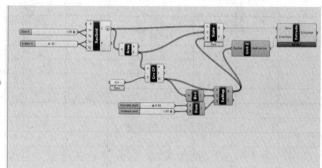

图 3.6-6　加入运算器

3.6.2　磁场点电荷干扰

当代景观设计中，常出现以"磁感线"造型的铺装，其形态如水流绕过滩涂，在硬质地面上淌过，使得平淡的铺装变得鲜活。

[例] 城市公园景观（图 3.6-8）。

图 3.6-7　效果　　　　图 3.6-8　超级 Kilen 城市公园景观（BIG，Topotek 1）

如图 3.6-9 所示，以 _Polyline 命令绘制 2 条基础边界线。以 _Rebuild 命令重建，增加其控制点数至 80 个左右。以 _TweenCurve 命令建立适宜数量的、介于 2 条边界线间的等分线。以 _Point 命令绘制若干个点，作为磁场中心的点电荷，即本例中的"干扰点"。

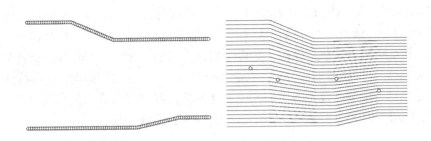

图 3.6-9　等分线

以 Grasshopper 编制如图 3.6-10 所示的小程序。将 Rhino 中所有等分线拾取为 Curve 对象，与 Discontinuity 运算器 Curve 输入端相连。将所有干扰点拾取为 Point 对象，与 Point Charge（点电荷）运算器的 Point 输入端相连。将 Point Charge 运算器的 Decay 输入端设置为 0，以避免生成的"磁感线"形曲线彼此相交。

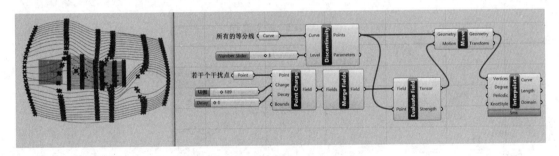

图 3.6-10　程序

📋 **拓展**

在中学物理学中，我们曾学习过，电荷（Charge）之间存在相互作用，同种电荷相互推斥，异种电荷相互吸引。本身的线度比相互之间的距离小得多的带电体，被称为点电荷（Point Charge），它仅有电量，没有大小，可类比为运动学中的"质点"概念。磁场（或电场）中的点电荷会影响磁感线分布，如图 3.6-11 所示。

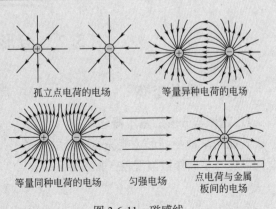

图 3.6-11　磁感线

如图 3.6-12 所示，移动 Rhino 中"干扰点"的位置，即可得到不同分布的"磁感线"形曲线。此时，可发现，生成的"磁感线"仍超出步骤中绘制的边界线所框定的范围。下面使用本书 5.2 节中的"曲面流动"功能，解决此问题。首先，基准曲面键入 _Loft 命令，选中生成的"磁感线"，以 _DupFaceBorder 命令提取该面的边线，以 _Explode 命令炸开，键入 _NetworkSrf 命令，选中所得 4 条边缘线，生成基准曲面。其次，以 _Loft 命令对步骤 1 中绘制的首、尾 2 条边界线放样成面，得到目标曲面。然后，键入 _FlowAlongSrf 命令，先点击所有"磁感线"，按回车键；最后，点选基准曲面，再点选目标曲面，即可得到在边界线所框定的范围内的铺装曲线（图 3.6-13）。对于最终所得铺装曲线，分别以操作轴挤出其宽度、厚度，即可得到"磁感线"造型铺装，如图 3.6-14 所示。

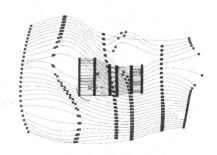

图 3.6-12　调整过程

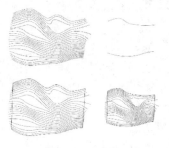

图 3.6-13　修剪过程

图 3.6-14　效果

3.7* 分形与迭代

3.7.1 镶嵌变换

1. 镶嵌与分形的基本概念

若能用某种全等形（能完全重合的图形）无间隙且不重叠地覆盖平面的一部分，称为此图形能对平面作镶嵌变换（图 3.7-1）①。

---

① 能构成镶嵌的必要条件是：在每个公共顶点处，各角和均为 360°。而最简镶嵌则是指仅用一类全等形镶嵌平面的变换。在平面构成中，若一个单位图形向上下或左右 2 个方向反复地连续循环排布，则可产生类似花边状的纹样，则称这一图形可构成二方连续；若一个单位图形向上、下、左、右 4 个方向反复连续地循环排布，则将能产生节奏韵律统一的整体图形，则称这一图形可构成四方连续。

1973 年，数学家曼德尔布罗（Benoit B.
Mandelbrot）首次提出分形几何（Fractal Geometry），
指"一个粗糙或零碎几何形状，可以分成数部
分，且每一份（大约）是整体的缩小版"，此
性质称为"自相似"。波兰数学家谢尔平斯基
（Wactaw Sierpiń ski）在 1915 年提出的谢尔平
斯基三角形（Sierpinski triangle）即属于常见
的一种分形（图 3.7-2）。特吕谢镶嵌（Truchet
Pattern）[①] 是由简单规则衍生所得的一类分形图
形，图 3.7-3 为两类分别由三角形与 1/4 圆构成

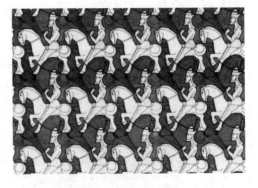

图 3.7-1　镶嵌变换

的简单特吕谢镶嵌变换。下面将以由 1/4 圆弧与三角形衍生的简单镶嵌变换为例，介绍在
Grasshopper 中生成简单四方连续镶嵌的方法。

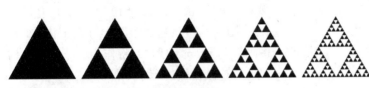

图 3.7-2　谢尔平斯基三角形

图 3.7-3　特吕谢镶嵌

2. 由圆弧衍生的简单镶嵌变换

[**例**] 那须"水庭"（图 3.7-4）。

图 3.7-4　那须"水庭"（Art Biotop "Water Garden"）（石上纯也设计）

步骤 1：

首先，以 Square 运算器构成均质正方形 Cells 网格。将 Cells 网格接入 List Length 运
算器，提取每一网格的数据。基于此，使用 Random 运算器生成几何概型随机值，并以
Interger 运算器对随机值取整。加入 Dispatch 运算器，其 List 输入端与数据结构被拍平的

---

① 由 18 世纪法国数学家塞巴斯蒂安·特吕谢（Sébastien Truchet）于 1704 年发现的一类不具有周期性的镶嵌图案。

175

Cells 输出端相连，其 Dispatch Pattern 输入端与 Random-Interger 运算器相连，对其进行数据分流，随机地提取网格中的部分方形（图 3.7-5）。

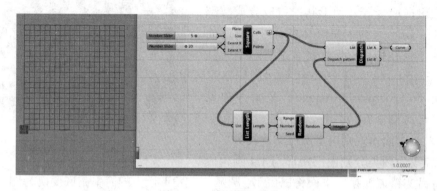

图 3.7-5　随机提取方形

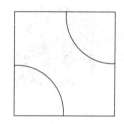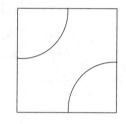

图 3.7-6　绘制圆弧

在 Rhino 中绘制 2 个由正方形与 1/4 圆弧组成的形状，圆弧半径为正方形边长的 1/2（图 3.7-6）。这 2 个图形分别记作"1 号图形"与"2 号图形"，将作为后续步骤中构成四方连续镶嵌的基本单位。

步骤 2：

加入 Map to Surface 运算器。此运算器的作用是以 Curve 输入端输入的曲线为映射的目标，以 Source 输入端输入的面或闭合边线为源，将图形按照 Target 输入端所输入的 List 对应地生成映射变换。将 Target 输入端与 Dispatch 运算器的 List A 输出端相连。将"1 号图形"的圆弧线拾取进 Map to Surface 运算器的 Curve 输入端，并将 Curve 输入端的数据结构设为 Graft 型（图 3.7-7）。如图 3.7-8 所示，将"1 号图形"的正方形框线拾取进 Map to Surface 运算器的 Source 输入端。如图 3.7-9 所示，可在 Rhino 视窗中观察到随机生成了沿着一个方向呈几何概型状态随机排布的 1/4 圆弧。

如图 3.7-10 所示，加入另一个 Map to Surface 运算器。将"2 号图形"的正方形框线拾取进 Source 输入端，将"2 号图形"的 2 根 1/4 圆弧拾取进 Curve 输入端。将这个 Map to Surface 运算器的 Target 输入端与 Dispatch 运算器的 List B 输出端相连。如图 3.7-11 所示，可在 Rhino 视窗中观察到随机生成了沿着相互垂直的 2 个方向随机排布的 1/4 圆弧。

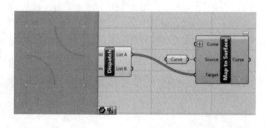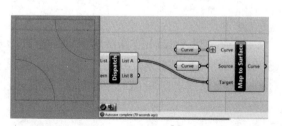

图 3.7-7　拾取圆弧第一部分（彩图见附录 B）　　　图 3.7-8　拾取圆弧第二部分（彩图见附录 B）

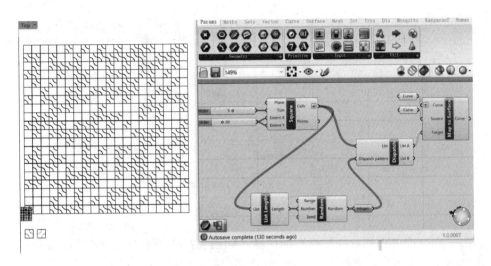

图 3.7-9 生成圆弧分布

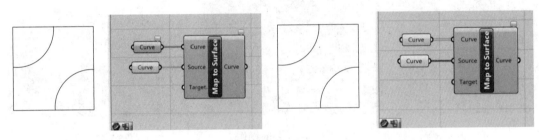

图 3.7-10 拾取

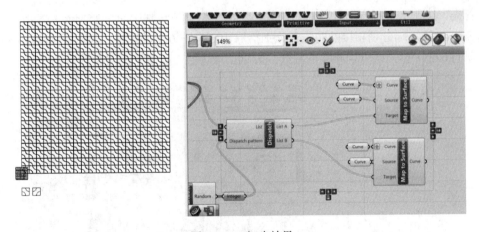

图 3.7-11 初步效果

　　将一个 Number Slider 控件与 Ramdom 的 Seed 输入端相连。改变随机种子数，即可生成不同排布状态的"圆形融合镶嵌形"。完整的程序如图 3.7-12 所示。

　　步骤 3：

　　将"圆形融合镶嵌形"的结果 Bake 出，并在 Rhino 中成组。如图 3.7-13 所示，在 Rhino 中作该形状的外接正方形平面。键入 _Split 命令，以成组的"圆形融合镶嵌形"切

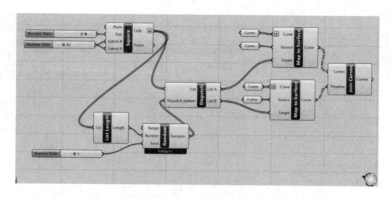

图 3.7-12　完整程序

分正方形平面，即可得到分块的镶嵌形单体。如图 3.7-14 所示，通过改变镶嵌形的高度，归入不同图层，即可生成类似案例中的微地形形态。效果如图 3.7-15 所示。

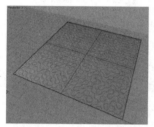

图 3.7-13　bake 操作

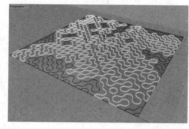

图 3.7-14　_Split 操作

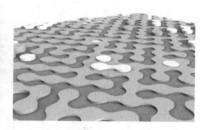

图 3.7-15　效果

3. 像素形态镶嵌

首先，绘制 2 个正方形及其斜对角线。然后，将上述步骤中与 2 个 Map to Surface 运算器的 Source 输入端分别相接的曲线，分别拾取为 2 个正方形的边线；与两个 Map to Surface 运算器的 Curve 输入端分别相接的曲线，分别拾取为 2 个正方形的对角线（图 3.7-16）。

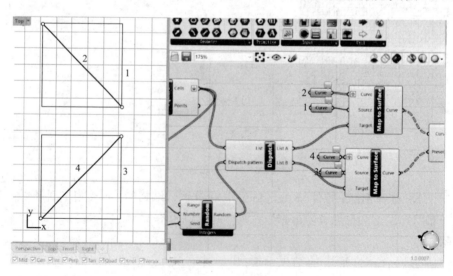

图 3.7-16　拾取

此时，改变 Random 运算器的随机种子数，即可得到不同的斜正方形四方连续镶嵌形态（图 3.7-17）。同理，可进一步利用相同方法，生成"像素"形态镶嵌的景观微地形（图 3.7-18）。

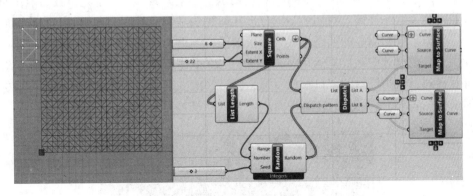

图 3.7-17　加入运算器

图 3.7-18　效果

📋 拓展

在 Grasshopper 的开源插件 Parakeet 库中，内置了许多建立镶嵌形态的运算器。图 3.7-19 列举了使用 Parakeet 库建立的 4 种典型镶嵌形态，通过"镶嵌变换"，这些形态皆可在平面上构成四方连续。其中，某些形态亦是中国古典园林中的传统纹样（图 3.8-19）。此外，该库中还内置了生成莫比乌斯环、克莱因瓶等拓扑学形态的运算器，感兴趣的读者可自行尝试。

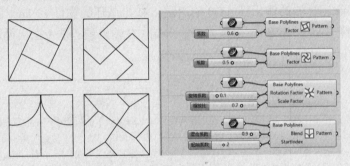

图 3.7-19　Parakeet 库

*3.7.2 分形与迭代

1. 分形几何简介

数学中，分形几何（Fractal Geometry）[①]揭示了"空间具有不一定是整数的维，而存在一个分数维数"这一规律。我们已知道分形几何算法是构成具有"自相似"性质图形的常用方法。这类"自相似"的形态构成方法也被推广到更为复杂的三维空间构成中，在许多后现代主义景观设计中被反复运用[②]，如图 3.7-20 中建筑师、景观师卡拉特拉瓦的著名作品。可观察到，该构筑物的"自相似"形态栅格，比一维空间中的多段线图像占据更多空间，但未填充满二维空间中的完整平面。

图 3.7-20　Orient 车站中的"森林"构筑物（Santiago Calatrava 设计）

构成"自相似"算法的核心是迭代（Iteration）算法[③]。接下来，以二维、三维的谢尔平斯基三角形（Sierpinski Triangle）为例，介绍 Grasshopper 中 Anemone 插件的迭代算法，及其在构成简单分形几何图形中的运用。

在开始前，须下载、安装 Grasshopper 的免费开源插件 Anemone。将插件的 .gha 安装文件复制至 Special Folder-Components Folder 中（图 3.7-21）。如图 3.7-22 所示，在 Components Folder 文件夹中找到 .gha 文件，鼠标右键选择"属性"，找到右下角的"Unblock"（解除锁定）复选框，勾选，确认。然后，重启 Rhino 与 Grasshopper。

在 Grasshopper 中可找到 Anemone 的相关运算器，插件中的常用迭代运算器如下：Fast Loop Start 运算器（I 输入端：循环次数。D0 输入端：参与循环的物件。> 输出端：连接 Fast Loop End 运算器的输出端。D0 输出端：参与循环的物件）；Fast Loop End 运算器（< 输入端：连接 Fast Loop Start 运算器的输出端。E 输入端：是否退出循环。D0 输入端：参与循环的物件。D0 输出端：参与循环的物件）。

---

①　该理论最初是在解决测量自然界中带粗糙边界的物件（如海岸线）的过程中产生的重要数学分支。
②　当代景观形态学、类型学理论认为，通过集群对称（Symmetries）、元素覆叠（Repeating Elements）、肌理特异化（Unifying Textures）等形态设计手法，可有效营造并增强景观神秘性（Mysterious Landscape Quality）特点。
③　即一种为了逼近所需目标或结果而采用的重复反馈（Repeated Feedback）算法。每次对过程的重复被称为一次"迭代"，每一次迭代得到的输出值被赋为下一次迭代的初始值。

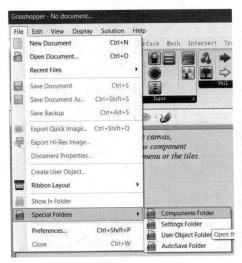

图 3.7-21 安装过程

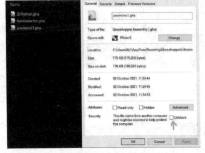

图 3.7-22 属性菜单

2. 二维谢尔平斯基三角形

谢尔平斯基三角形的尺规作图法为：取一等边三角形，沿三边中点的连线，分成 4 个小三角形，去除位于中间位置的 1 个小三角形，对其余 3 个小三角形重复这一步骤。据此，编写下列 Grasshopper 小程序：首先，以 Polygon 运算器生成恰当边长的三角形，并将结果输入 Fast Loop Start 运算器的 D0 输入端，作为参与迭代的原始数据（图 3.7-23）。然后，将 Fast Loop Start 运算器的 D0 输出端赋值给 Control Polygon（控制点多边形）运算器的输入端，炸开此三角形，得 4 个顶点。最后，提取出的顶点在三角形顶点处的点重复了一次，故使用 Cull Item（移除指定项）运算器去除重复点。如图 3.7-24 所示，加入 Scale（缩放）运算器，以三角形的几何中心为基准点，将原三角形缩放 $\frac{1}{2}$。

如图 3.7-25 所示，将 Scale 运算器的 G 输入端接入 Tree 运算器，将输出结果的数据结构设为 Simplified（简化），确保任意次迭代后生成的三角形都位于相同分支（Branch）中。将结果赋予 Fast Loop End 运算器的 D0 输入端。将 Fast Loop Start 运算器的 > 输出端与 Fast Loop End 运算器的 < 输入端相连。此时，将一个 Number Slider 与 Fast Loop Start 运算器的 Iterations 输入端相连，即可经历不同次迭代后得到二维谢尔平斯基三角形[1]（图 3.7-26）。

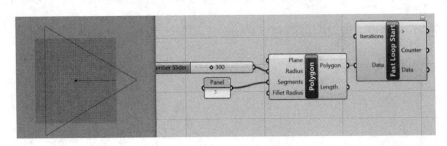

图 3.7-23 连接

---

[1] 这一算法又被称为元胞自动机（Celluar Automata）。

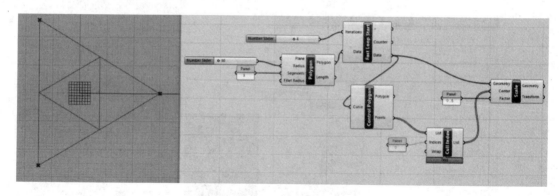

图 3.7-24　初步迭代

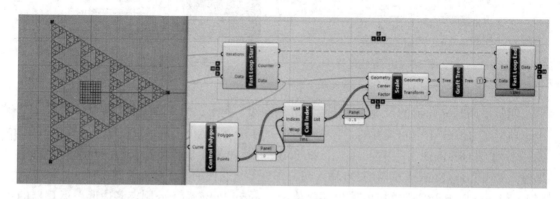

图 3.7-25　迭代过程

图 3.7-26　结果

　　如图 3.7-27 所示，经历不同次迭代后，谢尔平斯基三角形的个数具有一定数列规律。设经历第 r 次迭代后，谢尔平斯基三角形的个数为数列 a_r 的第 r 项；则经历第（$r+1$）次迭代后，谢尔平斯基三角形的个数 a_r+1 为 $3a_r+1$，则 $a_r = 3a_{r-1} + a_r + \dfrac{1}{2} = 3\left(a_{r-1} + \dfrac{1}{2}\right)$，故该数列的通项公式为 $a_r = 3^{r/2} - \dfrac{1}{2}$。感兴趣的读者可自行验证此规律。

图 3.7-27　数列问题

试编写一个 Grasshopper 小程序，使之实现下述功能：通过迭代算法，生成如图 3.7-28 所示的分形几何图形。该图形的外边线围合成边长为 1 的正方形。每次取相应边的中点，进行连线，不断重复此过程 n 次，得到 n 个小矩形[①]。矩形的面积分别取值一个等比数列 S_n：$\dfrac{1}{2}$，$\dfrac{1}{4}$，$\dfrac{1}{8}$，…，$\dfrac{1}{2^n}$，…。

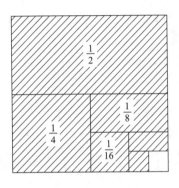

图 3.7-28 练习题图

3. 三维谢尔平斯基三角形

下面介绍三维谢尔平斯基三角形的绘制方法。首先，在 Rhino 中以 _Pyramid 命令绘制一个四棱锥。将其作为 Brep 对象拾取，赋予 Fast Loop Start 运算器的 D0 输入端，参与迭代。将 D0 输出端的数据结构设为 Graft。通过 Deconstruct Brep 运算器提取四棱锥的顶点。然后，加入 Scale 运算器，以四棱锥的上部顶点为基准，将四棱锥缩至 $\dfrac{1}{2}$，如图 3.7-29 所示。

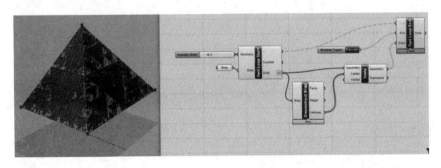

图 3.7-29 缩放过程

输出结果至 Fast Loop End 运算器的 D0 输入端，并将 Fast Loop Start 运算器的 > 输出端与 Fast Loop End 运算器的 < 输入端相连。将一个 Number Slider 与 Fast Loop Start 运算

---

① 观察迭代结果可知，n 个小矩形的面积和（数列 S_n 的前 n 项和）的极限，便是大正方形的面积，即

$$\lim_{n \to \infty}\left(1 - \dfrac{1}{2^n}\right) = 1 - \lim_{n \to \infty}\left(\dfrac{1}{2^n}\right) = 1$$

器的 Iterations 输入端相连，即可迭代不同次数后得到三维谢尔平斯基三角形，如图 3.7-30 所示 [1]。本节中模型最终效果如图 3.7-31 所示。

图 3.7-30　不同迭代次数后的效果

图 3.7-31　透视效果

—————————

① 本案例亦印证了迭代算法所遵循的分形几何图形性质，即：每一任意局部的形状，皆为整体图案缩小后所得的相似形。

第4章　断面、地形与拓扑

现代和当代景观设计中，"地形"是非常重要的设计要素。一望无际的平坦地形会给人以暴露的不安感。因此，常通过构造微地形，营造半开敞空间、覆盖空间、垂直空间等，以创造出更丰富多变的空间组合。将植物种植在突起的微地形上，还可显著增强相邻凹地的私密性。

若合理处理设计方案的自身整体性、景观和既有环节的整体综合性，能使设计拥有更优化的空间布局，更好地融入环境。小尺度地形主要分为硬质人工地形、近自然形态地形两大类。本章将从"断面线"这一概念出发，依次介绍硬质阶梯景观、异形地面铺装、小尺度微地形、中尺度微地形的建模方法和实际操作，并阐释"形面分析法"和"等距变换法"这两种中、小尺度微地形的常用建模方法。

Rhino 7中，还引入了建立高精度的样条曲面的细分建模法（SubD），可快速地创造自由"有机"造型。本章章末将介绍"细分"建模的基本原理、步骤、相关命令，展示景观建模中"细分"建模的特点和优势。

4.1　等距断面线与切片

4.1.1　缩放与等距断面线

［例］绘制 Purmerend 桥（图 4.1-1）。

图 4.1-1　Purmerend 桥（Alva Aalto 设计）

　　首先，建立桥身侧面的基准母线。使用 _Sweep1 命令，建得桥面（图 4.1-2）。建立与 YOZ 平面共轭的辅助面，并以 _Mirror 命令镜像，创建与桥身纵向中线对称的另一个辅助面。以 _Split 命令切分出基本面（图 4.1-3）。以 _Offset 与 _Extrude 命令操作边线，建得栏杆（图 4.1-4）。依据相似形原理，建立桥底。先将桥面的纵向边线等分，作出中垂线。选择桥身的横向母线，使之以桥身在地平面上的横向投影辅助线的中点为基点，以合适的缩放比进行 _Scale2d（双轴缩放），得到桥底面的一条子边线。这一过程中，_Scale2d 可保证生成的子边线与母线完全共用同向的对称轴，并拥有相同的控制点数与阶数。子边线移动到相应位置，与母线一起以 _Loft 命令放样，得到一个子面（图 4.1-5）。建立桥一侧的几个位置和斜度不同的几个桥底面的子面。以中垂线为对称轴 _Mirror（镜像），可得到另一侧桥底的子面。以 _Join 命令接合得到所有子面，并用 _MergeEdges 命令合并其共面的棱（图 4.1-6）。

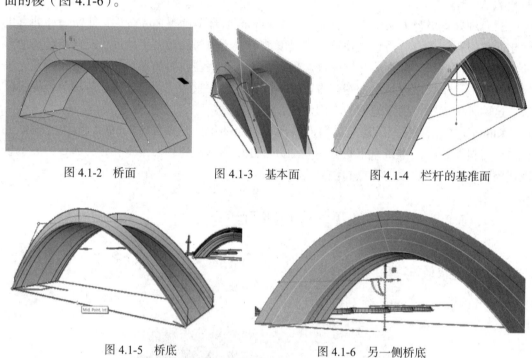

图 4.1-2　桥面　　　　　　图 4.1-3　基本面　　　　　　图 4.1-4　栏杆的基准面

图 4.1-5　桥底　　　　　　　　　　图 4.1-6　另一侧桥底

　　采用 _Contour（等距断面线）命令、Gumball 和 _Loft（放样）命令，可以巧妙地建立任意连续曲面上的台阶。首先，对桥面上方的台阶面，以 Z 轴为方向（左/右视图中可捕捉 Z 轴方向），以台阶高度值为间距，以 _Contour 命令生成断面线（图 4.1-7）。键入 _SelLast 命令，选择生成的所有线物件，以 _Group 命令将台阶的这组上边缘线打组（图 4.1-8）。

　　利用 Gumball，按〈Alt〉键，同时点击 Z 方向 Gumball 箭头，输入每一级台阶高度作为偏移距离，得到另一组台阶的下边缘线。同理，以 _SelLast 和 _Group 命令打组。将这一组下边缘线以 _AddToGroup 命令，与前面建得的一组上边缘线合并为一组（图 4.1-9）。对最终的上、下台阶边缘线进行 _Loft（放样），类型选择"Straight sections"（平直区段），即可得到连续的台阶面（图 4.1-10）。

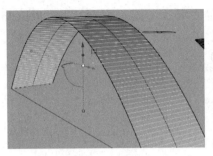
图 4.1-7 断面线

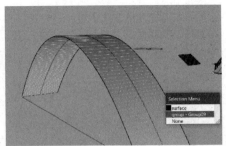
图 4.1-8 打组

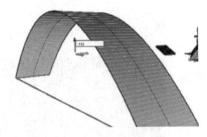
图 4.1-9 打组

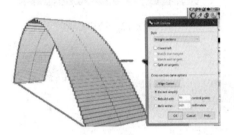
图 4.1-10 台阶面

以 _Contour 命令可巧妙地建立栏杆，与前文建立台阶之法相仿。对桥面栏杆所在基面执行 _Contour 命令，方向为桥身在地平面上的横向投影辅助线的一端至另一端，间距值设置为相邻栏杆的距离（图 4.1-11）。以 _SelLast 与 _Group 命令将生成的栏杆边线打组。将栏杆顶部母线以 _AddToGroup 命令加入。以 _Pipe 命令成管，以 _SelLast 与 _Group 命令打组，以 _Mirror 命令镜像，即可建得另一侧栏杆（图 4.1-12）。

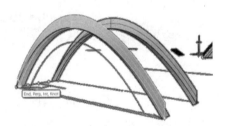
图 4.1-11 建立栏杆

图 4.1-12 建立另一侧栏杆

4.1.2 松饼结构

松饼结构（Waffle Structures）[1] 是一种用于复杂体量原型制作的切片结构形式。松饼结构常用于工业设计，亦可成为某些景观构筑物和异形建筑的结构形式。本节将采用 Rhino 手工建模方式讲述"松饼结构"切片的建模方法（图 4.1-13）。

---

① 又称为"立体几何体的立体切割"（Stereotomy of a Solid Geometry）。

首先，绘制平面（图 4.1-14）。建立构筑物的顶面（图 4.1-15）。以 _Rebuild 命令操作顶面，增加 U 方向和 V 方向的均分数，并以 _PointsOn 命令开启控制点，然后适当移动控制点位置，使之呈不规则下陷状（图 4.1-16）。

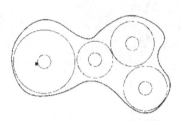

4.1-13　松饼结构　　　　　　　　　图 4.1-14　平面

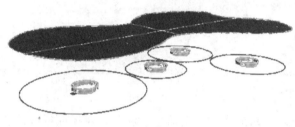

图 4.1-15　顶面　　　　　　　　　　　图 4.1-16　开启控制点

挤出底面上的小圆。以这些挤出得到的柱面 _Split（切分）顶面（图 4.1-17）。将底部小圆挤出为矮圆柱面（图 4.1-18）。以 _BlendSrf 命令的 G_1 连续（Tangency，正切连续）模式，衔接小圆柱面的顶部边线与顶面被切分后得到的洞口边线（图 4.1-19）。

图 4.1-17　柱面　　　　　　图 4.1-18　矮圆柱面　　　　　　图 4.1-19　衔接

绘制突起的顶。同样，使用 _BlendSrf 命令混接曲面（图 4.1-20）。以 _PointsOn 命令开启顶面控制点，适当制作隆起的造型（图 4.1-21）。

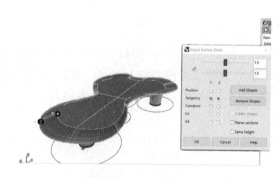

图 4.1-20　混接曲面

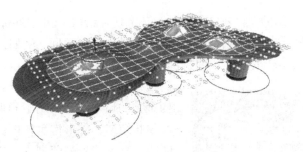

图 4.1-21　调整控制点

以 _PlanarSrf 命令封住矮圆柱面的底面（图 4.1-22）。将所有曲面以 _Join 命令接合在一起。确保得到的几何体是封闭曲面（Close Brep）（图 4.1-23），若不是需要进一步补面。键入 _Contour 命令，设定斜向方向和适当间距，作这个闭合体表面上的等距断面线（图 4.1-24）。将得到的断面线以 _Group 命令打组。同理，再次键入 _Contour 命令，以另一斜向方向和适当间距，作另一方向的等距断面线，成组（图 4.1-25）。

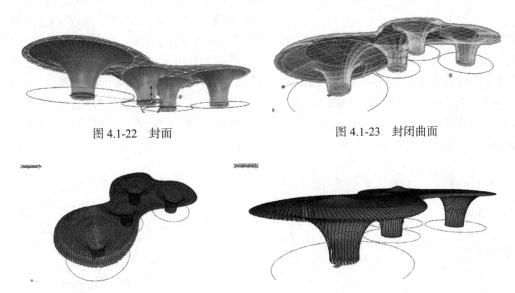

图 4.1-22　封面　　　　　　　　　　　　　图 4.1-23　封闭曲面

图 4.1-24　等距断面线　　　　　　　　　　图 4.1-25　打组

将两组不同朝向的等距断面线分别以 _PlanarSrf 命令封面，以 _OffsetSrf 命令挤出厚度，即可得到"松饼结构"的切片面（图 4.1-26）。效果如图 4.1-27 所示。

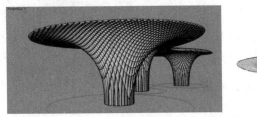

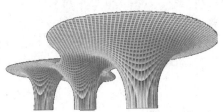

图 4.1-26　挤出厚度　　　　　　　　　　　图 4.1-27　效果图

4.1.3 环形切片结构

除了 4.1.2 节中介绍的"松饼结构"外，环形切片结构（Slice Structure by Rotation）是一种球状结构的切片形式，在现代和当代景观设计中较为常见。例如，珠海园（图 4.1-28）的设计采用了大海与珍珠的主题：曲折的"海岸线"、蚌壳铺成的白色沙滩、岛屿、蜿蜒

图 4.1-28　郑州第十一届中国园艺博览会"珠海园"（多义景观、北京林业大学设计）

的栈桥，串联起 6 个珍珠状景观构筑物。珍珠状构筑物的形态设计采用了异形片状格栅构成非线性球状结构，外形饱满，内部中空，边界是半透明的，视觉效果晶莹剔透。接下来，简要介绍其构建方式。

首先，作上下两圆，均以 _Rebuild 命令重建为 5 阶 8 点，如图 4.1-29（a）所示。过圆心作底面圆的半径，向上挤出。挤出距离与两圆所在平面的垂直距离相同，如图 4.1-29（b）所示。以 _CPlane_O 命令将挤出所得矩形面设为工作平面。以 _InterpCrv 命令此面上绘制构筑物内部座椅的内、外截面线。可使用 _InsertControlPoint 命令增加曲线的控制点。注意截面线的上、下端分别与上、下两圆相交。然后，恢复默认工作平面，如图 4.1-29（c）所示。同理，作出其他位置的截面线，如图 4.1-29（d）所示。将辅助线隐藏。将各处截面线分别以 _Join 和 _CloseCrv 命令接合、封闭，如图 4.1-29（e）所示。以上、下两圆为路径线，各条封闭的截面线为截面线，以 _Sweep2 命令扫掠成面，如图 4.1-29（f）所示。显示出步骤 1 中挤出的曲面，确保其覆盖整个截面，如图 4.1-29（g）所示。

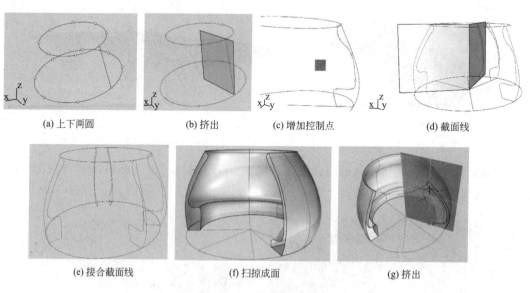

(a) 上下两圆　　　　　(b) 挤出　　　　　(c) 增加控制点　　　　　(d) 截面线

(e) 接合截面线　　　　　(f) 扫掠成面　　　　　(g) 挤出

图 4.1-29　基础绘制过程

以底面圆圆心为中心，以 _ArrayPolar 命令对该面片环形阵列。将所得面片以 _Group

命令归为一组。以 _Intersect 命令求出面片所在组与上一步骤中扫掠建立的曲面的交线。将得到的交线以 _Group 命令归为一组（图 4.1-30）。将面片所在的组、扫掠曲面隐藏。以 _Ungroup 命令解散交线所在的组。若部分交线不闭合，则使用 _Join 和 _ClsoeCrv 命令使其闭合（图 4.1-31）。以 _PlanarSrf 命令挤出这些面片。键入 _OffsetSrf 命令，分别沿各面片的法向量方向挤出其厚度，得到"切片"（图 4.1-32）。

图 4.1-30 环形阵列

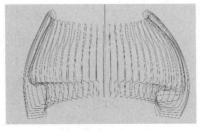
图 4.1-31 调线

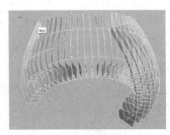
图 4.1-32 挤出面片

隐藏所得切片，恢复显示扫掠所得曲面。以"结构线"章节讲述的方法，提取曲面 U 方向相应位置处的结构线，并以 _Pipe 命令成管（图 4.1-33）。然后，隐藏扫掠所得曲面，显示"切片"。效果如图 4.1-34 所示。

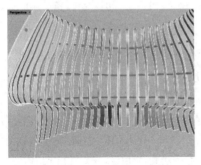

图 4.1-33 成管

图 4.1-34 效果

4.1.4 穹顶形态编织桁架

下面是一个较为复杂的景观构筑物案例。它具有穹顶形结构，通过内层弧形肋梁编织次梁实现，形成极具韵律的编织（图 4.1-35）。

分析该案例图片，可知最靠近地面的横向圆形断面线与桁架网格存在 3 个交点，而次靠近地面的横向断面线与桁架网格仅存在 1 个交点。将球体的等距断面线压平至 XOY 平面上后，即为一圈圈的横向圆形断面线，使之与纵向桁架构成相交关系。这样，便可逆向推导出建模逻辑（图 4.1-36）。绘制一个球体，以 2 个面片 _Split（切分）它，得到"穹顶"曲面。以 _Contour 命令提取"穹顶"的等距断面线（图 4.1-37）。

图 4.1-35 越南胡志明市钻石岛社区中心景观（武重义设计事务所设计）

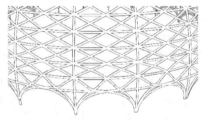

图 4.1-36　相交关系

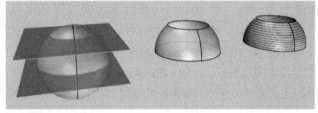

图 4.1-37　穹顶

将切割剩余的球体曲面归入一个图层，单独隐藏，备用。将提取出的等距断面线以 _SetPt 命令的"Set Z"子选项压平至 XOY 平面上，如图 4.1-38（a）所示。在 Top 视图中，通过 _ArrayPolar 命令绘制出圆周阵列线，数量为 20 条，阵列角度为 0°～360°。将所得阵列线归入一个单独图层，记为"图层 1"，如图 4.1-38（b）所示。键入 _TweenCurves 命令，点选任意处相邻 2 条阵列线。在命令栏中，将子选项"数量 ="（Number=）设为 1，求出其等分线，如图 4.1-38（c）所示。将所得等分线通过 _ArrayPolar 命令绘制出圆周阵列线，数量为 20 条，阵列角度为 0°～360°。将所得阵列线归入另一个单独图层，记为"图层 2"，如图 4.1-38（d）所示。

选中靠近底部的圆形断面线，以 _SubCrv Copy=Yes，提取出断面线被"图层 1"中相邻 2 条阵列线所夹的一段劣弧$\overparen{AB}$。将劣弧$\overparen{AB}$平移至$\overparen{A'B'}$，如图 4.1-38（e）所示。观察案例图片，可知靠近地面处的第一段劣弧$\overparen{AB}$上，纵向桁架与断面线存在 3 个交点。因此，先以 _Divide 命令求出劣弧$\overparen{A'B'}$的四等分点，并将等分点平移至劣弧$\overparen{AB}$上，作为确定纵向桁架通过点位的辅助点，如图 4.1-38（f）所示。

键入 _InterpCrv 命令，依次作图 4.1-38（g）所示连接，绘制第一条纵向桁架单元的基准线。依次分别点选下列点位："图层 1"中阵列线与外圆的交点、次外圆与自左向右第 3 个辅助点的交点、"图层 2"中阵列线与次次外圆的交点、"图层 1"中阵列线与次次次外圆的交点……以此类推。绘制第二条纵向桁架基准线。其起点与第一条基准线相同，但经由的点位需要向外偏移 1 个交点，如图 4.1-38（h）所示。对所得 2 条基准线，进行经过其起点所在的圆周阵列线的镜像变换。此时将所得的 4 条基准线归入一个独立图层，记作"图层 3"（图 4.1-39）。将 4 条基准线通过 _ArrayPolar 命令绘制出圆周阵列线，数量为 20 条，阵列角度为 0°～360°（图 4.1-40）。

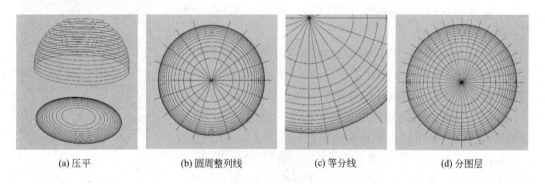

(a) 压平　　　　(b) 圆周整列线　　　　(c) 等分线　　　　(d) 分图层

图 4.1-38　主要建模过程（一）

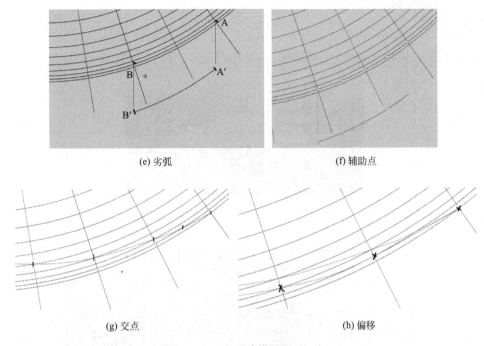

(e) 劣弧　　　　　　　　　　　　　　(f) 辅助点

(g) 交点　　　　　　　　　　　　　　(h) 偏移

图 4.1-38　主要建模过程（二）

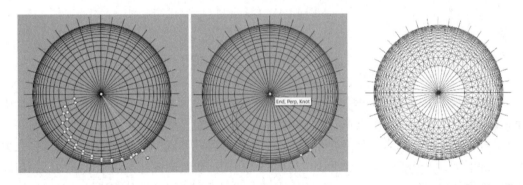

图 4.1-39　镜像变换　　　　　　　　　图 4.1-40　圆周阵列线

　　显示步骤 1 中所建得的"穹顶"，将其移动至"图层 1"～"图层 3"的正上方对应位置（图 4.1-41）。隐藏"图层 2"，以 _Project 命令将"图层 1""图层 3"中所有曲线投影至"穹顶"表面（图 4.1-42）。效果如图 4.1-43 所示。

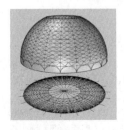
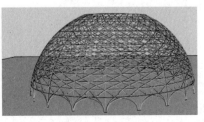
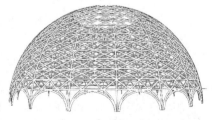

图 4.1-41　移动　　　　　　图 4.1-42　投影　　　　　　图 4.1-43　效果图

练习

试建立图 4.1-44 所示建筑的基本交叉梁桁架形态，桁架结构如图 4.1-45 所示。

图 4.1-44 罗马小体育宫[①]（Pier Luigi Nervi, Annibale Vitellozzi 设计）

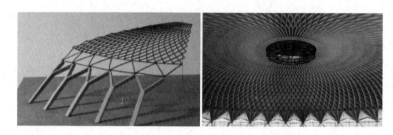

图 4.1-45 结构示意

4.2 阶梯硬质景观

硬质景观（Hardscape）即相对于植物软质景观而言的景观[②]。竖向设计是景观设计中的关键因素。几乎所有其他景观要素（植物、铺装、建筑、水体等），都与地形紧密联系，并在某种程度上依赖地形。对于坡地、台地、下沉地形等不同类型的硬质景观，常采取类型不同的下沉、上升的竖向设计手法。局部环境空间产生竖向变化，场地区域的形态布局和空间轮廓随之改变，进而，影响到依附于其上的因素。竖向地形的多样性甚至能对植物生境产生影响。

4.2.1 带复杂下沉阶梯的景观桥建模案例

下面以实例（图 4.2-1）阐述下沉型和上升型阶梯硬质景观的建模方法。

---

① 罗马小体育宫（Palazzetto Dello Sport of Rome）为 1960 年在罗马举行的奥林匹克运动会修建的练习馆，它是一个将建筑设计、结构设计和施工技术巧妙结合的建筑。小体育宫的外形比例匀称，分为小圆盖、"穹顶"、Y 形支撑、"腰带"等各部分，划分得宜。其"穹顶"由 1620 块用钢丝网水泥预制的菱形槽板拼装而成，板间布置钢筋现浇成"肋"，上面再浇一层混凝土，形成整体兼作防水层。桁架、拱肋交错形成精美的图案，如盛开的秋菊。球顶边缘的支点很小，Y 形斜撑上部又逐渐收细，颜色浅淡，使球顶好似悬浮在空中。其设计者奈尔维（Pier Luigi Nervi）因而名声大振，被称作"钢筋混凝土诗人"。

② 其概念由盖奇（Michael Gage）和凡登堡（Maritz Vandenberg）在《城市硬质景观设计》中首次提出。

图 4.2-1　英国索尔福德草甸桥（AZC. 设计）

步骤 1：

绘制平面。以 _Polygon_N=6 命令绘制六边形，并作出其几何中心点。将斜直线以六边形的几何中心点为中心 _ArrayPolar（环形阵列）3 份。作桥体一侧阶梯的边界线（图 4.2-2）。将阶梯边界线以六边形的几何中心点为中心，环形阵列 3 份。连接相应位置的边线，得到桥底平台边界线。作出地形等高线、道路边线（图 4.2-3）。

195

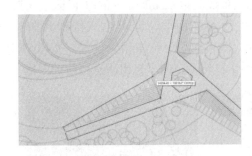

图 4.2-2　绘制边界线

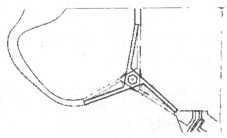

图 4.2-3　平面绘制

步骤 2：

将楼梯边界线靠近桥体中央下沉区域的一侧向下移动，便于构建两侧边坡上台阶的基准面。将桥面顶部走道区域以 _PlanarSrf 命令封面。以 _EdgeSrf（三边或四边成面）命令，分别将每处的斜下走向坡面、坡面和顶部走道的衔接坡面成面，得到 3 个向中央倾斜的坡面（图 4.2-4）。以 _EdgeSrf 命令将桥底的边坡封成四边面（图 4.2-5）。

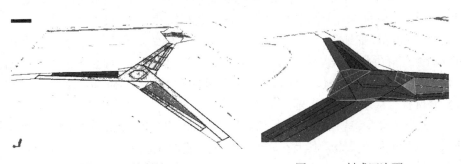

图 4.2-4　绘制坡面　　　　　　　　　图 4.2-5　封成四边面

步骤 3：

将斜下走向坡面、坡面和顶部走道的衔接坡面，以 _Join 命令接合为多重曲面。键入 _Contour 命令，以底部端点为起始点，沿着 Z 轴方向，按每级台阶高度为距离，提取其等距断面线（图 4.2-6）。将所得等距断面线移至他处。全选，按〈Alt〉+Gumball 的 Z 轴，将这些断面线向下复制一份，距离为每级台阶高度（图 4.2-7）。

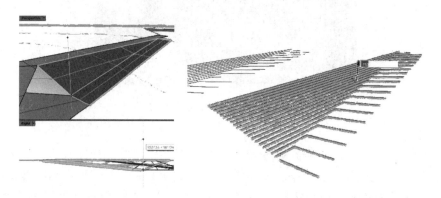

图 4.2-6　绘制等距断面　　　　　　　　图 4.2-7　复制一份台阶边线

删除处于最下方和最顶部位置的冗余断面线。以 _Loft 命令的平直区段（Straight Section）样式放样，依次自下向上选取这些等距断面线，即可生成楼梯台阶连续面（图 4.2-8）。将所得曲面以 _Group 命令打组。将其移动至桥体相应位置，并以 _EdgeSrf 命令补面（图 4.2-9）。对其他两处台阶同样操作。然后，向下挤出所有台阶的厚度。

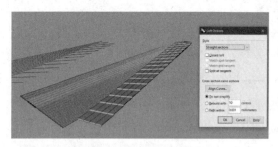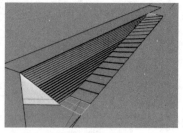

图 4.2-8　绘制台阶连续面　　　　　　　　　图 4.2-9　补面

步骤 4：

选中桥体顶面中央处六边形，以 _Project 命令向下投影至桥体底部平台处，并将投影所得六边形以 _Split 命令切分桥体底部曲面，建得树池（图 4.2-10）。键入 _Loft 命令，按等高线建立驳岸局部地形。按〈Ctrl〉+〈Shift〉，"超级选择"驳岸曲面上方边线，以 _PointOn 命令打开并调整其特征点标高（图 4.2-11）。提取相应位置的桥体立面侧边线和驳岸地形上部边线，复制一份至他处，切分、补线后，以 _Patch 命令嵌面。以 _PointOn 命令打开并调整局部地形控制点标高（图 4.2-12）。

以 _PlanarSrf 命令将场地北侧草坪所在区域封面。以 _Polyline 命令描出北侧桥体边界线，并以 _Project 命令投影至其上。以此投影线与已绘制的道路边线 _Split（切分）北侧草坪所在区域的平面。

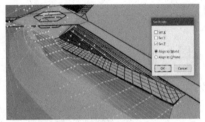

图 4.2-10　建立树池　　　　　　　　　　图 4.2-11　调整地形

步骤 5：

接下来，建立栏杆扶手。首先，以 _Polyline 命令描出栏杆位置的底边线（图4.2-13）。移动至他处，向上挤出，得到栏杆玻璃曲面（图 4.2-14）。

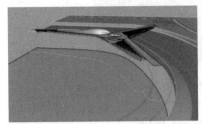

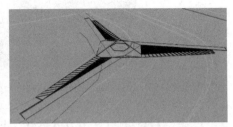

图 4.2-12　投影地形边线　　　　　　　图 4.2-13　描绘栏杆位置

在栏杆玻璃曲面的一端绘制首个圆柱体杆件。以 _ArrayCrv 命令，沿栏杆的底边，按指定距离阵列。然后，以 _SelLast 命令选取已建立的所有杆件，以 _Group 命令打组。键入 _AddToGroup 命令，将绘制的首个圆柱体杆件加入其他栏杆所在群组（图 4.2-15）。对其他几处栏杆执行同样操作（图 4.2-16）。将所有栏杆构件归入一组，移回原位。其他景观设施建模过程从略。效果如图 4.2-17 所示。

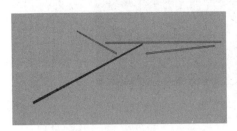

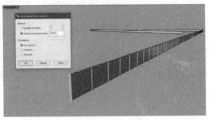

图 4.2-14　挤出　　　　　　　　　　　图 4.2-15　群组

图 4.2-16　打组　　　　　　　　　　　图 4.2-17　效果

练习

试建立图 4.2-18 所示的下沉阶梯硬质景观。

图 4.2-18　德国港口岛公园①中的下沉式露天广场（Peter Latz 设计）

4.2.2　带抬升阶梯高差的硬质景观建模案例

上一节中已介绍了带复杂下沉阶梯的硬质景观建模案例。接下来，将进一步介绍带抬升阶梯高差的硬质景观建模案例（图 4.2-19）。

图 4.2-19　挪威海滨浴场景观（Snøhetta 设计）

步骤 1：

绘制平面图。对于平面图中形态相似的曲线段，宜使用 _Orient_Copy=Yes, Scale=3d（三

---

① 20 世纪下半叶后工业化时代来临后，德国传统制造业开始衰落，出现了大批工业废弃地。拉茨（Peter Latz）是德国后工业景观设计的代表设计师，代表作为港口岛公园与杜伊斯堡公园，注重将景观的生态性和艺术性相结合。德国萨尔布吕肯市的港口岛公园（Burgpark Hafeninsel）位于萨尔河河畔，面积约 9hm²，是原煤炭运输港口遗存的棕地。设计中，拉茨反对以田园牧歌式的景观描绘自然，主张自然景观应为改善日常生活而设计，对新园林形式进行了大胆尝试。拉茨欣赏密斯建筑中"少即是多"的思想，利用格网，确定了公园的景观结构。为解决地表土壤受污染问题，利用水景设计对水体进行净化。园内的地表径流首先通过小渠汇入中心广场处的水塘中，继而，通过"水塔"对水体进行氧化处理，并流入沉淀塘、表面流湿地中进一步净化。景观建造中，采用大量碎石、瓦砾作为材料，并以红砖新建了部分构筑物，具有强识别性。

维缩放状态的基准对齐）命令绘制，使其阶数、控制点数一致，以便于确保后续步骤中所生成的曲面为最简面，如图 4.2-20（a）所示。此步骤绘制的曲线为各级阶梯高差中的台地边界。须注意，本例中每一阶高差的台地边界，皆呈"嵌套"关系，即其边界线两两不重合。以_Fillet 命令，对边界曲线以适合的半径值进行倒角，如图 4.2-20（b）所示。将相应曲线以_Join 命令接合，并分别以 _PlanarSrf 命令封为平面。以 Gumball 移至相应标高处，如图 4.2-20（c）所示。使用 _Loft 命令对相邻台地的边线进行放样，得到台阶的基准面，如图 4.2-20（d）所示。在相应位置以台地边界线切分（Split）台地的面片。对剩余的所得台地边线进行放样，如图 4.2-20（e）所示。将这些台阶的基准面作恒同变换，并移至他处。以放样所得面为基准，建立台阶，并移回原位，如图 4.2-20（f）所示。同样操作，建立除位于中心处的构筑物区域之外的各处台阶，如图 4.2-20（g）所示。将中心处构筑物的立面曲面以 _Cap 命令加盖，使之成为闭合实体（Closed brep）。以"分析"中的"边缘检测"命令，可检测物件是否为闭合实体。然后，绘制相应尺寸的长方体，以 _BooleanDifference 命令作差集运算，得到构筑物内部的空心形状，如图 4.2-20（h）所示。提取南侧的屋檐边界曲线，并挤出为玻璃幕墙面片，如图 4.2-20(i)所示。建立剩余曲面的上方部分的阶梯形立面肌理，如图 4.2-20(j)所示。以"超级选择"提取中心处左侧的上下边界线，如图 4.2-20(k)所示。补绘截面线，以 _Sweep2 命令扫掠，得到中心处台阶的基准面，如图 4.2-20（l）所示。

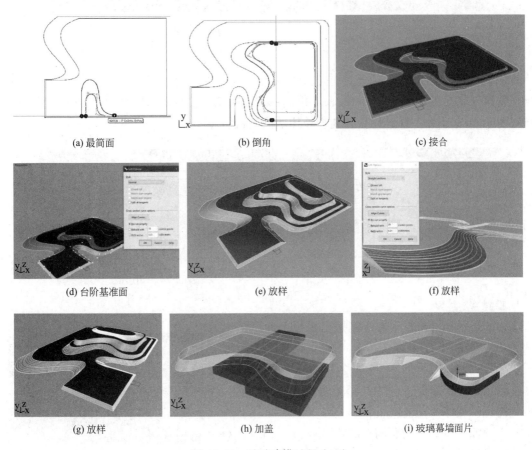

(a) 最简面　　　　　　　　　(b) 倒角　　　　　　　　　(c) 接合

(d) 台阶基准面　　　　　　　(e) 放样　　　　　　　　　(f) 放样

(g) 放样　　　　　　　　　　(h) 加盖　　　　　　　　　(i) 玻璃幕墙面片

图 4.2-20　基础建模过程（一）

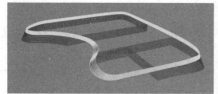
(j)阶梯形立面肌理

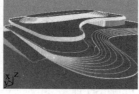
(k) 提取边界线

(l) 台阶基准面

图 4.2-20　基础建模过程（二）

步骤 2：

建立台阶，如图 4.2-21 所示。炸开中心区域的封闭实体，将台阶、立面肌理、玻璃幕墙等构件拼接组合（图 4.2-22）。

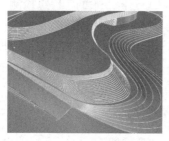

图 4.2-21　台阶

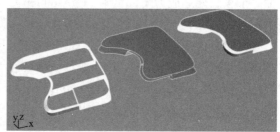

图 4.2-22　拼接组合

步骤 3：

绘制残障坡道的平面边线，并选中其顶端的 2 个控制点，以 _SetPt 命令设定其 Z 方向的标高（图 4.2-23）。以 _SrfPt 命令绘制四边面（图 4.2-24）。同理，以 _Loft 命令的直线（Straight section）样式扫掠，建得坡道侧面处台阶（图 4.2-25）。

图 4.2-23　坡道

图 4.2-24　四边面

步骤 4：

以 _Slab_BothSide（向两侧挤出厚板）命令挤出西南部建筑的平面边线，得到墙体。此时所得墙体仍然存在彼此共面的冗余面。因此，进一步使用 _MergeAllFaces 命令，合并共面的面，消除"假棱"，得到简化的墙体（图 4.2-26）。

以 _WireCut 命令切割南立面处墙体。以 _CPlane_O 命令将墙体立面设为工作平面，并作经过窗洞的圆心

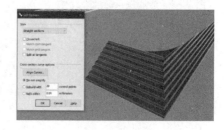

图 4.2-25　台阶

的直线段，以 _Divide 命令求其六等分点，绘制圆窗的立面边线。将圆窗的立面边线挤出，并以 _Cap 命令加盖，使之成为封闭实体。以 _BooleanDifference 命令作差集运算，得到窗洞。然后，恢复默认工作平面（图 4.2-27）。

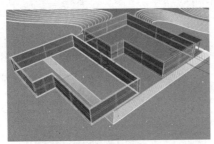
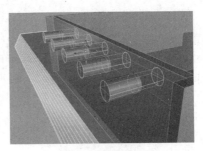

图 4.2-26　墙体　　　　　图 4.2-27　窗洞

　　绘制并挤出栏杆边界线，并根据相连栏杆间距，求出其底边线的等分点。以 _ExtractIsoCurve 命令求出相应位置的 U、V 两方向的结构线，作为栏杆的母线（图 4.2-28）。将栏杆的母线归为一组，建立为圆头管（图 4.2-29）。绘制建筑侧面钢楼梯的基准面，并以 _Contour 命令提取其 Z 轴方向的等距断面线，向右侧挤出宽度，向上方挤出厚度（图 4.2-30）。

　　步骤 5：

　　切换至适合的侧视图，以 _Polyline、_Fillet、_Join、

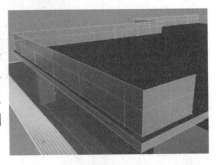

图 4.2-28　栏杆

_ExtrudeSrf 等命令绘制并挤出跳水台的基本体块（图 4.2-31）。倒直角（_ChamferEdge）和倒圆角（_FilletEdge）是切削物件的棱角，使原本物件的棱变为衔接的直面或曲面的操作。除了避免物件过于锋利割伤使用者外，倒角在硬质景观设计中，亦可美化观感（图 4.2-32、图 4.2-33）。

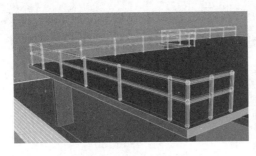
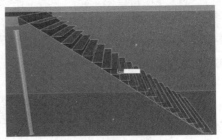

图 4.2-29　圆头管　　　　　图 4.2-30　楼梯

　　键入 _FilletEdge（边缘倒圆角）命令，为支撑构件创建圆滑的倒角。首先，点选"下一处倒角半径"子选项，设定适当的倒角半径值。然后，依次选择需进行倒角的棱，按空格键确认。不同边缘处倒角半径值可设置为不同值。需注意，倒角半径的最大值必须小于倒角时所选择的棱所在面中的最窄面的尺寸（图 4.2-34）。采用子菜单的"预览"选项，观察、调整倒角效果（图 4.2-35）。

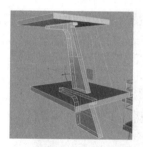
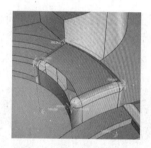
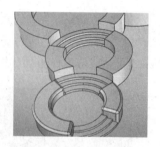

图 4.2-31 基本体块　　　4.2-32 对物件多个边缘处进　　图 4.2-33 未倒角和倒圆角
　　　　　　　　　　　　　　　行倒圆角　　　　　　　　　　　的物件对比

图 4.2-34 倒角　　　　　　　　　　　图 4.2-35 调整效果

　　绘制跳水平台与台阶衔接处的开口边线，以 _WireCut 命令切割出开口（图 4.2-36）。绘制跳水台的台阶基准面，建立台阶（图 4.2-37）。以前文所述方法，分别建立其他区域的栏杆（图 4.2-38）。最后，建立该构筑物的细部杆件（图 4.2-39），效果如图 4.2-40 所示。

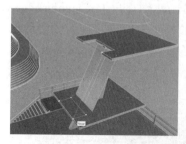
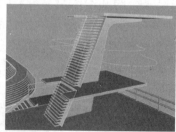

图 4.2-36 绘制开口边线　　　　图 4.2-37 建立台阶　　　　　图 4.2-38 建立栏杆

图 4.2-39 细部杆件　　　　　　　图 4.2-40 效果

练习

试建立图 4.2-41 所示运用 "坡道结合台阶（Ramps Blend Stairs）" 设计手法的硬质景观。

图 4.2-41　德国 Brief 办公总部中心景观（Kadawittfeldarchitektur）

4.3　不等量移动与 UDT

4.3.1　微地形干扰

自古至今，雕塑语言和景观地形有着密切关系[①]。野口勇、考尔德等现代艺术家创作了许多 "微地形干扰" 景观，采用 "微地形" 作为 "雕塑语言" 的表达手段，设计了许多新奇的城市景观，如图 4.3-1 所示。_SoftMove（不等量移动）命令是 Rhino 中生成不规则微地形的重要手段。本例中将着重介绍该功能。

步骤 1：

使用 _Plane 命令绘制一个平直面，类型为 "可塑的"（Deformable）（图 4.3-2）。U、V 方向阶数均为 3 阶，U、V 方向点数均为 20 个（图 4.3-3）。得到如图 4.3-4 所示的可塑平直面。在 TOP 视图中绘制出微地形隆起区域的干扰曲线，并将这些曲线的 Z 坐标值提高，归入 "Crv" 图层（图 4.3-5）。

图 4.3-1　趣味微地形（野口勇设计）

```
Command: _Delete
Command: Plane
First corner of plane ( 3Point Vertical Center AroundCurve Deformable ):
CPlane    x -3345.00    y -1901.00    z 0.00    Millimeters    ■ Default
```

图 4.3-2　绘制平直面

---

① 现代和当代景观设计中，无论在城市或是乡村，为了能和大尺度建筑、无边际旷野相衬，雕塑语言不再局限于局部景观小品，其尺度不可避免地被扩大。直至人能进入的尺度，雕塑语言便与地形设计相融合，雕塑和地形间的界限已非常模糊了。在自然环境中，运用岩石、土壤、草地、水等要素创作具有 "雕塑感" 的微地形，可创造和谐统一的表现效果。

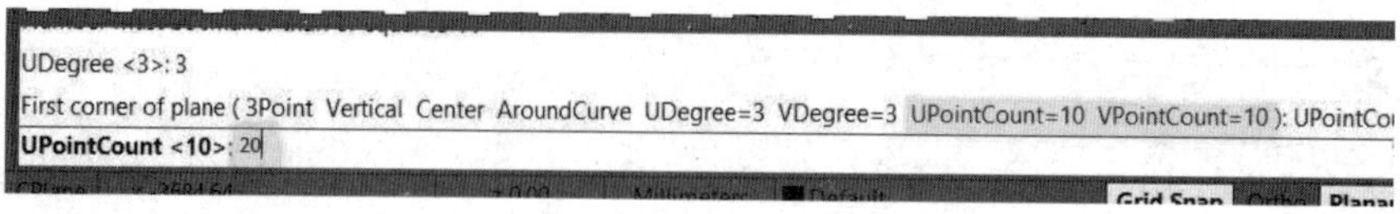

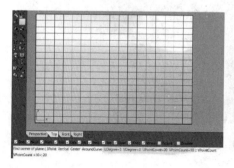

图 4.3-3　点数设置

图 4.3-4　可塑平直面

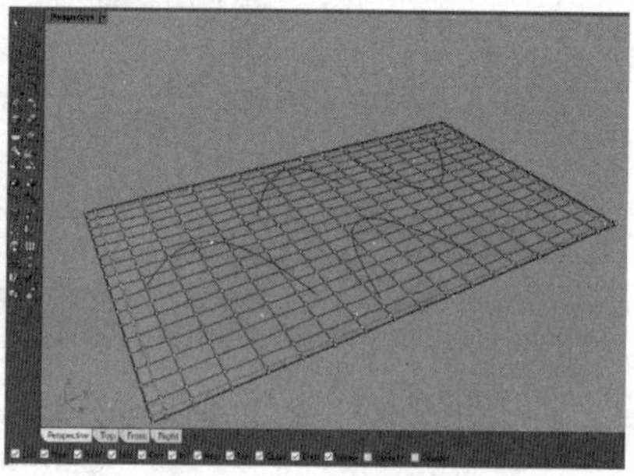

图 4.3-5　绘制干扰曲线

204

步骤 2：

将"Crv"图层隐藏。选中步骤 1 中的平面，键入 _PointsOn 命令开启其控制点。全选这些物件对象，然后按住〈Ctrl〉+〈鼠标左键〉，减选此面，只选中面的控制点（图 4.3-6）。恢复显示"Crv"图层，键入 _SoftMove（不等量移动）命令。选择这个平面，按回车键（图 4.3-7）。在命令栏的"Points move from"选项中选择"曲线"（Cruves）。然后选择这些曲线，按回车键（图 4.3-8）。

图 4.3-6　控制点

图 4.3-7　柔性移动

图 4.3-8　选择曲线

步骤 3：

先在平面上的任意处点击鼠标左键，看到出现了一个圆形辅助线，然后将视图移至物件侧面，确定 Z 轴方向的拉伸变形高度，按回车键确定（图 4.3-9）。

图 4.3-9　拉伸变形

步骤 4：

使用 _DupFaceBorder 命令提取这个得到的地形曲面的轮廓线，将轮廓线复制一份。使用 _SetPt 命令，仅勾选"设置 Z 坐标"（Set Z）、"与世界坐标对齐"（Align to World）选项，使其轮廓线的曲面 Z 坐标归零（图 4.3-10）。依据微地形的地势，用 2 阶的"内插点曲线"画出微地形草坡上道路的边缘线，以 _Rebuild 命令重建为 2 阶 6 点曲线，归入"Road"图层。使用 _Offset 命令偏移道路曲线（图 4.3-11）。

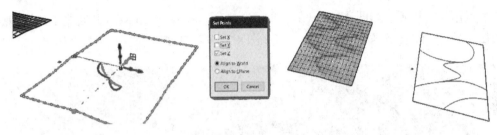

图 4.3-10 复制轮廓线   图 4.3-11 偏移道路

以 _Trim 命令修剪道路岔口线条交叉部分，再补全道路的断面线，得到闭合的道路外轮廓线，以 _Join 命令接合（图 4.3-12）。以 _Join 命令接合后，形成的曲线必定是闭曲线（Closed Curve），若有间断，则将会影响后续操作。绘制曲线时，需要保持当前工作平面为默认工作平面（如果不是，执行 _CPlane_W_T 命令），且底部状态栏的"Planar"（平面模式）一直开启，否则绘制的道路可能不位于同一水平面（图 4.3-12）。

步骤 5：

使用 _Move 命令将线框和道路线一起移动到对齐这个微地形平面的位置（图 4.3-13）。键入 _Project（求投影）命令，先选择需要投影在曲面上的物体（道路边线），按回车键；再选择曲面，按回车键，即可将道路轮廓线投影到微地形上（图 4.3-14）。

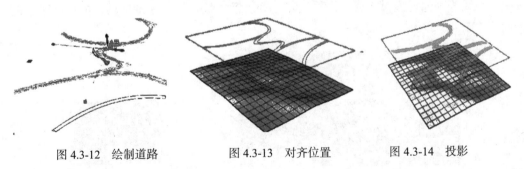

图 4.3-12 绘制道路   图 4.3-13 对齐位置   图 4.3-14 投影

键入 _Split 命令，用投影到曲面上的道路实际边线切割微地形曲面（图 4.3-15）。此时，可得到相互分离的道路曲面和草坡曲面。使用 _ChangeLayer 命令将其分别归为"Lawn"和"Road"两个不同图层，并赋予图层以相应材质（图 4.3-16）。效果如图 4.3-17所示。

4.3.2 不等量移动结构

接下来，介绍以点进行的、针对面片的较复杂的不等量移动干扰。绘制若干三维空

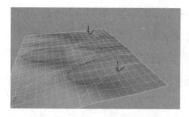

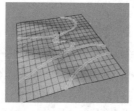

图 4.3-15　切割微地形曲面　　　　图 4.3-16　赋予材质　　　　　图 4.3-17　效果图

间中的点作为干扰源，如图 4.3-18（a）和（b）所示。使用 _PointsOn 开启曲面的控制点，并按住〈Alt〉键，全选面上的控制点[1]，如图 4.3-18（c）所示。

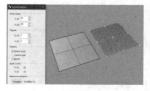

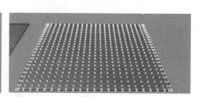

(a) 不等量移动干扰　　　　　　　(b) 绘制干扰点　　　　　　　　　(c) 选择控制点

图 4.3-18　不等量移动结构绘制过程

键入 _SoftMove 命令，选择子选项中的"Point object"（点物件），选中作为干扰源的点。向上拖动适当距离，即可完成不等量移动[2]（图 4.3-19）。

在此基础上，介绍以点进行的、针对面片的较复杂的不等量移动干扰。"像素山"[3] 形态常用于解构主义的景观设计、建筑设计中。以点作为干扰源，采用不等距移动方法，以经阵列的面片作为干扰对象，是形成"像素山"形态的基本建模方法。首先，作单位正方形，阵列，使之呈网格状。以 _PlanarSrf 命令封面。打开"选择过滤器"（Seelction Filter），在"曲面"（Surfaces）处点击鼠标右键，此时，在 Rhino 中便仅能选中曲面对象，而无法选中点、线等其他类型对象[4]。此时，按〈Alt〉键，按住鼠标左键拖动，框选出这些正方形面片（图 4.3-20）。

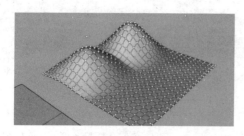

图 4.3-19　不等量移动　　　　　　　图 4.3-20　选择

---

① 注意不要选中曲面本身。

② _SoftMove 不是形变命令，无法改变物件本身的形态（如厚度、形状等），仅能改变物件位置。

③ 像素（Pixel）是组成图像的小方格，带有其明确的位置和被分配的颜色数值。这些小方格的位置、颜色决定了图像的面貌；在"像素山"形态中，像素被视为整个图像中不可分割的单位，而单元本身不发生形变，变量仅是单元所在位置等属性。

④ 可再次在"曲面"（Surfaces）处点击鼠标右键全选所有类型的物件复原。

继而，键入 _SoftMove 命令，选择"点物件"子选项，按上文所述方法，以指定的空间中的点干扰这些面片，如图 4.3-21（a）所示，即可得到不规则起伏的面片，如图 4.3-21（b）所示。以 Gumball 挤出之，并可适当以 _Split 命令切除曲面的冗余部分，打组，即得到"像素山"，如图 4.3-21（c）所示。

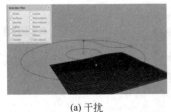  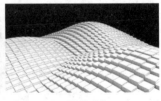

(a) 干扰　　　　　　　　　(b)不规则面片　　　　　　　　(c)模型

图 4.3-21　像素山

4.3.3　UDT 工具

通用变形工具（Universal Deformation Tools, UDT）是一个 Rhino 中构建许多较为复杂的有机形态的常用工具集。UDT 工具集中有 _Twist（扭曲变形）、_Bend（弯曲变形）、_Taper（锥状化变形）、_CageEdit（变形控制器）等命令。使用 _Twist 命令，可如"扭麻花"般地对物件进行形变操作，操作时，依次点选物件、旋转轴的起点与终点，输入旋转角度。_CageEdit 命令则是常用于建筑、景观建模的命令。

[例] 绘制纽约哈德逊广场巨型构筑物（图 4.3-22）。

首先，在 Top 视图绘制一个标准圆，以 _Rebuild 命令重建，由于每一层的外轮廓线实际上都是由二十边形构成，故控制点数为 20，阶数为 1（图 4.3-23）。键入 _PointsOn

图 4.3-22　纽约哈德逊广场地标巨型构筑物 "Vessel"（Thomas Heatherwick 设计）

命令开启这个二十边形的控制点，观察构筑物的挑台位置，可发现控制点排布的规律。选择相邻 2 个控制点，不选择接下来的 2 个点，继而再选择相邻的 2 个点，以此类推。利用 Gumball 的蓝轴改变选中的控制点的高度（图 4.3-24）。

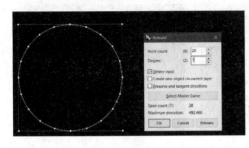 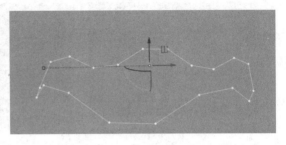

图 4.3-23　标准圆　　　　　　　　　　　图 4.3-24　改变控制点高度

切换视图至 Front 视图，执行 _Mirror 命令，选择二十边形的任意对角线，即可得到沿 XOY 方向与其对称的图形（图 4.3-25）。执行 _ArrayCrv 命令，先选择两个十二边形，再选择经过两个十二边形在 Y 轴方向上对应的 2 个端点，输入阵列数量，得到图 4.3-26 所示的多边形曲线族。对于该曲线族，隔一根曲线选择一根曲线（这些曲线完全平行），用 _ChangeLayer 命令归为"OUT"图层。观察案例图片（图 4.3-22）可知，这些曲线所在平面区域的平台皆是向外挑出的。隐藏"OUT"图层，选择余下的曲线族，归为"IN"图层（图 4.3-27）。

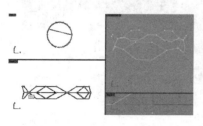 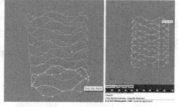 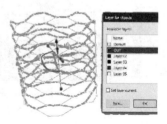

图 4.3-25　对称图形　　　　图 4.3-26　多边形曲线族　　　　图 4.3-27　图层归类

　　选择"OUT"图层的所有线，用 _ExtrudeCrv 命令拉线成面（图 4.3-28）。执行 _OffsetSrf（偏移曲面）命令，设定 Distance（偏移距离），Solid（实体）选择"是"，点击 FlipAll（翻转所有），使这些曲面的法向量箭头朝外（图 4.3-29）。继而，隐藏"OUT"图层，仅显示"IN"图层，再次执行 _OffsetSrf（偏移曲面）命令，调整 Distance（偏移距离），Solid（实体）选择"是"，点击 FlipAll（翻转所有），使这些曲面的法向量箭头朝内（图 4.3-30）。以 _Scale1d 命令，适当沿 Z 轴方向调整构筑物的高度。此时，得到如图 4.3-31 所示模型。执行 _CageEdit（变形控制器）命令（图 4.3-32）。

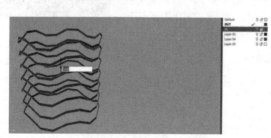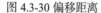 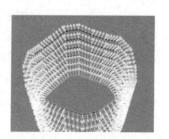

图 4.3-28　拉线成面　　　　　　　　　图 4.3-29　偏移曲面

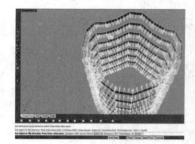 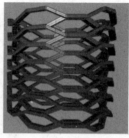 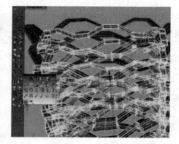

图 4.3-30 偏移距离　　　图 4.3-31　初步原体量模型　　　图 4.3-32　笼中变形

　　命令栏子选项设置为"长方体—外接长方体（俗称'包围盒'）"（Box-Bounding Box）。然后选择所有物件，按回车键。命令栏弹出"坐标系"平面选项，选择"World"

208

（世界坐标系），接着，选择"笼"（Cage）的 X、Y、Z 坐标的 PointCourt 参数。本案例中，设定 X=4, Y=4, Z=4（图 4.3-33）。

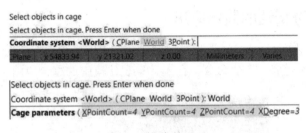

图 4.3-33 参数设置

此时，在物件周围"嵌套"了一个具有 4×4×4 控制点的变形"笼"（图 4.3-34）。观察案例图片，可知构筑物的立面呈杯状，下小上大，截面为自下往上不断增大的同心圆组。首先，将视图视角调整到侧面位置（图 4.3-35），以方便框选控制点。选择在 XOY 平面上最底部 16 个控制点，按住〈Shift〉键的同时，向内侧拖动 Gumball 的绿色方块，可观察到底面的截面变小。同理，选择位于第二梯级标高的 16 个点，同样地进行等比缩放形变。第三个梯级标高、第四个梯级标高（顶部）的控制点同样调整。

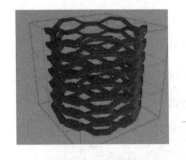

图 4.3-34 变形"笼"

图 4.3-35 侧视图

观察案例图片（图 4.3-22），可知构筑物的立面自上到下每层的层高在等比数列式递减的一个数列上取值。先选择自上到下第三个梯级标高的 16 个点，用 Gumball 的纵轴向下拖拽。然后，选择自上到下第二个梯级标高的 16 个点，用 Gumball 略微向下拖拽。第二次调整时，向下拖拽距离小于第一次，否则，楼层高度便不能呈非线性递减变化（图 4.3-36）。扶手细部建模采用 _DupFaceBorder、_ExtrudeSrf 等命令即可。

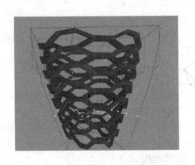

图 4.3-36 调整后的模型

4.4 形面分析法与微地形

4.4.1 形面分析法的简单应用

前文已介绍了形面分析法。接下来，以带复杂坡道的景观地形建模为例[①]，介绍形面分析法，以及相关曲面生成、形变命令，在园林景观建模中的综合应用（图 4.4-1）。

图 4.4-1　Tongva 公园（James Corner 设计）

绘制平面图，以 _PlanarSrf 命令封面。键入 _Split 命令，以曲线切割面（图 4.4-2）。将位于最高位置的坡顶道路、楼梯的休息平台移动至相应标高处（图 4.4-3）。

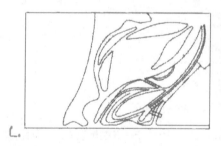

图 4.4-2 绘制平面

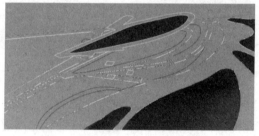

图 4.4-3 移动至相应位置

建立盘绕而上走势的坡道。将坡道平面边线作恒同变换，移至他处。作坡道平面线两端点间的连线。将该连线复制一份，将其一段的控制点向上移动至坡道顶端标高处。以 _Rebuild 命令重建这根曲线，增加并调整其控制点，作出坡道在侧视图中的边线，如图 4.4-4（a）所示。键入 _Flow（流动）命令。具体操作点选顺序如下：首先，点选待流动的坡道线（图 4.4-4 b 中 1 线），按回车键。再点选坡道平面线两端点间的连

---

① 本例是 2018 ASLA（美国风景园林师协会奖）获奖项目。詹姆斯·科纳在设计过程中，拟定了项目关键概念为"湾"（Bay），得到了多种"湾"形态的设计方案，分别取形自"水流"（Wash）、"沟壑"（Ravine）等，从自然界地理形态切入，得到富有创意的微地形设计。这些"同构异形"的方案，都试图使微地形的形态保持统一。微地形和坡道作为"媒介"，统筹了视觉要素，并服务于场地的系统设计。最终采用的设计方案（本例）的微地形形式与概念亦保持一致。通过地形堆叠强化"视觉通廊"，提升空间趣味。在深化过程中，"湾"的概念也贯穿了功能空间，而呈曲线的流线设计与游人的行走路径亦保持一致，从而突出景观设计的整体性。

线，作为基准线（图 4.4-4 b 中 2 线）。最后，点选坡道在侧视图中的边线（图 4.4-4b 中 3 线），即得到了坡道边缘的空间曲线，如图 4.4-4（c）所示。以两条线段分别连接坡道边缘空间曲线的端头。以 _Sweep2 命令扫掠，得到盘绕而上的坡道曲面，如图 4.4-4（d）所示。

按〈Ctrl〉+〈Shift〉键，"超级选择"地形缓坡的边界曲线，以 _Patch 命令嵌面，如图 4.4-4（e）所示。同理，建立其他位置盘绕而上的坡道，如图 4.4-4（f）所示。将种植槽边界线向上移动至相应标高，以 _Slab 命令挤出为具有厚度的体。以 _PtSrf 命令依次点选楼梯休息平台的端点，连接形成四边面，得到待生成台阶的基准面，如图 4.4-4（g）所示。以〈Ctrl〉+〈Shift〉键"超级选择"靠近坡顶处的地形缓坡边界曲线，如图 4.4-4（h）所示。以 _Patch 命令嵌面。若出现冗余地形曲面，则将上方边界线进行特征挤出，以挤出所得面片切分（_Split）地形曲面，删除冗余部分，如图 4.4-4（i）所示。

与建立坡道的方法同理，以 _Flow 命令对挡土墙的平面线进行操作，得到其边界处的空间曲线，如图 4.4-4（j）所示。将挡土墙的上下边缘线以 _Join 命令焊接，并以 _Loft 命令成面，以 _OffsetSrf 命令挤出厚度，如图 4.4-4（k）所示。补全并"超级选择"相应位置的坡地地形局部边线，并以 _Patch 命令嵌面，如图 4.4-4（1）所示。对于坡地靠前部分，进行类似操作。

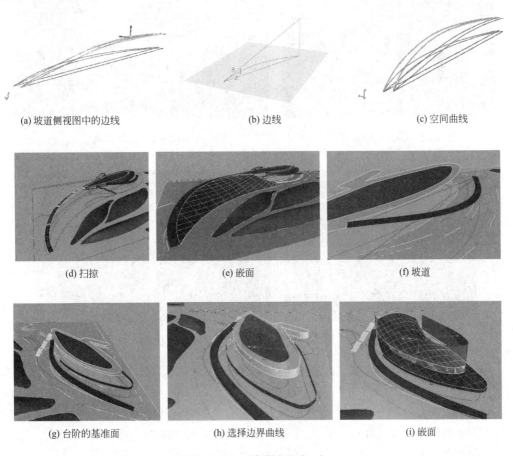

(a) 坡道侧视图中的边线   (b) 边线   (c) 空间曲线

(d) 扫掠   (e) 嵌面   (f) 坡道

(g) 台阶的基准面   (h) 选择边界曲线   (i) 嵌面

图 4.4-4　一系列过程（一）

(j) 空间曲线

(k) 偏移厚度

(l) 嵌面

图 4.4-4　一系列过程（二）

　　以 _Slab 命令偏移出路缘石的厚度（图 4.4-5）。补全并"超级选择"相应位置的坡地地形上、下边线，以 _Loft 命令生成陡坡挡墙（图 4.4-6）。建立覆土式卫生间入口处景墙。挤出景墙平面边线为面片，使之与缓坡地形相交（图 4.4-7）。键入 _Split 命令，将地形缓坡曲面、面片曲面相互进行特征分割（图 4.4-8）。以 _CPlane_W_T 命令切换当前工作平面至默认工作平面。键入 _Contour 命令，点选该曲面，再点选该曲面底部的两侧端点，以 U 方向（横向）提取出景墙墙体的等距断面线（图 4.4-9）。

图 4.4-5　偏移路缘石厚度

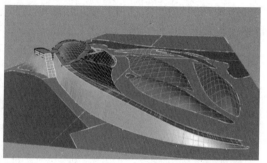

图 4.4-6　陡坡挡墙

图 4.4-7　景墙

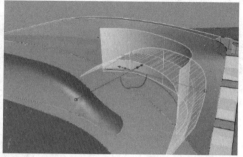

图 4.4-8　分割

　　以 _SelLast 和 _Group 命令，将所得等距断面线打组。然后，以 _Pipe 命令生成格栅管体，以 _Group 命令打组。以 _Box_P 命令按三点绘制一个长方体（图 4.4-10）。以 _BooleanDifference（布尔差集）命令从长方体减去格栅管体与墙体曲面，即可得到景墙的开口（图 4.4-11）。以 _ExtrudeCrv 命令向上挤出所有栏杆边线的高度（图 4.4-12）。继而，建立台阶（图 4.4-13）。效果如图 4.4-14 所示。

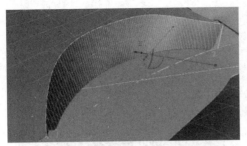

图 4.4-9 提取等距断面线

图 4.4-10 格栅管体

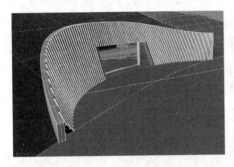

图 4.4-11 景墙开口

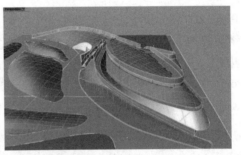

图 4.4-12 挤出栏杆高度

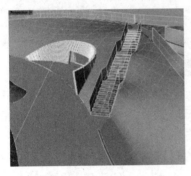

图 4.4-13 台阶

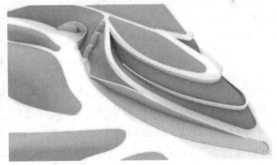

图 4.4-14 效果

4.4.2 放坡、倒角与景观微地形

20 世纪 50～60 年代，大城市中高层建筑数量猛增，对城市环境造成了破坏，使大城市中的绿地变得稀有。在此背景下，设计家泽恩（Robert Zion）提出了"口袋公园"（Vest Pocket Park）的概念，即见缝插针的小型城市绿地景观。这类"口袋公园"多为都市办公区工作环境而筹建的公共开放空间。由泽恩设计的佩雷公园（Paley Park）被公认为是首个"口袋公园"[1]（图 4.4-15）。下面以一个当代景观设计中的"口袋公园"案例为例，介绍放坡、倒角等功能和形面分析法等建模方法，在景观微地形建模中的应用（图 4.4-16）。

---

[1] 泽恩本人称这个小公园为"有墙、地板和顶棚的房间"，即"麻雀虽小，五脏俱全"。该设计也被誉为"20 世纪最具人情味的景观"。

图 4.4-15　纽约 53 号街 CBS 公司大楼佩雷公园（Robert Zion 设计）

图 4.4-16　日本长崎 Memorial Garden 口袋公园（Haruko Seki 设计）

首先，以 _Spiral_F 命令绘制平面上的阿基米德螺旋线，如图 4.4-17（a）所示。绘制微坡地边界线，以 _Split 命令切去冗余部分，如图 4.4-17（b）所示。以内插点曲线绘制道路边线，并以 _Offset 命令偏移，以 _FitCurve 命令简化曲线，如图 4.4-17（c）所示。以 _PointsOn 命令打开中心微坡地顶端边线的控制点，并适当调节其 Z 轴坐标轴方向上的走势，如图 4.4-17（d）所示。

(a) 阿基米德螺旋线

(b) 绘制微坡地边界线

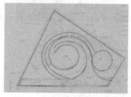
(c) 绘制道路边线

(d) 调节走势

图 4.4-17　螺旋形的构造

作如图 4.4-18 所示的辅助线，对于 XOY 平面上的原坡道边线，连接其端点 AB，并作 BC ⊥ AB，且 |BC| 值为该坡道的总高，并连接 AC。继而，以 _Flow 命令进行曲线流动（Flow Along Curves）建立坡道[①]。首先，点选原坡道边线作为待流动物件。然后，点选 AB 作为基准物件，点选 AC 作为目标物件（图 4.4-18）。完成曲线流动后，即得到真正的坡道边线，实为一条空间曲线（图 4.4-19）。对于另一处坡道边线，以相同方式进行曲面流动。首先，点选原坡道边线作为待流动物件。然后，点选 AB 作为基准物件，点选 AC 作为目标物件（图 4.4-20）。这样，便得到了另一条真正的坡道边线。对这两条边线进行放样或扫掠，即可得到盘旋向上的道路（图 4.4-21）。

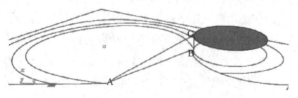
图 4.4-18　流动物件

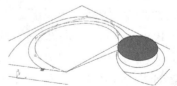
图 4.4-19　坡道边线

① 　由于该坡道均匀上升，故其侧面形态应为斜直线，难以用直接调控曲线控制点的方式构建。

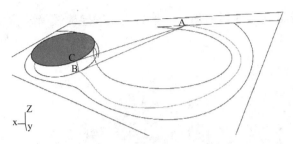

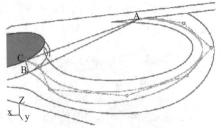

图 4.4-20　曲面流动　　　　　　　　图 4.4-21　坡道边线

对于中心位置的微坡地，先以 _Join 和 _Split 命令得到其两侧边线，然后，补画若干
条截面线，使截面线分别与上、下两侧边线垂直（图 4.4-22）。以上、下两侧边线作为路
径线，以补画的若干条线段作为截面线，用 _Sweep2 命令扫掠成面（图 4.4-23）。对另一
朝向的微坡地进行相同操作。将所得两处坡面以 _Join 命令组合（图 4.4-24）。接下来，
使用圆管倒角法（Fillet Edges by Pipes），对两坡道交界处进行不等距的曲面间倒角。以
_DupEdge 命令提取坡面的交线。以该交线为轨，以 _Pipe 命令生成管道。其中，靠近内
侧的管道半径值较小，靠近外侧的管道半径值较大（图 4.4-25）。于是，生成了两侧截面
尺寸不相同的渐变半径圆管（图 4.4-26）。

215

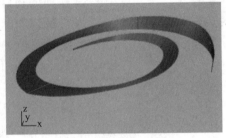

图 4.4-22　作截面线　　　　　　　　图 4.4-23　扫掠成面

图 4.4-24　组合　　　　　图 4.4-25　圆管倒角　　　　图 4.4-26　渐变半径圆管

键入 _Split 命令，以该圆管裁切微坡地曲面，
并将裁切所得冗余部分删去（图 4.4-27）。键入
_BlendSrf 命令，以正切连续状态混接两个坡面在
其毗邻处的边缘，即完成了不等距的曲面间倒角
（图 4.4-28）。最后，建立外沿处微地形曲面。以
_Isolate 命令单独隔离显示生成外沿处微地形曲面
的边线。如有必要，补画边线，使曲线首尾相连。

图 4.4-27　裁切微坡地曲面

以 _Patch 命令对边线嵌面，即可得到外沿处微地形曲面。其他景观元素建模较简单，故略去其建模过程。效果如图 4.4-29 所示。

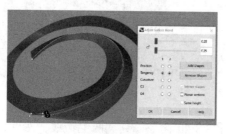

图 4.4-28　曲面间倒角　　　　　　　　图 4.4-29　效果图

4.5　等距变换法与微地形

4.5.1　滑板场地微地形案例

图 4.5-1　丹麦莱姆维港多功能公园
（Sinus Lynge 设计）

数学中，平面到自身的一一对应，被称为平面内的变换（Transformation）。发生变换前的物件被称为原像（Preimage），发生变换后的物件被称为像（Image）。许多几何变换，包括恒同变换、平移变换、旋转变换等，属于平面等距变换（Isometric Transformation）。其中，将物件复制、粘贴至原位的操作，被称为"恒同变换"。将不同变换按先后次序复合，称为复合变换（Composite Transformation）。下面以实际案例介绍平面等距变换在微地形建模中的应用（图 4.5-1）。

步骤 1：

绘制平面图。以 _Fillet 命令，键入适当半径值，倒角。将场地整体以 _PlanarSrf 命令成面，以曲线切分（ _Split）整个面，得到每个区域的面片（图 4.5-2）。选取小丘地形的边界曲线的控制点，作平移变换至相应标高处（图 4.5-3）。将小丘地形隆起部分的边线单独切分出。补画 U、V 方向的 2 条结构线，以 _NetworkSrf 命令建立网格面（图 4.5-4）。以 _Sweep2 命令进行双轨扫掠，得到小丘地形的平缓部分（图 4.5-5）。

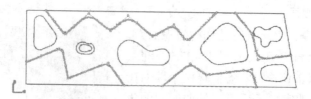

图 4.5-2　绘制平面

步骤 2：

以 -Offset 命令将小丘平面边线先向外偏移适当距离，再向外偏移一小段距离，通过

216

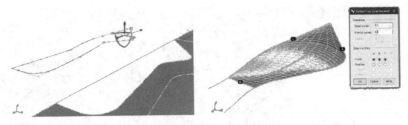

图 4.5-3　选取控制点　　　　　图 4.5-4　建立网格面

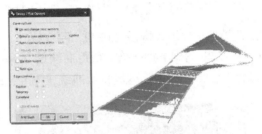

图 4.5-5　小丘地形的平缓部分

复合变换，得到 3 条曲线。此处作复合变换，是为了以 _Loft 命令对这三根曲线放样时，所得坡面与地面间的衔接具有理想的连续性。按〈Ctrl〉+〈Shift〉键，"超级选择"小丘地形内侧边界线。选中此变换的像和原像，以 _Loft 命令放样成面（图 4.5-6）。将小丘平面边线向内以 _Offset 命令偏移适当距离，挤出为面片，使之与小丘地形曲面完全相交（图 4.5-7）。以该面片切分（_Split）地形曲面，即可分出石阶的顶曲面（图 4.5-8）。

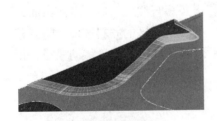

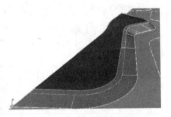

图 4.5-6　放样成面　　　　　图 4.5-7　挤出面片　　　　　图 4.5-8　分出石阶的顶曲面

步骤 3：

以 _DupFaceBorder 命令提取北侧滑板坡地上方绿地所在曲面，得到其边界线，作恒同变换后，移至他处。以 _Patch 命令，对其以适当的 U、V 数量嵌面（图 4.5-9）。

使用 _PointsOn 命令打开其控制点。由于该曲面的原像是经剪切所得的非原生面，故其控制点排布区域均质分布于其原像所包含的区域。此时，仅选中控制点，不选择面和边界线（按〈Ctrl〉键可减选）。然后，键入 _SoftMove（不等量移动）命令，选取滑板区绿地地形向上隆起处，作为不等量移动变换的中心点。点选相应位置，指定移动干扰半径。接下来，前往任意侧视图，捕捉垂直向上方向，并输入移动的距离极值（图 4.5-10）。对其他两处地形隆起处作相同的变换（图 4.5-11）。

"超级选择"滑板区地形的左侧顶部边线，作恒同变换后，以 _Join 命令接合为一条连续曲线。将该曲线向内作偏移变换，并以 _Rebuild 命令重建，减少控制点数量（图 4.5-12）。

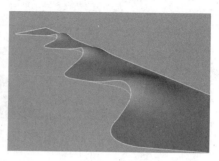

图 4.5-9　嵌面操作　　　图 4.5-10　不等量移动操作　　图 4.5-11　不等量移动操作后效果

键入 _Extend 命令，依次点选场地边界线、偏移得到曲线的端头处，延长该曲线（图 4.5-13）。然后，将该曲线作恒同变换。以 _SetPt 命令拍平所得曲线的 Z 坐标，使之落于地面。将拍平后的曲线向内作偏移变换，得到坡地的内侧特征曲线（图 4.5-14）。

图 4.5-12　偏移变换　　　　　图 4.5-13　延长曲线　　　　　图 4.5-14　偏移变换

选中变换中的像与原像，复制一份至他处。以 _EditPtOn 命令显示曲线的编辑点。连接两曲线上对应位置的驻点（Stationary Point）[①]，构成若干条短直线。然后，以两条曲线为路径线，以若干条短直线依次作为截面线，双轨扫掠，得到滑板区的倾斜坡地，将其移回原位（图 4.5-15）。同样，对场地西南侧的滑板区的平面面片进行不等量移动变换，得到倾斜坡地（图 4.5-16）。

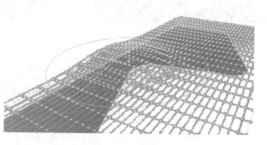

图 4.5-15　移回原位　　　　　　　　　图 4.5-16　得到倾斜坡地

同样，"超级选择"滑板区顶部的内侧边界线，作恒同变换，并以 _Join 命令组合。键入 _SetPt 命令，使 Z 轴坐标归零。向场地内侧方向以 _Offset 命令作偏移变换。继而，选择顶部边界线、坡地内侧特征曲线，复制一份至他处。补画若干条连接两曲线上驻点位置

①　数学中，"驻点"是函数在其一阶导数为零时取到的极值点。对于一维函数的图象，驻点的切线平行于 X 轴。对于二维函数的图象，驻点的切平面平行于 XY 平面。

218

的短直线。以 2 条曲线为路径线，以若干条短直线依次作为截面线，双轨扫掠，得到滑板区的倾斜坡地，移回原位（图 4.5-17）。

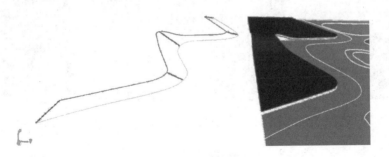

图 4.5-17 双轨扫掠

步骤 4：

建立场地中心区域的微地形。以 _PointsOn 命令打开微地形边界曲线的控制点，调节其控制点标高，使之构成两端低、中心高的空间曲线（图 4.5-18）。将空间曲线向内作偏移变换，并嵌面。将此曲线与微地形边界曲线以 _Loft 命令的"松弛"（Loose）样式放样（图 4.5-19）。以 _BlendSrf 命令作过渡衔接面，曲面两端的连续性分别设置 G_1 和 G_0（图 4.5-20）。将微地形内部特征曲线挤出为面片，并相互切割面片、微地形曲面（图 4.5-21）。

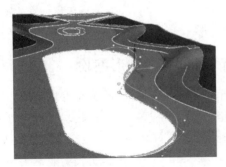

图 4.5-18 空间曲线

图 4.5-19 放样

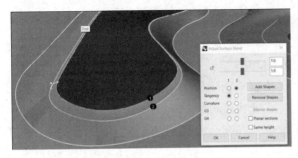

图 4.5-20 过渡衔接面

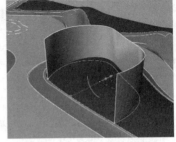

图 4.5-21 挤出面片

将底面部分封面，并以 _OffsetSrf 命令偏移出挡土墙厚度（图 4.5-22）。对于局部花坛，以与上文类似的方法建立坡面（图 4.5-23）。将花坛顶部边线向内偏移，并以所得曲线分割花坛顶部曲面，挤出厚度（图 4.5-24）。最后，将所得曲面归入相应图层（图 4.5-25）。

效果如图 4.5-26 所示。

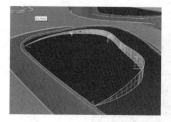
图 4.5-22　偏移厚度

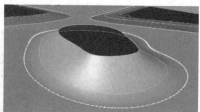
图 4.5-23　建立坡面

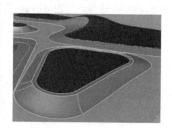
图 4.5-24　挤出厚度

图 4.5-25　归入图层

图 4.5-26　效果图

请使用等距变换法，试建立图 4.5-27 所示微地形。

图 4.5-27　波特兰市河滨公园历史广场景观（局部）（Robert Murase 设计）

4.5.2　滨河阶梯微地形案例

在滨水空间设计中，有一些较为重要的空间，常以微地形、铺装等方式，将其衬托、强化，这种设计手法被称为"识别强调"[①]。许多硬质阶梯式景观建模中，还可利用"超级选择"和 Gumball 的缩放功能，实现简单的等距变换。图 4.5-28 列举了利用形态变换手法可建得的 8 种常见形态，包括挖洞、压缩、切割、升阶、斜凹、斜收、斜切、斜锥。

［例］使用"识别强调"手法绘制滨水景观微地形（图 4.5-29）。

绘制平面图（图 4.5-30）。将桥体、台阶、驳岸边线、绿地边线分别归入不同图层。隐藏桥体所在图层。以 _PlanarSrf 命令封面，键入 _Split 命令，以剩余曲线切割此面（图 4.5-31）。将所得面片归入相应图层。将各面片分别向 Z 轴正半轴方向移至相应标高。可以 _SetPt 命令快速地将面片对齐至指定点的标高处（图 4.5-32）。

---

①　城市滨河景观更新既具有城市中心区的景观特征，又保留桥梁、栈台、港口等节点特征。在滨河景观设计中，地段内的各节点间应保证连续可达。通过建立连续的滨水步道、公园等开放空间，对码头区、滨水广场等加以改造，形成联系各功能区的多层次绿地—步道—广场系统，从而增强滨水区与城市公共空间的有机联系。

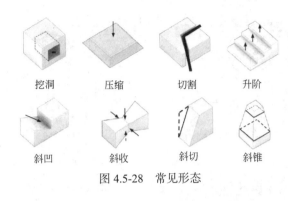

挖洞　　　压缩　　　切割　　　升阶

斜凹　　　斜收　　　斜切　　　斜锥

图 4.5-28　常见形态

图 4.5-29　斯洛文尼亚韦莱涅市（Velenje）
Promenada 广场（Enota 设计）

221

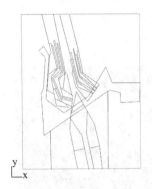

图 4.5-30　绘制平面图

图 4.5-31　切割面片

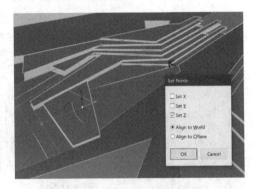

图 4.5-32　对齐至指定位置

向上挤出面片的厚度（图 4.5-33）。"超级选择"出台阶顶面，键入 _Scale 命令，点选台阶顶面内侧转折点作为缩放变换的中心点，输入合适的缩放系数，使台阶顶面向外扩大（图 4.5-34）。对剩余台阶进行相同操作（图 4.5-35）。"超级选择"各台阶的底面，以 _SetPt 命令使 Z 坐标标高与底标高一致（图 4.5-36）。以 _SrfPt 命令连接四边面的顶点，建立驳岸斜坡、局部坡道（图 4.5-37）。

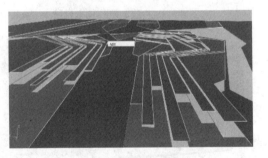

图 4.5-33　挤出厚度

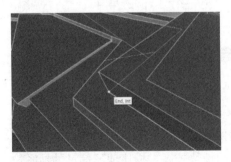

图 4.5-34　缩放台阶顶面

图 4.5-35　对剩余台阶进行操作

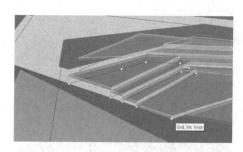

图 4.5-36　令标高一致

图 4.5-37　建立驳岸斜坡、局部坡道

接下来，建立另一侧的异形驳岸台阶（图 4.5-38）。首先，以 _Loft 命令的"松弛"（Loose）样式，对 2 条曲线放样成面（图 4.5-39）。然后，以放样所得曲面为基准面，用本章前文所述 _Contour 命令、_Loft 命令的"平直区段"样式，建立台阶。最后，恢复显示桥体所在图层。建立桥体的体量，过程略（图 4.5-40）。效果如图 4.5-41 所示。

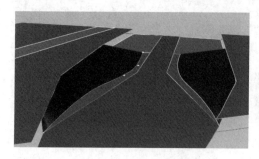

图 4.5-38　建立异形驳岸台阶

图 4.5-39　放样

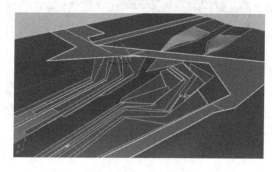

图 4.5-40　建立桥体

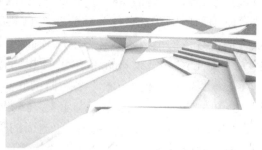

图 4.5-41　效果图

4.6　简易地形建立

4.6.1　等高线的概念

地球上，很少有完全平坦的表面，平坦度的偏差被称为地势，即范围内最低和最高海拔之间的差值。一般，平坦的地区地势较低，而山区的地势较高。描述地形信息的地图被称为地形图。等高线是一组假想水平面与实际地面的交点，用以将有关地球三维表面的信

息压缩到二维地图上。等高距是等高线之间的高程差[①]。

在 Rhino 中，键入 _ArrayCrv 命令，将 XOY 平面上的矩形沿着 Z 轴方向阵列，形成一组平行的面片。将平行面片打组，以 _Intersect 命令求出与地形曲面的交线（这便是 _Contour 命令的本质）。再以 _SetPt 命令将这些交线 Z 坐标归零，拍平于 XOY 平面上，得到的等距断面线的投影，即是等高线。实质上，此过程便是 Rhino 执行 _Contour 命令的"幕后"过程（图 4.6-1）。等高线一定是闭合连续曲线。但由于截取的场地范围，靠近图的外接框线的等高线会呈断开状。

图 4.6-1　得到等距断面线的投影

4.6.2　从等高线建立地形

在建立地形曲面前，须整理等高线，使之在 XOY 平面上与图的外接框线边缘相交。将等高线抬升以 Gumball 至相应位置后，使用 _Patch（嵌面）命令，生成曲面。欲增加嵌面生成的曲面的精度，可增加 U、V 网格数，减少误差。勾选"自动修剪"，即可得到完整地形曲面（图 4.6-2）。若所得地形曲面仍超出所需范围，则用外接框线以 _Trim 命令去除多余部分。

_Patch 命令[②]的其他子选项介绍如下。硬度（Stiffness）是衡量平面变形程度的数值，硬度越大，则得到的曲面越接近[③]。调整切线方向（Adjust Tangency）意味着：勾选后，若输入的曲线为曲面边缘，建立的曲面将与周围的曲面正切。

与 Rhino 中的 _Contour 命令相似，在 Grasshopper 中，Contour 运算器可用于依据地形曲面生成等高线（图 4.6-3）。操作如下：将地形曲面接入其 Shape 输入端；将一个缺省的 Construct Points 运算器接入其 Point 输入端；其 Direction 输入端默认为 Z 轴正方向，不必

图 4.6-2　_Patch 命令对话框

---

① 在地形图上，等高线以一致的高程间隔有规律地间隔开。若等高距为 10m，则一条等高线表示地表与 100m 高程假想平面的交点，下一条等高线表示地表与 110m 高程假想平面的交点，依此类推。

② Autodesk Maya, Autodesk 3ds Max 等建模软件中，"Patch" 功能被译为"面片建模"，是一系列强大的"封面"工具，与渲染贴图关系密切。Rhino 中的 _Patch 命令仅为单一功能，与前者有本质区别。

③ Rhino 在执行 _Patch 命令的第一个阶段，先会找出与选取的点和曲线上的取样点最符合平面（等价于 _PlaneThroughPt 命令），再将平面变形逼近选取的点和取样点，得到最终曲面。

接入；其 Distance 输入端输入等高距值。如此即可提取出精确的等高线。对于带有大尺度地形的数字化模型，建议将单位设为"m"，便于简化 GH 中的运算量[①]。

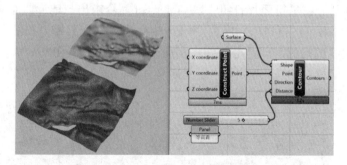

图 4.6-3　Contour 运算器

已知图 4.6-4 所示某场地标高为 10.05m，平面尺寸为 28.0m×24.0m，西南角处缺一块 6.0m×6.0m、呈 L 形的平面。图中设有点 A 和点 B。请按等高距 0.05，坡度 i=2.5%，将其改建为台地。然后，以 _Contour 命令求其精确等高线，并求点 A 和点 B 的设计标高。

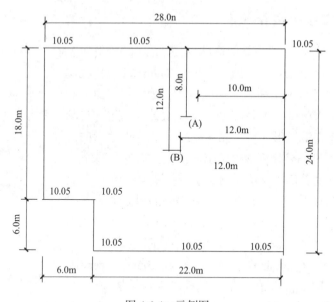

图 4.6-4　示例图

---

① 在地形曲面上，建立贴合地形的小路的方法：在 Top 视图中，画路靠近山坡地势高侧的路缘边线，将其以 _Project 命令投影至地形曲面上，以 _FitCrv 命令减少控制点，再以 _Ribbon 命令生成曲面。当地形与道路贴合不佳时，可通过 _PointsOn 命令，调整地形曲面的控制点。

4.6.3 中尺度景观地形建模案例

景观设计中，"地形拓扑"代表的远不止是抽象的曲面或曲面结构本身。Rhino中，定义地形的曲面特征包含了可转化为空间定义的参数（如长度、走势、位置、方向等），为微地形塑造和土方平衡提供了合理依据。接下来，以一个实际案例为例，探索景观地形推演过程与场地本身的互动性①（图4.6-5）。

图4.6-5 西班牙东南沿海公园（Foreign Office Architects 设计）

先绘制平面图，注意边线必须彼此相接（图4.6-6）。将最外侧边线以 _PlanarSrf 命令封面。选中所有曲线，以这些曲线切分（_Split），得到不同区域的面片。新建若干个图层，分别命名为"标高1""标高2""标高3""标高4""草坡""缓坡""挡土墙"。以 _ChangeLayer 命令将已生成的面片归入相应图层（图4.6-7）。已知"标高1"到"标高4"图层对应的设计标高分别为11800mm、6000mm、2000mm、1000mm。首先，选中最高标高处面片，以 Gumball 向上移至相应标高（图4.6-8）。同理，移动其他面片至相应标高（图4.6-9）。

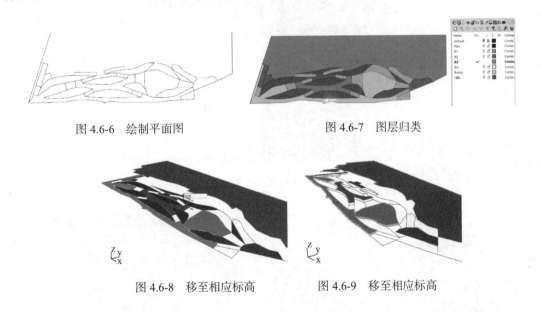

图4.6-6 绘制平面图　　　　　　　　　图4.6-7 图层归类

图4.6-8 移至相应标高　　　　图4.6-9 移至相应标高

---

① 东南沿海公园（Southeast Coastal Park）是巴塞罗那市2004年作为国际文化论坛主办城市所建设的基础设施的一部分。设计通过创造一系列相互连接且贯穿于公园的斜坡，制造地形，消化11m的高差。面向大海的阶梯式斜坡被用作观众席，草坡表面栽植了抗污染植被，而平台用于开展公共活动。

接下来，建立平直、规整的坡道。键入 _BlendSrf 命令，点选上、下标高曲面在对应位置的端点，以位置连续（Position）的连续性进行曲面混接，得到坡道（图 4.6-10）。对于场地东北角的坡道，采用连接侧面线、挤出、相互切割的方式建立（图 4.6-11）。

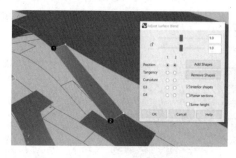
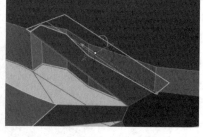

图 4.6-10　曲面混接　　　　　　　　　　图 4.6-11　建立坡道

同理，完成所有其他规整坡道的建模。对于相对不规整的坡道的平面边线，使用 _Flow 命令进行"曲线流动"，得到其边缘的空间曲线，作为扫掠的路径线（图 4.6-12）。以 2 根直线段分别连接空间曲线对应两端点，作为扫掠的截面线。以 _Sweep2 命令扫掠成面（图 4.6-13）。继而，以"超级选择"提取出草坡区域的边缘线，键入 _Isolate 命令，使之独立显示（图 4.6-14）。以 _Join 命令接合，得上、下 2 条曲线，并以 _FitCrv 命令适当简化。作若干条直线段，连接上、下两曲线的对应位置。以 _Rebuild 命令重建直线段，以 _EditPtOn 命令打开其编辑点，适当调整编辑点的位置。以 _Point 命令绘制上、下曲线交接处的 2 个交点。对于"扫掠"类命令，点物件亦可作为截面物件。

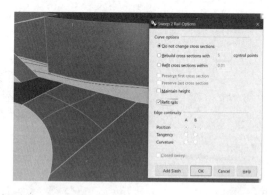

图 4.6-12　补面

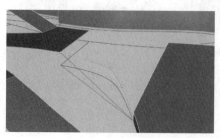

图 4.6-13　扫掠成面　　　　　　　　　　图 4.6-14　独立显示边缘线

键入 _Sweep2 命令，依次点选上侧曲线、下侧曲线、左侧交点、自左向右各处控制点、右侧交点（图 4.6-15）。对于形态较为简易的草坡，"超级选择"出其边线，并以 _Patch 命令嵌面即可（图 4.6-16）。注意，需要勾选 _Patch 命令弹出的对话框中的"自动修剪"选项。

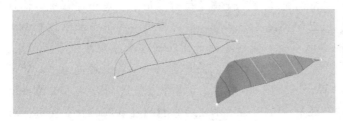

图 4.6-15　双轨扫掠　　　　　　　　　　图 4.6-16　嵌面

对于台阶区域，以双轨扫掠命令生成基准面。注意，需勾选扫掠选项对话框中"重新拟合截面线"（Refit Rails）选项（图 4.6-17）。台阶的建模方法在本章前几节中已详细展开，这里略去。同理，建立其他区域的所有微地形曲面，并归入相应图层（图 4.6-18）。效果如图 4.6-19 所示。

图 4.6-17　双轨扫掠

图 4.6-18　归入相应图层　　　　　　　　图 4.6-19　效果图

拓展

在当代生态景观设计中，数字化建模技术已被用作测试和改进想法的主要设计工具。2009 年，韩国首尔开展城市空间更新计划，发起了"汉江复兴"二期的汉江杨花地区（Yanghwa）滨水公园设计竞赛。竞赛旨在重建河流的堤防系统，创建生态滨水景观公园，被认为是东亚地区首个以滨河景观基础设施作为主导概念的景观改造项目。

大多数竞赛作品只考虑了加入堤坝，或营造了新的滨水游览流线，而 PARKKIM 事务所则通过数字化建模技术，赢得了竞赛。其方案设计理念为：利用水动力学原理，通过形成一个与水文动力学和沉积过程相结合的景观微地形，将新公园重新构想为"响应洪水的基础设施"，使之在洪水期间也可使用。

在方案构思过程中，基于 Rhino 的工作流发挥了核心作用。在建模过程中，设计师考虑到水体运动具有沉积、流动和循环 3 个环节，对河岸边坡的形态加以控制、调整，使不同的台地标高能适应不同水位。最终，设计团队通过数字化建模手段推敲，将地表重建为一系列坡度介于 4% ~ 13% 的缓坡，并贯穿以一个最大坡度为 5% 的通道，作为通往整个公园的无障碍坡道（图 4.6-20）。方案中，缓坡的设计不仅为公园提供了更好的可达性和流通性，还有利于清除洪水之后堆积的过多沉积物。同时，对海岸线进行了驳岸改造，使之利于形成新的鱼和鸟类的栖息地。通过反复的模型验证，确保拟建的树群不会对河流系统产生不利影响。

图 4.6-20　韩国汉江杨花地区（PARKKIM 事务所设计）滨水公园

4.7* 　细分曲面法

4.7.1 　细分曲面法建模简介

在 Rhino 软件中，最常用的建模方法是 Nurbs 建模。然而，在 Rhino 7（当前最新版本）中，引入了一种描述造型的建模方法，其建模的对象不是 3ds Max 等传统 Polygon 建模软件中的 Mesh 网格，而是高精度的样条曲面，例如带有折边、锐点、折角等的自由"有机"造型。这种建模方法称为"细分曲面法"（Sub Division Analysis, SubD）。

📋 **拓展**

　　Rhino 6 版本不支持细分曲面建模，建议有需要的读者安装 Rhino 7。在 Rhino 5 中，实现同类功能的是 T-Spline 插件。由于在细分曲面建模过程中，T-Spline 采用的建模工具和逻辑与 Autodesk Maya 颇为类似，故俗称"小玛雅"（Minor Maya）。SubD 正是 Rhino 7 中替代 T-Spline 的模块（图 4.7-1）。因此，曾接触过 T-Spline 的读者，可触类旁通地使用 SubD 模块。

图 4.7-1 SubD 工具列与 T-Spline 工具列

构建细分曲面的核心是"细分规则"。不同的细分规则所生成的细分曲面具有不同的外形。常见的细分规则有 Catmull-Clark 细分、Doo-Sabin 细分、Loop 细分等。细分建模的核心操作有 3 类，分别是拉伸（包括 _ExtrudeSubD 等）、变换（包括利用操作轴、_Bridge、_InsertEdge、_Bevel 等）、光滑（包括 _SubDivide、_Crease、_RemoveCrease、_Smooth、_Cap 等）。通过这 3 类操作的简单组合，即可创建出"有机"形态的三维物件[1]。SubD 细分对象可与 Mesh、Nurbs 对象相互转化。在 Rhino7 中，可使用 _SubDFromMesh 或 _ToSubD 命令，将 Mesh 网格对象直接转化为 SubD 对象。可使用 _QuadMesh 命令，将 3D 扫描所得网格、点云数据重新拓扑为四边面（图 4.7-2）。同样，可将 SubD 曲面转换为 Nurbs 对象或 Mesh 对象格式，且完全兼容 OpenNurbs、Grasshopper 等。

4.7.2 SubD 工具

细分分析法建模需使用 Rhino7 中新增的 SubD 模块，已整合于 Rhino 工具列的"细分工具"（SubD Tools）工具列中（图 4.7-3），无须单独安装。

图 4.7-2 Mesh 对象与 SubD 对象 图 4.7-3 工具列

工具列第一排的前 9 个图标对应着细分基础几何体（SubD Primitive）相关命令，相当于先建立网格基础几何体（Mesh Primitive），再以 _ToSubD 命令将其转化为细分物件。图 4.7-4 中，自上向下、自左向右分别为:细分平面、细分圆锥、细分圆台、细分圆柱、细分球体、细分椭球体、细分环面、细分长方体。

其中，对于细分圆柱、圆锥、圆台等几何体，在键入命令后，可设置相应子选项。点击环绕面数（AroundFaces）子选项，可调节几

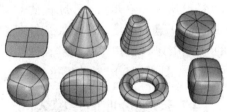

图 4.7-4 网格基础几何体

---

① 事实上，SubD 建模所得曲面，不是 Nurbs 建模中的四边面，而是具有类似 Polygon 建模的自由拓扑结构，故在建模过程中不须分析"形面分析法"的"接面""补面"等，这亦是"细分分析法"在建立不规则形态物件时的重要优势。此外，可使用 Rhino 中的普通命令（_Trim、_Boolean、_Fillet 等）向 SubD 物件添加更为精确的造型细节，增强概念设计阶段的表现效果。

体底面的细分边数量。点击垂直面数（VerticalFaces）子选项（图 4.7-5），可更改垂直方向的细分边数量。点击顶面类型（CapFaceStyle）子选项，可在三角面（Tri）与四边面（Quad）间切换。图 4.7-6 中，展示了四边面成面所得细分圆柱、三角面成面所得细分圆柱。同理，对于椭球体等几何体，亦可设置其细分参数。

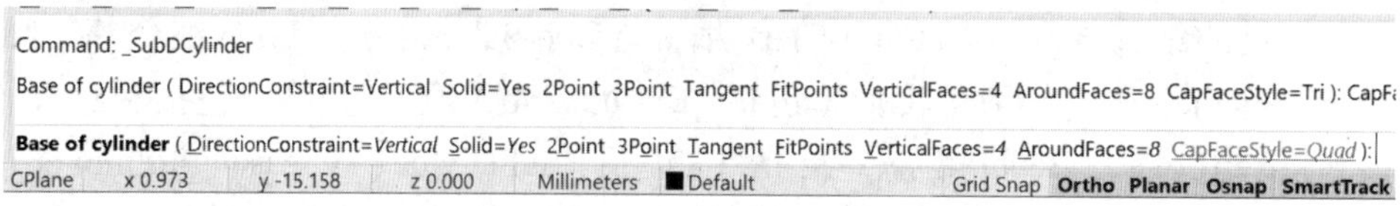

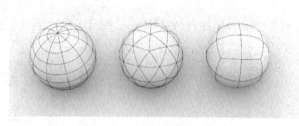

图 4.7-5　子选项

四边面可细分为细分椭球体、三角面成面所得细分椭球体[1]。在建立细分球体时，有三种可选类型，分别是 U 方向与 V 方向、三角面（Triangles）和四边面（Quad）。以这些命令，可快速建立具有不同拓扑形态的细分球体。图 4.7-7 中，自左向右分别为 U 方向与 V 方向、三角面、四边面细分球体。三角面一般仅在构建渐消面时使用。因此，在建立细分几何体时，将"顶面类型"设为四边面，将"环绕面数"设置为偶数个。

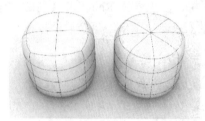

图 4.7-6　细分圆柱

图 4.7-7　细分球体

在 Rhino 7 中，与单轨扫掠、双轨扫掠命令类似，亦可用细分单轨扫掠（_SubDSweep1）或细分双轨扫掠（_SubDSweep2）得到细分扫掠面，如图 4.7-8 所示。与"成管"命令类似，亦可用 _MultiPipe 命令生成细分管道，如图 4.7-9 所示。在 Rhino 7 的右侧栏"显示"（Display）选项卡下，亦增加了针对细分物件的"结构线""锐边""边线""镜像物件"等可选项（图 4.7-10），在建模过程中，可依据需要选择显示或隐藏。

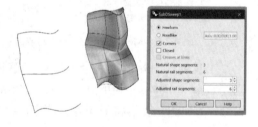

图 4.7-8　细分扫掠

4.7.3　细分曲面建模入门

［例］简单运用细分分析法对湿地景观（图 4.7-11）建模。

---

① 椭球体各 U 方向细分线相交处的顶点，便是"奇点"。

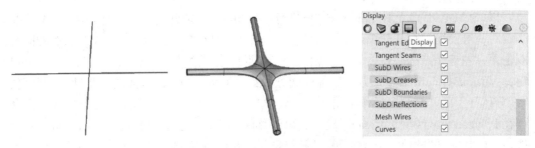

图 4.7-9　建立细分管道　　　　　　　　　图 4.7-10　选项

图 4.7-11　The Elevated 湿地的局部景观装置 [1]（ Noel Harding 设计）

　　首先，以 _SubDBox 命令建立一个细分长方体。接下来，需要使用 _InsertEdge 命令插入循环边。该命令的子选项"类型"（Type）中，有 3 种可选模式，分别是 _InsertEdge _Loop（并联插入边缘）、_InsertEdge_Ring（循环插入边缘）、_InsertEdge_Range（循环插入边缘）。本例中，需要使用 _InsertEdge_Type=Loop（并联插入循环边缘）命令，点选靠中间处的边缘，并联地在连锁边缘的旁侧位置插入新的边缘（图 4.7-12）。

　　在细分曲面建模中，循环边的位置将影响所得曲面的"圆角"形态。图 4.7-13 中，左侧长方体的循环边数量、曲面表面细分数量多于中间位置的长方体，故中间位置的长方体在其曲面交接处的"圆角"位置附近"收束"得更"紧实"。

图 4.7-12　插入边缘　　　　　　　　　图 4.7-13　圆角长方体

---

　　[1]　The Elevated Wetland 湿地景观邻近高速公路，用以净化邻近区域河道的污水。景观装置形似从土地中生长而出，其内部设有种植槽，利用由塑料罐、电子塑料碎片等处理得到的"土壤"，供乡土植物生长。该景观装置可起到收集、净化雨水之效。

以 _SubDivide 命令对此细分长方体进行 Catmull-Clark 细分迭代，得到均匀的细分边线。必要时，可使用 _MergeFaces 命令合并细分子曲面。可在按住〈Ctrl〉+〈Shift〉键的同时，双击鼠标左键，点选循环边，以 _Delete 命令删除冗余的细分边线。按住〈Ctrl〉+〈Shift〉键，"超级选择"出细分长方体底部中间处的细分曲面，以 Gumball 向上移动，即可完成"细分体"上的"挖洞"操作（图 4.7-14）。按〈Tab〉键或键入 _SubDDisplayToggle 命令，可在 Polygon 模式（又称 Creamy 模式）和平滑曲面模式[①] 之间切换。进入 Polygon 模式后，按住〈Ctrl〉+〈Shift〉+〈Alt〉键，"超级选择"出细分长方体底部四角处的子细分曲面，以 Gumball 向下移动，即可得到景观装置的"四脚"（图 4.7-15）。按住〈Ctrl〉+〈Shift〉键，进行"超级选择"时，在细分边缘处双击鼠标左键，可选择整条循环边缘。已选择的边缘将高亮显示，可对其进行与普通 Nurbs 对象相同的移动、旋转、删除等操作。

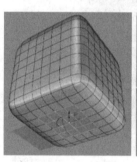
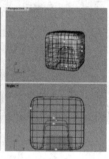
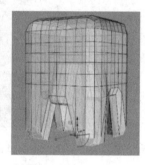

图 4.7-14　挖洞　　　　　　　　　　　　图 4.7-15　制作四脚

将视角移动至侧立面位置，"超级选择"出顶面处的子细分曲面，将其向下移动，得到顶部"洞口"（图 4.7-16）。选择相应的子细分曲面，通过 Gumball 移动，建立"泄水口"的基本走向。在"泄水口"前端的子细分曲面处，添加循环边，并依照造型走势，向外侧方向移动（图 4.7-17）。"超级选择"出泄水口底部位置处子细分曲面的边线，向下移动，使其侧面造型走势的连续性更为光顺。然后，"超级选择"出泄水口顶部位置的子细分曲面，向上移动（图 4.7-18）。

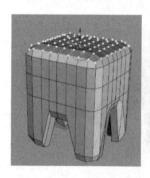
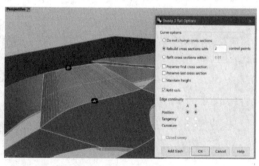

图 4.7-16　超级选择　　　　　　　　　　图 4.7-17　插入循环边

---

①　又称 Crunchy 模式。

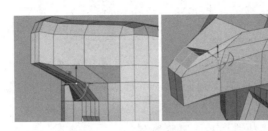

图 4.7-18　移动子细分曲面

在 SubD 建模过程中，除了可以"超级选择"出线对象、面对象以外，还可选择点对象。适当移动边角处子细分曲面的交点，可使细分曲面在衔接处的光顺程度更理想（图 4.7-19）。同理，建立其他 2 个类似的景观装置。按〈Tab〉键或键入 _SubDDisplayToggle 命令，回到"平滑曲面模式"（图 4.7-20）。

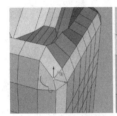
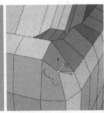

图 4.7-19　微调

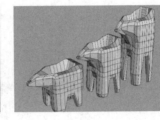
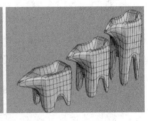

图 4.7-20　效果

4.7.4　细分曲面建模初阶

在遇到形态更为复杂的物件时，须对细分曲面进行更细致的塑形、镜像、桥接等操作。请看［例］绘制天鹅椅（图 4.7-21）。

首先，以 _SubDPlane 命令建立细分平面。键入 _Reflect（镜像变换）命令，依次点选图 4.7-22 所示的 1、2、3 点，建立与原细分平面呈轴对称的细分物件。

图 4.7-21　天鹅椅（Arne Jocabsen[①] 设计）

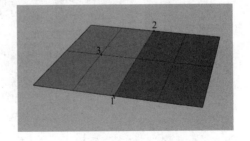

图 4.7-22　建立轴对称细分物件

---

①　丹麦著名建筑师、工业产品与室内家具设计大师安恩·雅各布森（Arne Jocabsen）是斯堪的纳维亚地区的有机功能主义（Organic Functionalism）设计的代表人物。其设计突出对民间、天然材质和有机形式的重视。1956 ~ 1959 年，雅各布森为斯堪的纳维亚航空公司设计了 SAS 皇家酒店建筑，并设计了"天鹅椅"（Swam Chair）、"蛋椅"（Egg Chair）等家具，一举成名。

拓展

以 _SubDPlane 命令建立的细分平面，在"平滑曲面模式"下，默认为弧形边缘，如图 4.7-23（a）所示。若希望得到的细分平面具有尖锐边缘，可在 Polygon 模式下，"超级选择"该细分曲面的 4 个顶点，键入 _Crease（插入锐边）命令，如图 4.7-23（b）所示。切换回"平滑曲面模式"后，可观察到细分平面具有了锐边。

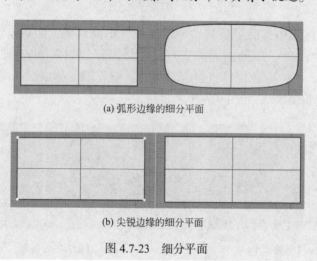

(a) 弧形边缘的细分平面

(b) 尖锐边缘的细分平面

图 4.7-23　细分平面

"超级选择"细分物件的侧面边线，向上挤出。"超级选择"挤出的子曲面的上边线，向外侧移动。以与前例类似的方式，通过 _InsertEdges 命令插入细分边缘，"超级选择"出相应位置的点、线，调节位置（图 4.7-24）。

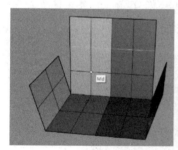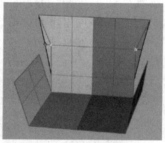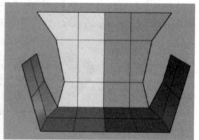

图 4.7-24　微调

进一步"超级选择"椅背部分、座面部分的特征边缘线，微调其形态。以 _OffsetSubD 命令对细分曲面向上偏移适当距离。键入 _Bridge（桥接）命令，依次双击鼠标左键点选原细分曲面的外边、偏移所得的细分曲面的外边，构成两曲面间的衔接面（图 4.7-25）。点选曲面的一侧及其镜像所得一侧在对应位置曲面的边线，以 Gumball 的"小方块"向内侧缩放，得到椅背与座面衔接处向内收缩的形态（图 4.7-26）。按〈Tab〉键，回到"平滑曲面模式"，预览效果。最后，建立其他构件，过程从略（图 4.7-27）。

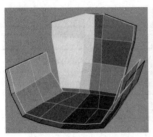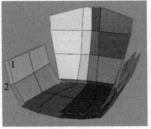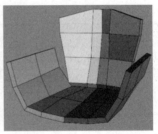

图 4.7-25 桥接

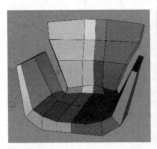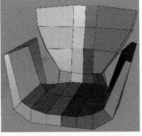

图 4.7-26 缩放

图 4.7-27 完成建模

为便于快速使用细分分析法建模，我们给出 Rhino 7 的 SubD 细分工具与 Rhino 5 的 T-Spline 工具相关功能对照表（表 4.7-1），便于原 Rhino 5 用户参考。

细分命令对照表　　　　　　　　　　　　　表 4.7-1

SubD 命令	功能	对应 T-Spline 命令
_Insert	插入二次细分边缘	Gumball 功能
_SubDSweep1	细分单轨扫掠	—
_SubDSweep2	细分双轨扫掠	—
_SubDLoft	细分放样	Loft T-spline surface
_MultiPipe	多管细分物件	Pipe
_InsertEdge_Type=_Loop	插入循环边	InsertEdge
_RemoveCrease	移除锐边	RemoveCrease

SubD 命令	功能	对应 T-Spline 命令
_Crease	添加锐边	Crease
_AppendFace	追加到细分	AppendFace
_3dFace_Output=_SubD	建立单一细分面	AppendFace
_Insert	插入细分边	InsertEdge
_Bevel	倒角	BevelEdges
_ToNurbs	转换为 Nurbs	Convert
_ToSubD	转换为细分物件	Convert
_Stitch	缝合	Weld
_Slide	滑动	SlideEdges
_SubDivide	二次细分	Subdivide
_InsertPoint	在细分面上插入点	InsertPoint
_Bridge	桥接	Bridge
_Reflect	镜像	Symmetry
_MergeCoplanarFace	合并彼此共面的面	手动删除结构线
_MergeFaces	合并网格面	MergeFaces
_Fill	填洞	FillHole
_ExtrudeSubD	挤出细分物件	Extrude
_OffsetSubD	偏移细分物件	Thicken
_QuadRemesh	重构网格为四边面	—
_SubDDisplayToggle（或按〈Tab〉）	切换细分物件的显示模式	SmoothToggle
_RepairSubD	修复细分物件	—

下面是数个巧妙的 SubD 建模案例。

【例】绘制卡塔尔国家馆（图 4.7-28）。

图 4.7-28 卡塔尔国家馆建筑外观（矶崎新设计）

以 _SubDBox 命令建立一个细分立方体。在 Polygon 模式下，以与前文数个案例类似的方法，依次以 Gumball 挤出其细分子曲面，并适当旋转，继续挤出。在树枝状分叉位置，以 _InsertEdge 添加细分子边缘，以 Gumball 向上挤出（图 4.7-29）。继续挤出，建得 2 个树枝状的分叉（图 4.7-30）。向右侧挤出细分子曲面，并在分叉位置附近添加细分边。同样操作，向上挤出 2 个分叉（图 4.7-31）。将分叉顶端的平直曲面删去。键入 _Bridge 命令，"超级选择"，双击点选一侧的循环边，按回车键；"超级选择"，双击点选另一侧的循环边，再按回车键，完成细分曲面间的桥接（图 4.7-32）。

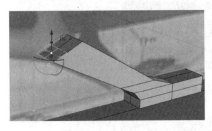

图 4.7-29　向上挤出

图 4.7-30　挤出分岔

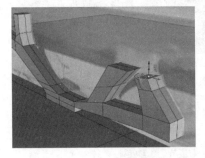

图 4.7-31　向上挤出

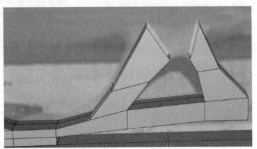

图 4.7-32　桥接

拓展

　　_Bridge（桥接）命令用以生成 2 个细分曲面间的过渡面。操作时，依次选取的 2 组边（或顶点）必须保持相同数量，方能操作成功。在桥接选项（Bridge Options）中，可通过增加或减少段数（Segments）控制生成的过渡面形态（图 4.7-33）。_Stitch（缝合）命令用以使 2 组原本位于不同位置的边（或顶点）缝合于一处。_Stitch 命令的子选项中，提供用以选择细分边线的 Loop/Ring 选项。同样，依次选取的 2 组边或点必须保持相同数量。缝合所得的细分边线均是锐边，可根据需要移除。

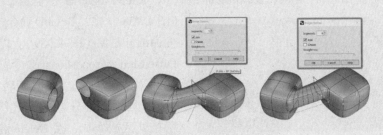

图 4.7-33　桥接命令的子选项

继而，"超级选择"出所有"树梢"的顶端曲面，以 _SetPt_SetZ 命令将其顶面标高归一（图 4.7-34）。按〈Tab〉键，回到"平滑曲面模式"，预览效果（图 4.7-35）。效果如图 4.7-36 所示。

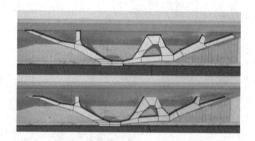

图 4.7-34　标高归一

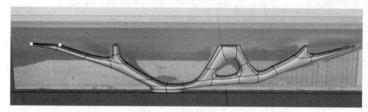

图 4.7-35　预览效果

图 4.7-36　效果

【例】绘制"田园客厅"构筑物（图 4.7-37）。

图 4.7-37　通州都市农业公园"田园客厅"构筑物（造域科技设计）

在适宜位置作基本结构框线和截面线，以 _RailRevolve 命令生成 2 个旋转曲面（图 4.7-38）。以 _ToSubD 命令，将旋转曲面变为细分对象（图 4.7-39）。以 _InsertEdge_OffsetMode=Proportional 命令，增加竖向结构线（图 4.7-40）。在两旋转面待衔接处分别增加 2 条细分边线。"超级选择"出待衔接处区域面片，按 Delete 键，将其删除（图 4.7-41）。

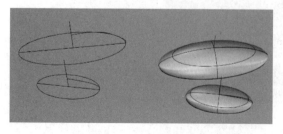

图 4.7-38　旋转曲面

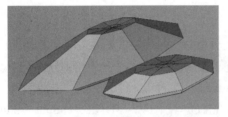

图 4.7-39　转化为细分对象

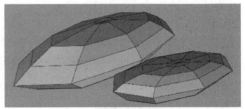

图 4.7-40　增加结构线

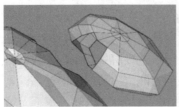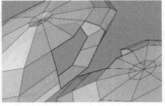

图 4.7-41　删除面

接下来，键入 _Bridge（桥接）命令，先双击选中一侧"洞口"的循环边，按回车键；再选择另一处，按回车键，即得到两旋转面间的衔接曲面。"超级选择"出其他待开洞区域的面片，删除（图 4.7-42）。双击选择相应位置循环边，以 Gumball 的缩放、移动功能，调整细分曲面的纵向形态（图 4.7-43）。此时，已建立了构筑物的大致体量

图 4.7-42　进一步操作

（图 4.7-44）。最后，使用 _Fill（补洞）命令，填补细分曲面底部区域的洞口。SubD 建模中对细分曲面的 _Fill 命令，相当于 Nurbs 建模中对 Nurbs 曲面的 _UntrimHoles 命令（图 4.7-45）。最后，"超级选择"出冗余的细分边线，将其删除。效果如图 4.7-46 所示。

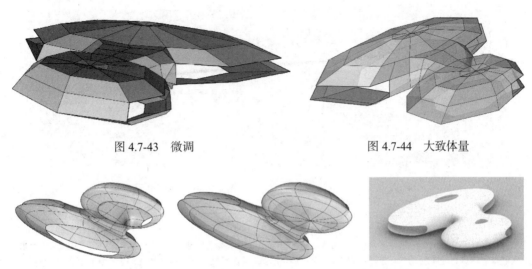

图 4.7-43　微调　　　　　　　图 4.7-44　大致体量

图 4.7-45　_Fill 命令　　　　　图 4.6-46　效果

4.7.5 细分曲面建模初阶

在本书 4.2 节中，已尝试建立了一个"三角分岔"状的线性景观桥。但对于形态更为"有机"的景观桥（图 4.7-47），难以使用 Nurbs 建模的方式创建，而适合使用细分建模法建立。

[例] 绘制南京皮鲁埃特桥（Pirouette Bridge）[1]（图 4.7-47）。

图 4.7-47　南京皮鲁埃特桥（ATAH 介景建筑设计）

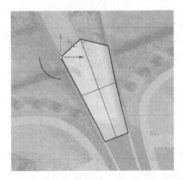

图 4.7-48　Gumball

首先，在 TOP 视图以 _3DFace_Output=_SubD（三维四边面，输出 =SubD）命令建立一个描述边侧桥面形态的四边面。在 Polygon 模式下，以 _SubDivide 命令对该四边面进行细分。"超级选择"相应位置的控制点，以 Gumball 改变其形态（图 4.7-48）。"超级选择"出曲面的上方边线，以 Gumball 的"小圆点"向外挤出。"超级选择"出曲面边缘的"硬边"和边角端点，键入 _Crease 命令，使之成为"锐边"。可按〈Tab〉键预览效果（图 4.7-49）。"超级选择"出细分曲面上的相应位置子曲面，以 Gumball 向上移动至相应标高处。这样，便建立了一个桥身单元（图 4.7-50）。

以中心定点为端点，以 _ArrayPolar 命令对改桥身单元进行 360° 的旋转阵列 3 份。以 _InsertEdge 命令在 3 个桥身细分曲面上分别加入细分边（图 4.7-51）。在 Polygon 模式下，键入 _Bridge（桥接）命令，点选一侧子曲面边缘，按回车键；再点选另一侧子曲面边缘，按回车键，即可完成曲面间的衔接（图 4.7-52）。对其他两处细分曲面进行相同操作，建得桥身上侧的三角状拓扑衔接曲面形态（图 4.7-53）。

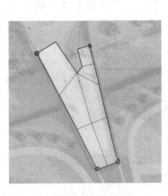

图 4.7-49　锐边

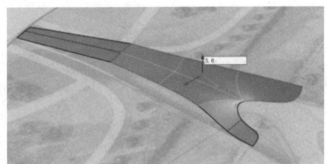

图 4.7-50　桥身单元

---

① 皮鲁埃特桥位于南京延河公园。其名取自法文"Pirouette"，实为芭蕾舞舞蹈动作名，指舞者单脚着地，进行旋转，是芭蕾舞中颇具有趣味的动作。景观桥跨越了蜿蜒 500 余米的线状河流，其造型犹如在河上表演优雅的芭蕾舞动作。景观桥以盘绕形态连接着河岸两岸多个不同标高的公共活动，满足游人"探幽"的好奇心。桥身的"有机"形态相互渗透，曲面上的洞口则成为沟通桥体上、下空间的"取景框"，别具趣味。

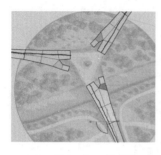

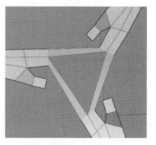

图 4.7-51　加入细分边　　　　　　图 4.7-52　衔接　　　　　　图 4.7-53　微调形态

继而，键入 _ExtrudeSubD（挤出细分曲面）命令，以 _Basis（基底）=WCS, _Direction（方向）=Z 子选项，挤出所得衔接曲面的内边线。双击选中挤出的曲面的上边线，以 Gumball 向内缩放（图 4.7-54）。以 _SetPt_SetZ 命令拍平其 Z 方向标高，即可得到与外侧子曲面共面的内侧一圈子曲面。选中子曲面的内侧循环边，以 _ExtrudeSubD 命令向上挤出（图 4.7-55）。选中内侧循环边，以 Gumball 进行旋转，得到桥体顶部的内侧围护。

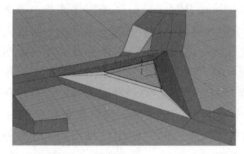
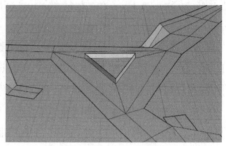

图 4.7-54　缩放　　　　　　　　　　图 4.7-55　挤出

如图 4.7-56 所示，对桥身底部的子曲面以 _InsertEdge 命令增加细分边，以 _Bridge 命令进行桥接。以 _ExtrudeSubD 命令挤出所得子曲面的内边线，以 _SetPt_SetZ 命令拍平，再以 _ExtrudeSubD 命令挤出内侧围护（图 4.7-57）。"超级选择"并双击鼠标左键，选中桥身曲面的最外侧循环边。以 _ExtrudeSubD 命令向上挤出，建得栏杆，并删除冗余面（图 4.7-58）。

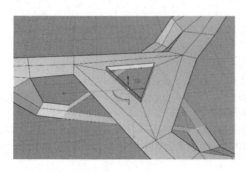
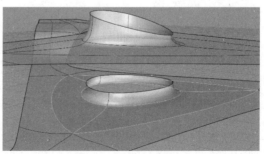

图 4.7-56　桥接　　　　　　　　　　图 4.7-57　建立内侧围护

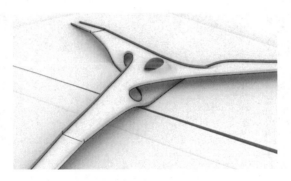

图 4.7-58　建模完成

4.8* 景观 BIM应用初步

4.8.1　景观 BIM 的基本概念

建筑信息模型（Building Information Modelling, BIM）是数字参数化体系下较为成熟的应用技术[1]。然而，在 BIM 发展过程中，由于计算机软硬件性能、建筑类行业（与工业设计、制造等行业相比）推进技术更新速度迟缓等原因，BIM 工作流在实际实施过程中受到许多限制。随着 BIM 技术的发展，景观设计师在协作过程中，面临着更多利用 BIM 技术开展协作的机遇和挑战。由于 BIM 模型具有可视性、协调性、模拟性、可出图性等特征，在建筑设计、城乡规划中已得到较广泛的应用[2]。然而，针对景观行业的 BIM 技术，目前尚待进一步研究、开发和应用。细节层级（LOD）是 BIM 模型的重要质量控制标准。对于不同阶段的数字化模型，其深入程度需求不同，而描述这一程度的定性标准，是细节层级等级（Level of Details，LOD）[3]。随着该概念被引入工业设计和建筑相关行业，LOD 的概念变为模型发展等级（Level of Development），表达了不同阶段中不同的人对模型的不同需求；LOD 能成为判断模型发展阶段的标准；上一阶段的模型必须可传递到下一阶段，不需要推倒重来。不同的 LOD 等级对应着模型的不同阶段，如图 4.8-1 所示。LOD1 对应着场地分析与概念体量阶段；LOD2 对应着方案设计阶段；LOD3 对应着扩初和施工图阶段；LOD4 对应着产品预制、采购、验收阶段。

---

[1]　对于当前阶段，BIM 是一种不同于传统交付、施工、管理方式的新兴设计实践技术和工作模式。"BIM" 的概念强调在智能虚拟模型中共享建筑信息。数字化建模技术的发展，促进了 BIM 工作流的使用，利于处理和管理复杂数据、开展量化分析和模拟，从而更好地预判最终设计成果的性能。

[2]　在建筑学、土木工程等学科的理论研究和工程实践中，以 Rhino 和 Autodesk Revit 为核心的 BIM 工作流，已日益发展完善。对于城乡规划专业，进一步出现了以 GIS 技术和 BIM 技术为基础的城市信息模型（City Information Modelling, CIM）。

[3]　LOD 的概念最早来自计算机图形学领域。1976 年，计算机科学家克拉克（James H. Clark）提出了 LOD 这一概念，指外观细节等级（Level of Details）。对于一些较大的模型，若不简化地进行渲染，会造成计算机软、硬件负荷过载。因此，显示的数据可依照屏幕的分辨率设置为常量。当观察者逐渐远离模型时，模型的细节层级可逐渐降低，提升渲染效率。

图 4.8-1　LOD 层级示意

4.8.2　数字化种植设计

传统景观建模工作流中，在方案设计阶段，由于缺乏对种植设计详细信息的反映，不利于直观表现种植设计的意图，且无法直接生成与模型精确对应的平面详图、苗木表。借助数字化模型，采用景观 BIM 技术，则可开展更精确、更易操作的数字化种植设计。目前，Rhino 软件平台下，已开发了 Lands Design，是其中一个较成体系的景观信息模型（BIM for Landscape）应用。安装 Lands Design 插件后，Rhino 中将会出现相应的 BIM 工具列，如图 4.8-2 所示。其中，包含了基于景观 BIM 体系的种植设计、地形设计、标注出图等常用模块功能。

首先，在 Rhino 右侧栏，可找到 "Lands Design" 选项卡。若未出现该选项卡，可点击右上角齿轮状 "设置" 按钮⚙，勾选 "Lands Design"。点选 Rhino 中已建立的地形曲面，再点击选项卡栏目中右上角处的 "Tag as Terrain"（标为地形），即可将已建立的曲面拾取为 BIM 地形对象。设定后，模型中的 BIM 植物对象的根部，将自动贴合在 BIM 地形对象表面上（图 4.8-3）。

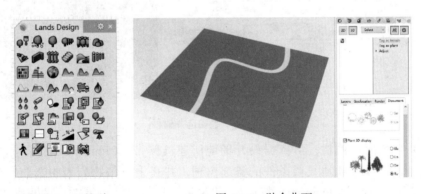

图 4.8-2　工具列　　　　　　　图 4.8-3　贴合曲面

单击 BIM 工具列中的 按钮，即可跳转到 "新增种植设计"（Insert Plant）对话框。在树种（Species）栏目中点击 "浏览" 按钮，可跳转到植物库（Plant Database）界面。在图纸标注（Dimensions on the Drawing）栏，可设置树木的冠径（Crown Diameter）、树高（Height）、树龄（Age）等详细参数（图 4.8-4）。在 BIM 植物库（Plant Database）界面中，可进一步选择合适的树种。若已知树种的拉丁学名，可直接在顶部搜索框进行查找。例如，输入 *Phyllostachys heterocycle*，即可搜索到 "毛竹" 植物。此时，右侧窗口将显示 "毛竹" 的二维平面、立面图块（图 4.8-5）。在对话框上侧栏目中，可对目标树种的属性进行限定，便于进一步筛选出符合种植设计意图的树种。在左上角的备选子栏目中，可定义"乔木、灌木、地被"等树型（Plant Type）、"针叶、落叶、常绿"等叶型（Leaf Type）、花期（Flowering）、果期（Fructification）、需水性（Water Needs）等。在右上角的"特征"（Characteristics）栏中，可勾选树种的习性，及其适宜生长的土壤条件，筛选出符合条件的备选树种（图4.8-6）。

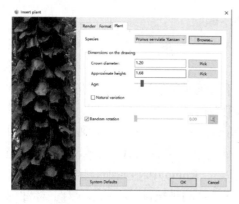

图 4.8-4　对话框　　　　　　　　　　　　图 4.8-5　建立植物图块

图 4.8-6　手动选择树种

在中央区域的左侧栏，可依据设计场地所述气候带（Climate Zones），进一步更精确地筛选出适宜设计场地气候条件的备选树种，并在下方植物列表中选取。在图4.8-7中，勾选"芳香植物"（Fragrant）特征、"北温带"气候带，可筛选出植物库中符合这2个特征的植物。在列表中进一步挑选，选定了日本晚樱（*Prunus serrulata*）作为待插入树种。此时，窗口右侧出现了"日本晚樱"的图片，以及"日本晚樱"的平面、立面图块与三维BIM模型图示[①]。如图4.8-8所示，点击"确认"后，跳转回到"新增种植"（Insert Plant）对话框。在Species栏中选择本次需放置的树种，并设定其详细参数。回到Rhino的Perspecive视图窗口，在地形曲面相应位置上单击，即可种植相应的植物。

―――――――――

① 若所需植物未包含在BIM植物库中，可单击左下角"新建树种"（New Species）选项卡，自定义新建的植物属性。

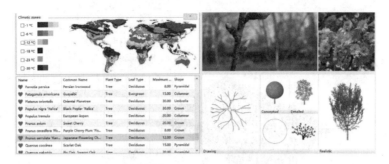

图 4.8-7 生成备选树种

图 4.8-8 对话框

若希望对树木进行列植（Plant Row），则先在 Rhino 中绘制待阵列的路径基准线。然后，单击工具列的 按钮，在弹出的对话框中进行与前文相同的操作，点击"确认"按钮（图 4.8-9）。最后，在 Rhino 窗口中点选路径曲线，即可完成列植（图 4.8-10）。

图 4.8-9 列植　　　　　　　　　　图 4.8-10 列植效果

如图 4.8-11 所示，当需要对插入的植物进行编辑操作时，单击选择右侧栏选项卡左上角的相应树种，在右上角处点选"编辑植物"（Edit Plants），即可对植物进行复制、删除、移动等编辑。在"树种"（Species）子栏目中可进一步自定义植物图块。

同理，若希望对树木进行丛植，则先在 Rhino 中以 _Polyline 或 _InnterpCrv 命令绘制树木分布的范围边线。然后，单击工具列的 按钮，在弹出的对话框中进行与前文相同的操作，选择按单元（Unit）或按阵列（Array）进行丛植，点击"确认"按钮。利用"丛

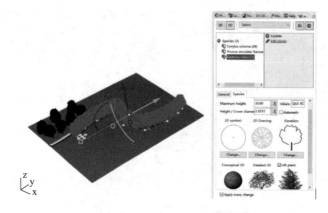

图 4.8-11　自定义植物图块

植"功能，可快速生成森林模型（图 4.8-12）。

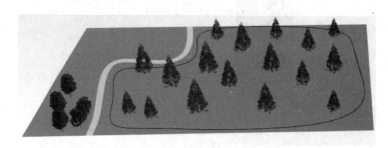

图 4.8-12　丛植

4.8.3　硬质景观建模

若希望生成景观墙体，先绘制平面上墙中线。然后，单击工具列的■按钮，在弹出的对话框中，输入墙体厚度、墙体高度，即可生成景墙[①]。所生成的墙体将自带砖纹贴图肌理（图 4.8-13）。同理，若希望生成景观格栅，先绘制平面上栅栏中线。然后，单击工具列

图 4.8-13　生成墙体

的■按钮，在弹出的对话框中，输入相应尺寸参数，即可生成格栅。若欲改变已建立的格栅设计参数，先键入 _Cancel 命令，然后，点选待更改的格栅，再单击工具列的■按钮，重新设定设计参数（图 4.8-14）。如图 4.8-15 所示，Land Design 还内置了许多景观设施的 BIM 图块。点击 BIM 工具列的■按钮，可跳转到"图块浏览器"（Block Explorer），进行选择[②]。

---

① 所有 Lands Design 创建的物件，都会自动归纳到对应的图层，例如植被、地形与设施设备等。
② 插入的 BIM 图块，可与普通 Rhino 图块进行同样的形变操作。

图 4.8-14　生成格栅

图 4.8-15　设施图块

4.8.4　数字化苗木表生成

单击 BIM 工具列的景观出图（Lands Docunment）栏目，点击按钮，即可依据模型中的数据信息，自动生成苗木表。苗木表中，将罗列当前数字化模型中各类树种的二维图例、拉丁学名，并自动统计其数量（图 4.8-16）。设计过程中，可随时在 2D 技术图纸与 3D 模型间快速切换，在构建 3D 模型时，便同时生成对应的 2D 技术图纸。单击右侧栏选项卡的 "2D" / "3D" 按钮，可使视图显示模式在平面图显示、三维显示间切换。若数字化模型发生了变更，可点选左侧列表中的 "苗木表"（Plant list），然后，单击右侧的 "更新"（Update）按钮（图 4.8-17）。将视图切换为

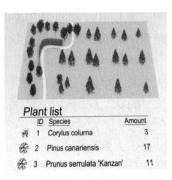

图 4.8-16　苗木表

TOP 视图，在右侧栏选项卡中单击 "2D" 按钮。接着，下滑找到 "二维植物"（Plant 2D display），可自动生成精确的景观平面详图（图 4.8-18）。将视图切换为 Perspective 视图，

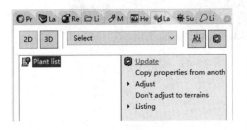

图 4.8-17　更新按钮

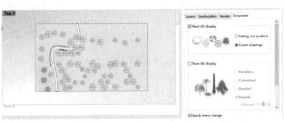

图 4.8-18　二维景观详图

在右侧栏选项卡中单击"3D"按钮。接着，下滑找到"三维植物"（Plant 3D display），选择"真实的"（Realistic）选项，可自动生成景观的两点透视图。

运用 Land Design，还可直接批量地标注 Rhino 中指定物件的点位坐标，便于对接后期深化设计、施工。首先，键入 _LaDimension 命令，点选场地平面的基准坐标原点。然后，选择命令栏的"Ordinate"（坐标系）子选项（图 4.8-19）。此时，点选需标注坐标点位的物件，可观察到平面上出现了相应标注信息（图 4.8-20）。

Specify new coordinate origin point or (SelectExistingOrigin)
Specify the type of dimension to insert (Linear Ordinate):

CPlane	x -39690.76	y -85841.37	z 0.00	Millimeters

图 4.8-19 子选项

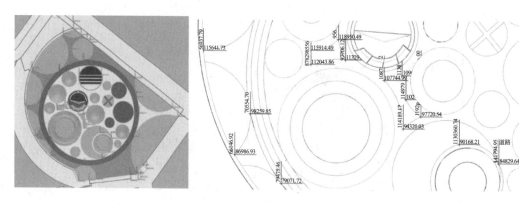

图 4.8-20 标注

在 BIM 工具栏的"景观出图"（Lands Documentation）栏中，点击🌢图标，可插入单个喷头。单击该按钮后，在弹出的对话框中，选择喷头类型（Type）、喷头的喷射半径（Radius）、喷洒范围角度（Sweep Angle）。单击 Browse... 按钮，可改变喷头图块；单击按钮，可将 Rhino 中已手工绘制的单个图块作为喷头图块（图 4.8-21）。按"确认"按钮后，即可在 Rhino 界面中，点选须插入喷灌系统的区域，逐一点击，加入单个喷头。点击按钮，或键入 _LaSprinkerArray 命令，可成片地自动插入喷灌系统，与上述插入单个喷头的操作相同。最后，单击插入喷灌系统的场地平面边界线（Boundary），将会自动生成恰当喷射角度、半径的喷头[1]（图 4.8-22）。

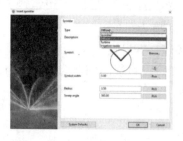

图 4.8-21 对话框

图 4.8-22 喷淋图块

---

[1] 在右侧栏 Lands 选项卡的 Array 子选项卡中，可设置喷灌系统的布置方式（Distribution）、相邻喷头之间直径间隔的最小距离（Distance betwwen sprinkers …% of sprinker diameter）等参数。

*4.8.5 参数化地形编辑

1. 地形曲面转换

通过 Terrain 和 Terrain Options 运算器，可将 Rhino 中已建立的曲面转化为附有 BIM 信息的地形。以 Surface 运算器拾取地形，将其输入至 Divide Surface 运算器，以适当的 U、V 方向数量，细分曲面。将其 Points 输出端的数据结构"拍平"，接入 Terrain（地形）运算器的 G 输入端。然后，向 Terrain Options（地形属性）运算器的 X Size 和 U Size 运算器输入适当尺寸值，并接入 Terrain 运算器的 O 输入端。运行后，即生成了由输入的原曲面拟合（Fit）而成的地形，将其"烘焙"到 Rhino 空间中（图 4.8-23）。在右侧栏的选项卡中，找到"Input data"栏，选择其中的 Elevation-3D 对象，去除勾选"Show control points"复选框，可隐藏所生成地形曲面的控制点。点击右上方"Show 2D and 3D"，可显示出地形的三维等高线（图 4.8-24）。

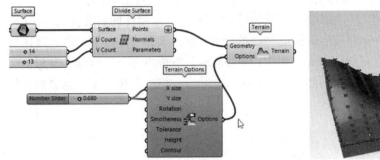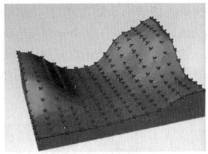

图 4.8-23　拟合地形

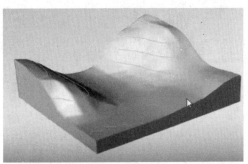

图 4.8-24　生成等高线

2. 建立适应地形的园路

在 TOP 视图中所建地形的上方，绘制一条园路的路中线，将其作为 Curve 对象，拾取进 Grasshopper 中（图 4.8-25）。加入 Terrain Path（地形道路）运算器，将地形接入其 T 输入端，将园路中线接入其 P 输入端。在 Angle 和 Width 输入端，分别设置园路的最大倾角、路宽（单位为"m"）。将所得结果"烘焙"出，即得到了符合设定条件的、依附于地形的园路（图 4.8-26）。

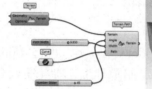

图 4.8-25 拾取

图 4.8-26 生成园路

*4.8.6 碰撞检查

1. 物件彼此之间的碰撞检查

在 Rhino 7 中，新增了 Clash 运算器，用于判断不同物件彼此之间的碰撞关系。该运算器的 A、B 输入端为待进行碰撞检查的两组物件，可使用 Geometry 控件一并拾取至 Grasshopper 中（同一组物件内部彼此之间不进行碰撞检查），D 输入端为距离容差值，L 输入端为搜索结果最大值；N 输出端为碰撞物件的总次数（含物件的自碰撞），I、J 输出端为所输入的 A、B 组中分别发生碰撞的物件的项数（图 4.8-27）。由于在进行碰撞检查时，物件的自碰撞是无意义的，因此，需要以 Equality（判断相等）、Dispatch（分流）等运算器与之组合，剔除自碰撞的物件，并以 CustomPreview 控件着色显示。完整的程序如图 4.8-28 所示。

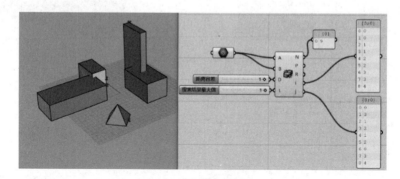

图 4.8-27 初步程序

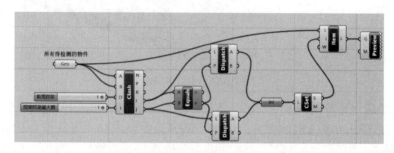

图 4.8-28 显示运算器名称

2. 植物与建筑间的碰撞检查

在进行碰撞检查前，须将建筑的体量模型归为一个图层，将植物模型归为一个图层。

下面以图 4.8-29 所示的建筑图层、植物图层为例。将建筑体量图层以 Geometry Pipeline 控件拾取到 Grasshopper 中，设为"Brep" 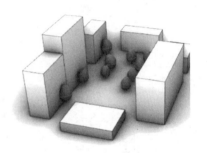 类型。将植物图层以 Lands Pipeline 控件拾取到 Grasshopper 中，设为"Plants" 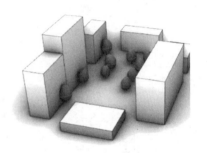 类型。

图 4.8-29　示例

　　接下来，编写实现碰撞检查程序。将 Mesh Brep（封闭网格面）、Lands Explode（炸开 BIM 对象）、Clash（碰撞）、Dispatch（数据分流）运算器按图 4.8-30 所示方式连接。注意，Dispatch 运算器的 D 输入端的数据结构须"拍平"，将其 List A 和 List B 输出端分别接入 2 个设为不同显示颜色的 Custom Preview 运算器，本例中，以红色表示建筑和植物碰撞，以绿色表示建筑与植物未碰撞。完整程序如图 4.8-30 所示。运行后，回到 Rhino 界面，可观察到与建筑发生碰撞的树木，均显示为红色；否则为绿色。此时，移动植物位置后，可实时显示碰撞检查结果，如图 4.8-31 所示。

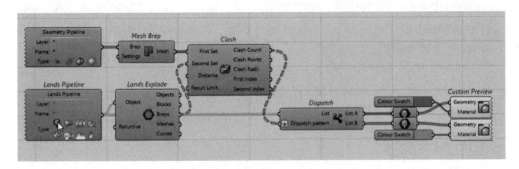

图 4.8-30　完整程序（彩图见附录 B）

图 4.8-31　碰撞检查结果（彩图见附录 B）

第5章 周期、流动与螺旋

大自然中,"周期变换"可谓无处不在。"周期性"是函数的重要属性,也是设计中不可胜数的创意形态的来源。基于此,衍生出了"流动变换"这种巧妙的造型手段。从大型建筑表皮,到创意景观小品,都能见到"流动变换"的身影。

"螺旋变换"则是自然界中常见的有机形态的来源,例如,鹦鹉螺壳的外形呈优美的螺旋线形。本书前文中介绍的斐波那契数列图像,亦是一种螺旋线。"螺旋变换"常具有象征生命力的形态语义,是现代和当代景观设计中常出现的形态元素和母题。

本章将首先介绍"周期变换"的参数化实现,继而,引入"流动变换"和"螺旋变换"这两大常见的周期变换。最后,我们还将了解二次曲面和薄壳结构,体会"建构几何学"知识在复杂景观建模中的应用。

5.1* 周期变换

5.1.1 附着变形

在以参数化手段制作表皮肌理的过程中,在任意连续曲面上皆可附着地贴合任意形状的几何体群,这一过程被称为附着变形(Attachment Transformation)。接下来,以一个简单 Nurbs 曲面与一个半球体为例,介绍在 Grasshopper 中将参照几何体(Geometry for Reference)放置于曲面上的操作。首先,建立电池并连接。其中,对拾取进入的面对象须将其数据结构设为"重参数化"(Reparametrize)[1](图 5.1-1)。

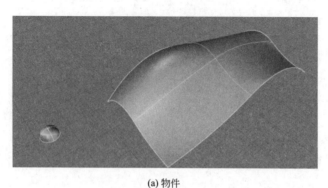

(a) 物件

图 5.1-1 初始设置(一)

---

① 参考本书 2.8.4 节。

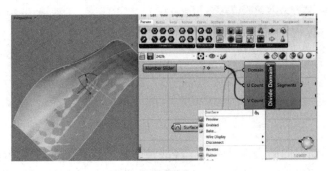

(b) 重参数化

图 5.1-1　初始设置（二）

步骤 1：

建立 Transform-Morph-Surface Box（扭转长方体）运算器。该运算器用于创建附着于曲面表面的细分长方体[①]。其 Surface 端与拾取进入的曲面相连，其 Domain（定义域）端与 Divide Domain2 的输出端相连，其 Height（高度）端与一个 Slider 相连（图 5.1-2）。

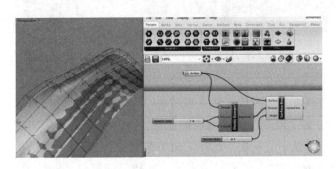

图 5.1-2　连接

步骤 2：

在空白位置建立 Box Morph（长方体变形）运算器。将其 Geometry（几何）、Reference（参照）两个输入端与一个新建的 Geometry 对象相连。将需要放到曲面上进行附着变形的半球体拾取进 Geometry 对象（图 5.1-3）。将上一步中 Surface Box 运算器的输出端与 Box Morph 运算器的 Target（目标）端相连（图 5.1-4）。

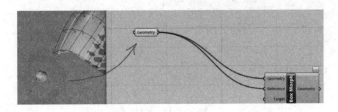

图 5.1-3　将半球体拾取进 Geometry 对象

---

① 在 Transform-Morph 类型中，除了 Surface Box 运算器外，还常用 Surface Morph（曲面包裹）运算器，其功能等价于 _Flow 命令，可使得几何体附着到曲面上。此运算器在工业设计中常用，本书不展开。

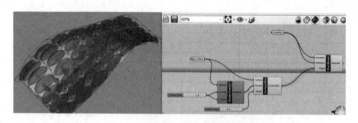

图 5.1-4 连接

此时，可观察到在曲面表面已附着了经线性变形所得到的半球体的映射。若发现半球体的朝向不正确，可在 Rhino 中键入 _Flip 命令，调整曲面的法向量，即可相应地反转所生成的半球集合体的朝向（图 5.1-5）。将结果"烘焙"，可得到如图 5.1-6 所示的一组由变形半球体所构成的同构群。

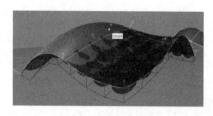

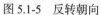

图 5.1-5 反转朝向   图 5.1-6 同构群

步骤 3：

通过修改图 5.1-7 所示的 Slider 输入的参数，可调整该附着几何体群的形态。为了方便控制参数的输入，需要编辑 Slider 对象的属性。在与 Divide Domain2 运算器的 U、V 输入端相连的 Panel（面板）上右击，选择 Edit（编辑），出现一个对话框（图 5.1-8）。该对话框中，Slider accuracy（舍入）栏目决定了输入数值的集合（Set）属性。在 Rounding 子选项中，4 个字母代表 4 种集合[①]。在 Numeric domain（数域）栏目中，Min 和 Max 代表接受输入数值所在的区间（图 5.1-9）。

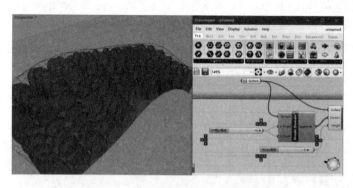

图 5.1-7 整个附着几何体群的形态

---

① R 代表浮点数集，N 代表整数集，E 代表偶数集（Even），O 代表奇数集（Odd）。

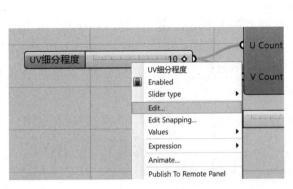

图 5.1-8　对话框　　　　　　　　　　　　　　图 5.1-9　设置

　　通过调整输入的 U、V 细分数量与几何体高度（Height），得到了如图 5.1-10 所示的变形几何体群。同理，若将 Slider 的参数进一步增大，则可得到排布密度更大的变形几何体群。这 3 次参数的调节，分别得到了下列 3 种变形几何体群。可更换拾取的曲面，拾取的几何体、UV 细分数量、几何体高度等参数，生成更为复杂的附着变形形态（图 5.1-11）。

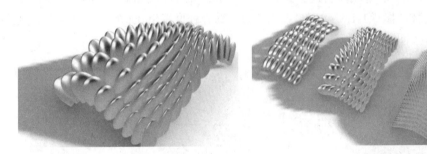

图 5.1-10　形态　　　　　　　　　　　　　　图 5.1-11　更复杂的形态

　　接下来，基于曲面的次表面细分（Sub-surface Divide），进一步完成多次附着变形，即将多个不同几何体放置到曲面上，使之依照一定序列规律（Arrangements）附着，制作更为复杂的表皮肌理。首先，按住〈Ctrl〉键的同时，拖动图 5.1-12 所示运算器端头至另一个端头，可取消 2 个运算器彼此间的连接（Disconnect）。

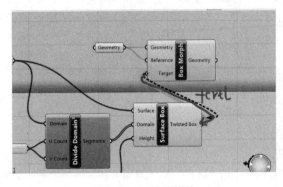

图 5.1-12　取消连接

新建一个 Longest List（长列表）运算器，用于生成一个各个元素之间的最长列表。

将前文建立的 Geometry 运算器删除，重新建立一个缺省的 Geometry 运算器，用于拾取新的几何对象。将 Longest List 运算器的 List（A）输入端与 Geometry 端相连，将其 List（B）输入端与 Surface Box 的 Twisted Box 输出端相连。进行如图 5.1-13 所示的连接。在该运算器上单击鼠标右键，选择 Wrap（图 5.1-14）。Wrap 模式的特性是能周而复始地重复执行整个表单（the Entire List）。

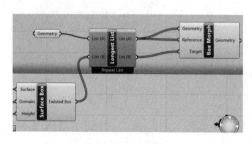
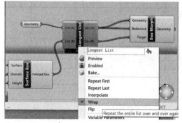

图 5.1-13　连接方式　　　　　　　　图 5.1-14　选择 Wrap

重新拾取 Geometry 运算器的几何对象，这里以一个立方体和一个球为例。在 Geometry 运算器上单击鼠标右键，选择"Set Multiple Geometries"，再回到 Rhino 窗口中拾取多个几何体（图 5.1-15）。通过改变"UV 细分程度"Slider 的值，即可生成复杂的多几何体异构群（图 5.1-16）。

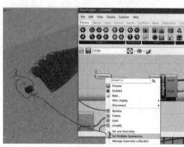
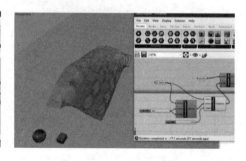

图 5.1-15　拾取　　　　　　　　　　图 5.1-16　初步效果

若 UV 细分数量为偶数，则曲面上出现立方体和球体呈行、列交替排布状态（图 5.1-17）。若 UV 细分数量为奇数，则曲面上出现立方体和球体呈逐个交叉排布状态（图 5.1-18）。图 5.1-19 即是"UV 细分程度"参数分别为奇数与偶数的情况下由附着变形产生的相应表皮肌理变化。完整 Grasshopper 小程序如图 5.1-20 所示。

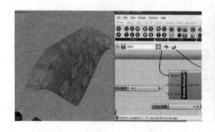
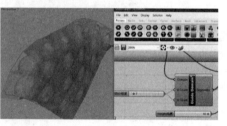

图 5.1-17　更改为偶数　　　　　　　图 5.1-18　更改为奇数

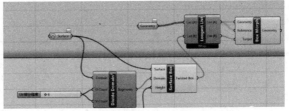

图 5.1-19　交叉排布　　　　　　　　　图 5.1-20　完整程序

5.1.2　三角变换、参数方程与螺旋形态

轨迹（Trace）是解析几何学的核心概念。中学数学中，曾学习描述某些曲线轨迹的"参数方程"。即：在平面直角坐标系中，若曲线上任意一点的坐标 x、y 都是某个变量 t 的函数，且无论 t 在定义域内取任何值，由方程组确定的点（x，y），皆落在此曲线上，则此方程称为曲线的参数方程（Parametric Equation）。三角变换是典型的周期变换。利用三角函数构造的参数方程，则是生成螺旋形态的基础。接下来，通过实操，探究若干个和三角变换有关的参数方程，进一步体会螺旋形态生成背后的规律。

1. 正弦函数图象绘制

依据参数方程，设有圆心在原点上的单位圆，某一质点在 $t=0$ 时从（1，0）出发，按逆时针方向作匀速圆周运动，其 X 轴和 Y 轴的投影分别就是余弦函数和正弦函数。在 Grasshopper 中，可使用描点法作三角函数图像。可在 Math-trig 中找到关于三角函数及三角变换的运算器（图 5.1-21）。

图 5.1-21　菜单

首先，以一个方向向量为 Unit X 的 ArrayLinear 运算器构造 X 轴方向的均分点。ArrayLinear 运算器的 G 输出端与 Deconstruct 运算器相连。Deconstruct 运算器的 X Component 输出端、Sine 运算器、Construct Point 运算器以图 5.1-22 所示方式连接。最后，以 Interpolate 运算器描点绘制函数 $f(x)=\sin x$ 的图像。

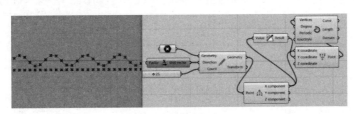

(a) 调试过程

图 5.1-22　正弦函数（一）

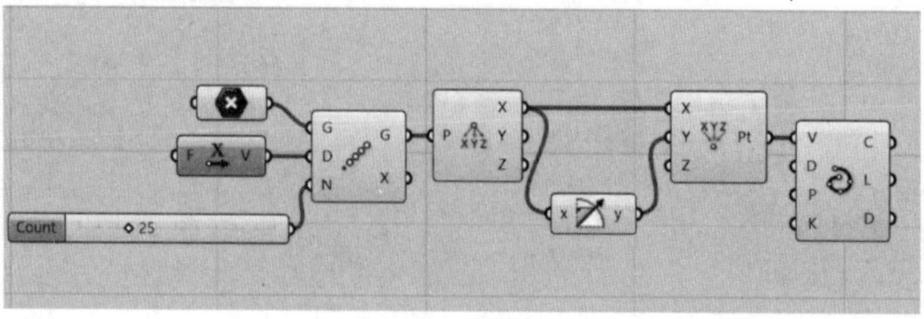

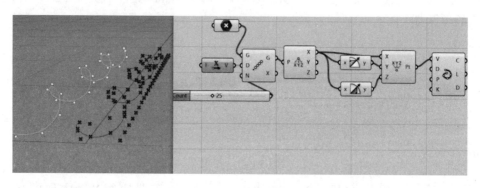

(b) 程序

图 5.1-22　正弦函数（二）

2. 圆柱螺线图像绘制

圆柱螺线（Circular Helix）即弹簧线，是正面投影为正弦曲线，水平投影为圆的螺旋线。当一动点沿圆柱面的直母线作匀速直线运动，而该母线又同时绕圆柱面的轴线作匀速回转运动时，该动点的轨迹为弹簧线。根据解析几何学知识，圆柱螺线的参数方程为：

$$x(t) = \cos t$$
$$y(t) = \sin t$$
$$z(t) = b(t)$$

故可通过下列 Grasshopper 程序生成圆柱螺线图像（图 5.1-23）。显然，弹簧线（_Helix）本质上是处处半径一致的圆柱螺线（_Spiral）[①]。

图 5.1-23　圆柱螺线

3. 阿基米德螺线图像绘制

阿基米德螺线（Archimedean Spiral）是一个点匀速离开一个固定点的同时，又以固定的角速度绕该固定点转动所产生的轨迹。根据解析几何学知识，阿基米德螺旋线的参数方程为：

$$x(t) = t \cos t$$
$$y(t) = t \sin t$$

故可通过下列 Grasshopper 程序生成阿基米德螺旋线图像（图 5.1-24）。

---

① 现代景观设计中采用的许多螺旋形态，皆从圆柱螺旋线衍生而来。

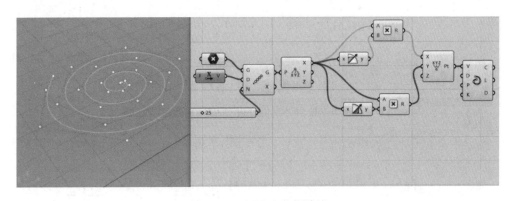

图 5.1-24　阿基米德螺旋线

5.1.3　泰森多边形

泰森多边形又称沃罗诺伊图（Voronoi Diagram），是一组由连接两邻点线段的垂直平分线组成的连续多边形，由数学家沃罗诺伊（Georgy Voronoi）最早发现。泰森多边形具有重要的几何性质，即其内的任一点到构成该多边形的控制点的距离小于到其他多边形控制点的距离。泰森多边形因具有随机而和谐的几何美感，在建筑、景观、工业设计中被广泛使用。例如，中国传统园林拙政园中的冰裂纹窗花格栅、北京奥运会"水立方"建筑的表皮形态，皆由泰森多边形衍生而来。

1. 二维泰森多边形

[例] 绘制冰裂纹窗花格栅（图 5.1-25）。

在 Rhino 中绘制一个正方形，并作为 Geometry 对象，拾取进 Grasshopper。将 Geometry 对象赋予 Populate 2D 运算器的 Region（域）输入端，得到一组随机分布的点。Populate 2D 运算器默认生成 100 个随机点，可赋予其 N（count，计数）输入端以指定值，指定随机点数量，进而，控制所得花窗格栅的密度。在顶部栏的 Mesh-Triangulation 中找到生成泰森多边形的 Voroni 运算器（图 5.1-26）。

加入 Voronoi 运算器，将所得随机分布的点赋予其 Points（点）输入端，将

图 5.1-25　中国传统园林拙政园中的冰裂纹窗花格栅

Geometry 对象赋予其 Boundary（边界）输入端，建得一组泰森多边形线框。加入 Scale 运算器，以随机分布的点为中心，逐一对每个泰森多边形的单元格进行缩放（图 5.1-27）。

加入 Graft Tree 运算器，分别升高所得的两组曲线的分支，使之变为多组彼此独立的曲线，其中，每组各为一条连续曲线。按住〈Shift〉键，分别将 2 个 Graft 运算器的输出端连接与 Boundary 运算器的输入端连接，即可完成封面。最后，将所得面片"烘焙"出，并在 Rhino 中挤出厚度。可通过赋予 Scale 运算器 F 输入端以不同数值，控制所得窗格格

栅的厚度。完整的 Grasshopper 程序如图 5.1-28 所示。 效果如图 5.1-29 所示。

图 5.1-26 运算器

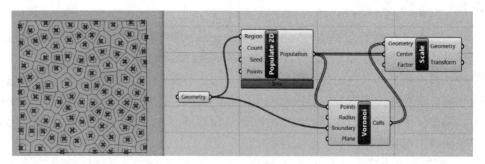

图 5.1-27 初步程序

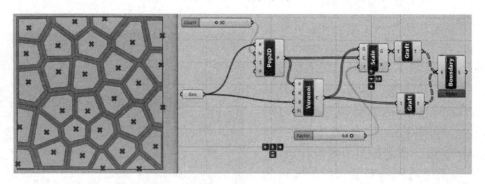

图 5.1-28 完整程序

图 5.1-29 效果

练习

试建立图 5.1-30 所示异形廊架。

图 5.1-30　英国邱园 2012 年 RHS 花展中的 Times Eureka 亭（Alan Dempsey 设计）

2. 三维泰森多边形

[例] 绘制"水立方"（图 5.1-31）。

图 5.1-31　北京奥运国家游泳中心"水立方"（赵小钧，John Pauline 等设计）

利用 Voronoi3D 运算器，可生成三维泰森多边形。利用 Populate2D 运算器，生成长方体空间中的随机点，赋予 Voronoi3D 运算器的 P 输入端。将其 Cells 输出端接入 Area 输入端，以求出每个细分所得泰森多边形的面积。将 Voronoi3D 运算器的 C 输出端赋予 Scale 运算器的 G 输入端，将 Area 运算器的 C 输出端值赋予 Scale 运算器的 C 输入端，在其 F 输入端输入缩放比，即可得到类似"水立方"建筑的表皮形态（图 5.1-32）。效果如图 5.1-33 所示。

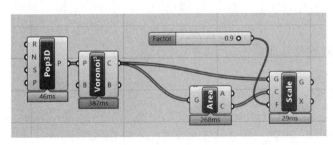

图 5.1-32　程序

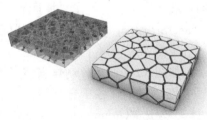

图 5.1-33　效果

5.2　流动变换

5.2.1　曲线流动

在推敲坡道等造型时，我们常希望依据一条指定的曲线路径，快速地将物件"掰弯"。此功能便是 Rhino 中的曲线流动（Flow Along Curve），即 _Flow 命令。下面，我们以一个简单坡道的"曲线流动"为例说明。

首先，需要绘制若干条辅助线，包括：待流动物件的侧边在 XOY 平面上的平行投影基准线、影响流动后形态的轨迹目标线。绘制完成上述辅助线后，键入 _Flow 命令，将需流动的全部物件选中，按回车键确认。按照提示栏的提示选择基准线，按回车键确认（图 5.2-1）。

此时，指令栏提示需选取曲线，此时，先不直接点击曲线，将其"复制"（Copy）子选项设为"是"。然后，再对"延展"（Stretch）子选项进行设置。设置完成后，点选目标线的对应端头。若"延展"子选项设为"是"，则经"直线流动"后的子物件的一端将被延伸，使之完全贴合于目标线的首尾两端。若"延展"子选项设为"否"，则经"直线流动"后的子物件将不被延伸，以点选的基准线长度为参照，故不会贴合于目标线的尾端（图 5.2-2）。

图 5.2-1　选择基准线　　　　　　　　　图 5.2-2　流动的某情形

5.2.2　简单曲面流动

接下来，介绍异形结构建模中常用的"曲面流动"相关命令。

步骤 1：

键入 _CreatUVCrv 命令，展开指定面的 UV。_CreatUVCrv（展开曲面）命令，相当于把"包裹"在物件外的"包装纸"展开为一个"面"，生成这个"展开面"边框。原曲面与展开曲面上的点在"曲面流动"过程中将呈映射（Mapping）关系（图 5.2-3）。键入 _PlanarSrf 命令，将展开得到的线框封成基准曲面（图 5.2-4）。

步骤 2：

如图 5.2-5 所示，制作立体三维文字并缩放。键入 _TextObject 命令，在弹出的对话框中键入文字。各子选项设置如下："Creat geomentry"（创造几何图形）选择"Solid"（体），勾选"Group output"（输出为组），得到三维立体文字。先以 _Scale 命令缩放。"缩放"通常有 3 种：① _Scale1d 单轴缩放。物件缩放后，其形态仅有一个方向会被挤压。

图 5.2-3 创建 UV 曲线

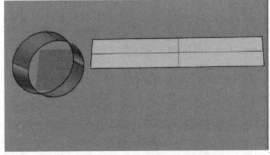

图 5.2-4 展开

② _Scale2d 平面缩放。相当于将物件在一个参照平面上二维缩放。③ _Scale 与 AutoCAD 中的 "_SC" 命令相同。物件在 X、Y、Z 三个轴方向上皆会被等比缩放。将三维文字 _Move 至展开得到的基准曲面上，键入 _FlowAlongSrf 命令。先选择要 "曲面流动" 映射 的对象（这里即三维文字），按回车键（图 5.2-6）。

图 5.2-5 立体文字

图 5.2-6 曲面流动

步骤 3：

如图 5.2-7 所示，点击步骤 1 中展开得到的基准曲面的一侧边缘线。继而，点击需要 流动到的目标曲面上的对应边的边缘线处。注意：如果此步骤中点选的展开得到曲面的边 缘线和点选的目标曲面上的边缘线端点不对应，会出现错误的流动方向。

图 5.2-7 点选位置

步骤 4：

若发现此时流动到曲面上的物件方向错误，则需要调整物件在基准曲面上的方向。 点选基准曲面上放置的物件，使用 Gumball，将其沿着 XOZ 平面旋转 180°（图 5.2-8）。

然后，键入 _Dir 命令，或点选左侧栏中的方向分析（Direction Analysis）图标▦，选择目标曲面，按回车键确认（图 5.2-9）。如图 5.2-10 所示，在弹出的对话框中，点击"Flip Direction"（反转方向）按钮，注意依附在物件 UV 辅助线上的法向量标示箭头方向。将需要流动到的目标曲面设为工作平面。重复 _FlowAlongSrf 命令，效果如图 5.2-11所示。

图 5.2-8　旋转

图 5.2-9　改变方向

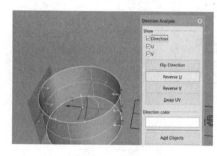

图 5.2-10　对话框

图 5.2-11　效果

5.2.3　曲面流动映射

当今，在当代景观设计中，对新型复合材料和传统材料（如混凝土、木材）的新型利用日趋普遍。景观材料的可变性，也在仿生技术（Biomimicry Technology）型景观的建造中得到了运用。从数字化模型信息中获取设计信息，带来了景观设计学科的重大变革。这一设计流程被称为"从文件到制造"（from File to Fabrication）。著名工程师邓恩（Nick Dunn）认为，新材料的使用促进设计生成、开发和制造等流程之间的流动性，取代了传统设计、建造过程中划分阶段的方法。数字制造、材料测试和原型设计，在景观设计中成为设计推敲的重要过程。

[例]绘制巨型景观构筑物（图 5.2-12）。

观察树状的巨型景观构筑物，绘制构筑物柱身的断面曲线。根据构筑物形态，通过 Gumball 进行同心圆的偏移，增加关键位置的断面线。依次使用 _Loft 命令对这些三维同心圆曲线放样。注意：缝线尽量保持处于垂直切线位置（图 5.2-13）。如图 5.2-14 所示，将"样式"设为"紧缩"（Tight），并以 10 个控制点重建（Rebuild with 10 control）。

在空白位置绘制需要流动到步骤 1 中所建立的曲面的曲线。首先，尝试以 _ArrayCrv 命令绘制一组平行直线，将其流动到曲面上。曲面流动（_FlowAlongSrf）命令需要有一个与流动物件共面的基准面（Base Face）。此处先绘制一圈边框线，再以 _PlanarSrf 命令封面（图5.2-15）。如图5.2-16所示，键入 _FlowAlongSrf 命令。选择需要流动的物件，选择的应仅仅是这些平行线，不包括其边框线和边框线连接成的基准面（图5.2-16）。

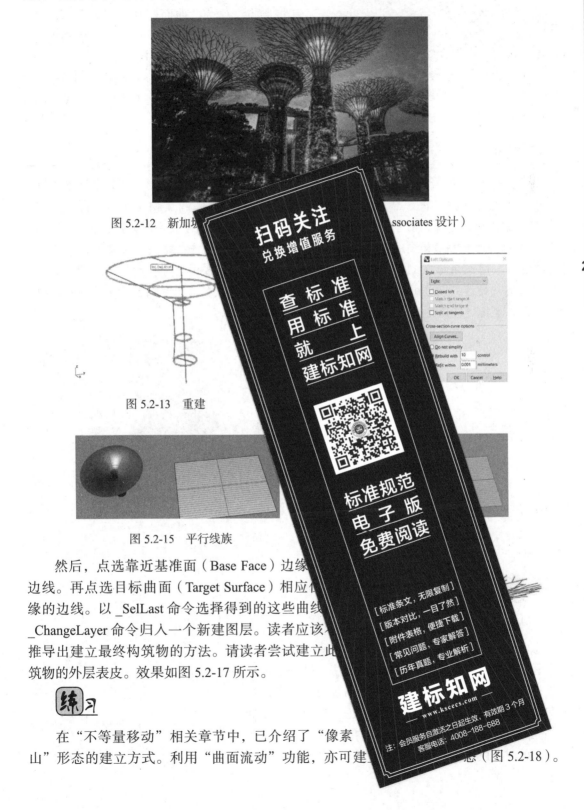

图5.2-12　新加坡……associates 设计）

图5.2-13　重建

图5.2-15　平行线族

　　然后，点选靠近基准面（Base Face）边缘……边线。再点选目标曲面（Target Surface）相应……缘的边线。以 _SelLast 命令选择得到的这些曲线……_ChangeLayer 命令归入一个新建图层。读者应该……推导出建立最终构筑物的方法。请读者尝试建立此……筑物的外层表皮。效果如图5.2-17所示。

练习

　　在"不等量移动"相关章节中，已介绍了"像素……山"形态的建立方式。利用"曲面流动"功能，亦可建……态（图5.2-18）。

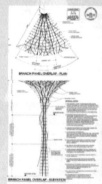

图 5.2-18　练习题图

请读者尝试。方法如下：先使用 _Box、_Array 命令创建一个长方体阵。绘制一个曲面，移动其控制点，作为"曲面流动"时的目标曲面。复制此面，以 _SetPt 命令拍平，作为"曲面流动"时的基准曲面。以 _PointsOn 命令开启长方体阵的控制点，在侧视图中框选其 Z 轴方向朝顶部的控制点。然后，使用 _FlowAlongSrf 命令。

📋 **拓展**

　　上述案例中，"Supertrees"景观构筑物的建造过程中，充分采用了数字化建模技术。构筑物顶棚形状复杂，需采用互锁分支的结构形式，构成钢管网络，由不锈钢缆索作为结构支撑（图 5.2-19）。与通过 Rhino 和其他 BIM 软件的协同，使用 Tekla BIM 软件对 Rhino 模型进一步深化。每个构筑物单体的全专业建模，仅需 6 周时间便可完成。若采用标准 CAD 平立剖设计，预计将会花费 3 倍的时长。各专业对总体规划达成一致后，制造工厂按照数字化结构可视化模型，在工厂中完成结构构件的预组装，在现场进行最终装配。

266

图 5.2-19　施工现场照片

5.2.4　异形坡道建立

　　接下来，介绍如何在已知 XOY 平面上坡道任意形态的正投影曲线 AB、坡道总高 h 的情形下，建立具有一定固定坡度值的景观坡道的方法。设坡道的正投曲线 AB，位于 XOY 平面上 X 轴正方向（图 5.2-20），设 A (x_1, y_1)，B (x_2, y_2) 考虑正投影曲线上的某些点不在定义域 D∈(x_1, y_1) 内的情形。

　　此时，以曲线 AB 作为基准曲线，以 _Flow 命令

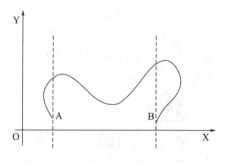

图 5.2-20　示意图

对该投影线进行"曲线流动",则在线上的所有点中,最靠近、最远离 X 轴上的原点的点将会被流动到 Y 轴方向的最远端。在此情形下,以前文所述的坡道建立方法,将无法建立具有一定固定坡度值的景观坡道,故介绍下列普适性方法。

首先,连接线段 $\overline{AB}$,并作 $\overline{BC} \perp \overline{AB}$,且 $|\overline{BC}| = h$,连接线段 $\overline{AC}$(图 5.2-21)。作 $\overline{BD} \perp \overline{BC}$。建立 XOY 平面上的面 α。将线段 $\overline{BD}$ 平移,使点 B 与点 C 重合,得到线段 $\overline{CD'}$。在保持默认工作平面的状态下,键入 _Sweep1 命令,将线段 $\overline{AC}$ 沿线段 $\overline{CD'}$ 单轨扫掠,建得面 β。此时,由于坡道具有"一定固定坡度值"这一条件,面 β 的侧边是斜向的直线,可用一次函数表示。因此,对于该面上的任意两点 $P_1(x_1, y_1)$,$P_2(x_1 + \Delta x, y_1 + \Delta y)$ 恒有 $\Delta h = \Delta x \cdot \tan \langle \alpha, \beta \rangle$ 成立(图 5.2-22)。

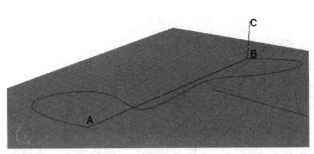

图 5.2-21　作辅助线

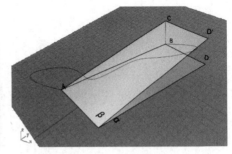

图 5.2-22　构造辅助面

以 _CPlane_O 命令将当前工作平面切换至面 β。以 Gumball 的"三轴缩放"功能,等比放大面 β 至适宜尺寸。以 _CPlane_W_T 命令恢复默认工作平面。将原投影曲线向上挤出足够距离,得到柱面(图 5.2-23)。以 _Intersect 命令求出柱面与面 β 的交线,即得到坡道边缘的空间曲线 $\overline{AC}$。键入 _FitCurve 命令,按需选择一定的容差值,逼近拟合出具有更少控制点数量的曲线,在简化曲线形态的同时,保持曲线的走势恒定(图 5.2-24)。最后,若坡道不等宽,则需以相同方法求出另一侧坡道边缘的空间曲线;若坡道处等宽,则直接键入 _Ribbon 命令,按一侧的坡道边缘曲线,生成坡道顶面(图 5.2-25)。

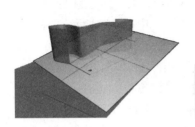

图 5.2-23　相交

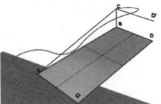

图 5.2-24　求出坡道基准线

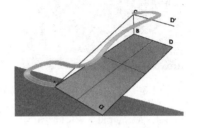

图 5.2-25　生成坡道

试建立图 5.2-26 所示景观栈桥。

图 5.2-26　浙江金华燕尾洲生态公园中的栈桥（土人景观设计）

5.3　复杂水景与地景

5.3.1　后现代水景景观综合案例

20 世纪 60 年代后半期，由于当时占据主导设计界的"国际主义"（Internationalism）风格过于单调、刻板，新生代设计师对"国际主义"风格的狂热度逐渐消退。建筑师文丘里（Robert Venturi）最早提出了"少即是乏味"的观念。后现代主义设计认为，形式本身必须经过刻意设计，反对现代主义、功能主义的"形式追随功能"原则，并称形式本身是设计的本质，而非结构或功能。利用本书前文已介绍的知识，完整地演示一个典型的后现代主义水景景观（图 5.3-1）建模案例。

图 5.3-1　戴安娜王妃纪念喷泉（Diana, Princess of Wales Memorial）（Kathryn Gustafsons 设计）

步骤 1：

首先，输入 Options 命令在设置对话框左侧栏中，找到 Option-unit 子栏目，将该栏目中的"单位"设置为 mm，绝对容差（Absolute tolerence）为 0.1 单位。通过降低绝对容差，可避免曲面衔接处发生破面，如图 5.3-2 所示。将平面参考图拖入 Top 视图，以 _Scale 命令缩放至实际尺寸。选中参考图，在右侧栏"属性"（Property）菜单下找到"材料"（Materials），下滑，找到"透明度"（Transparency）滑块，适当调整参考图的透明度，如图 5.3-3 所示。以 5 阶内插点曲线绘制水系区域轮廓，以 _EditPtOn 命令打开并调整编辑点位置。以 _Orient_Copy=Yes，Scale=1d 命令将外边缘基准对齐缩放至内侧，以 _EditPtOn 命令打开并适当微调编辑点位置，如图 5.3-4 所示。

使用 _Extend、_Split、_Fillet、_Join 等命令完成路网绘制，如图 5.3-5 所示。以 _PlanarSrf 命令建立地面的面片，以平面线切分地面，得到各分区平面。绘制等高线，建立草坡地形，如图 5.3-6 所示。

图 5.3-2　对话框

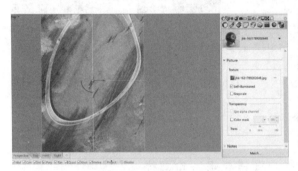

图 5.3-3　导入图片

图 5.3-4　缩放

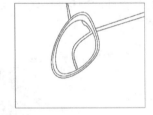

图 5.3-5　平面图

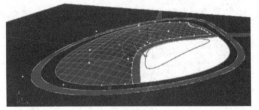

图 5.3-6　建立草坡

步骤 2：

以 _PlanarSrf 命令将水系区域封面，绘制不同水系区域标高的分界线，以 _Split 命令切分，得到不同标高水系所属的面片，挤出厚度。接下来，建立水流湍急处的跌水。设定跌水的一处标高基准面为工作平面，绘制水槽凹槽处被"挖洞"的横向走势线，作为一条截面线。在垂直方向上，绘制类似正弦函数线的纵向曲线，如图 5.3-7 所示。以 _Orient 命令在横向走势线与纵向曲线另一端相交处，执行基准对齐，得到另一条"轨"（Rail）。同理，得到另一条走势截面线（图 5.3-8）。将截面线垂直镜像一份，与原截面线以 _Join 命令接合为一根。使用 _Sweep2 命令扫掠后，使用 _Cap 命令加盖成体（图 5.3-9）。

以 _ArrayCrv 命令阵列，建立数个体，将其归为一组。以 _Orient_Copy=Yes, Scale=1d 命令，将这组体分别复制、缩放至不同标高的跌水平面处，得到多组类似的体（图 5.3-10）。然后，执行 _BooleanDifference 命令，即可切割出跌水的水槽。若切割失败，则检查这些体的表面朝向是否正确。可使用 _Flip 命令反转面的朝向（图 5.3-11）。

图 5.3-7　绘制曲线　　　　　　图 5.3-8　基准对齐　　　　　　图 5.3-9　成体

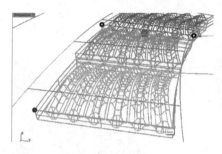

图 5.3-10　得到多个体　　　　　　　　图 5.3-11　效果

270

步骤 3：

首先，绘制水槽的特征曲线。将其与水系轮廓线一起复制一份至他处。使用 _EditPtOn 命令开启其编辑点，每隔一个点选择一个点，调整其高度。注意两侧两根特征曲线的编辑点呈"一高一低"的对应关系（图 5.3-12）。补画扫掠截面线，以 _Sweep2 命令，双轨扫掠成面，建立水槽的两侧曲面（图 5.3-13）。

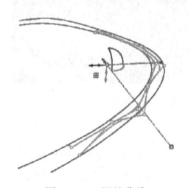

图 5.3-12　调整曲线　　　　　　　　图 5.3-13　成面

注意：不同剖面处水槽两侧的深度有所不同，故需控制截面线，以控制扫掠所得的水槽底面曲面与两侧曲面的衔接关系。以直线连接两处水槽两侧的截面处端点，以 _Rebuild 命令重建，调整其竖向布点形态，使形态向一侧偏斜，得到一处截面线（图 5.3-14）。将该截面线水平镜像，以 _Orient 对齐至另一端头。以 _Sweep2 命令扫掠，得到水槽完整底面（图 5.3-15）。以 _OffsetSrf 命令挤出戏水区水槽厚度，打组，移回相应位置即可。

步骤 4：

建立具有表面肌理的跌水。首先，分割出跌水小坡所在位置，以 _SetPt 命令定义小

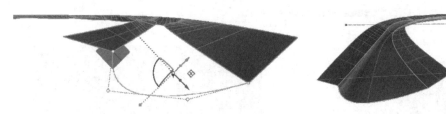

图 5.3-14　绘制截面线　　　　　　　　　图 5.3-15　成面

坡上、下方池底的标高，如图 5.3-16 所示。然后，将跌水小坡所在面的标高以 _SetPt 命令设定为与下方池底标高相同值。以 _DupEdge 命令提取坡的底面边线，并出坡的高线（图 5.3-17）。如图 5.3-18 所示，连接小坡平面曲线的两个端点，作为"流动"的参照线。通过高线，作出跌水小坡的侧截面线。键入 _Flow（流动）命令，依次点选待流动物件，按回车键，再点选参照线和作为流动目标线的侧截面线，即可得到跌水小坡真正的外缘线（图 5.3-19）。

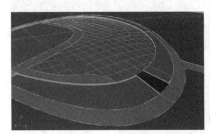

图 5.3-16　定义标高　　　　　　　　　图 5.3-17　绘制高线

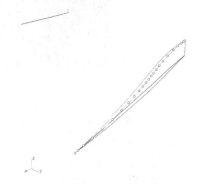

图 5.3-18　绘制外缘线　　　　　　　　图 5.3-19　调整外缘线

同理，作出内侧坡的外缘线。放样，得到小坡的基准面（图 5.3-20）。以 _CreateUVCrv 命令展开，得到矩形框线。按〈Ctrl〉+〈Shift〉，"超级选择"出面的边线，以 _Divide 命令求出其等分点，以 _SelLast 和 _Group 命令将这些等分点打组。以 3 阶内插点曲线依次连接各个等分点，得到正弦形态曲线（图 5.3-21）。

向上移动所得到的单条曲线一侧的编辑点（图 5.3-22）。如图 5.3-23 所示，以 _DupEdge 命令提取单根矩形边线。将矩形长边线与曲线以 _EdgeSrf 命令成面。对所得肌理曲面进行缩放、镜像，放样补齐中间位置的衔接面，得到肌理曲面单元，打组。以 _ArrayCrv 命令沿着矩形短边阵列肌理单元，使之恰好布满矩形范围，成组（图 5.3-24）。

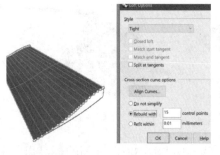

图 5.3-20　得到基准面　　　　　　　图 5.3-21　正弦形态曲线

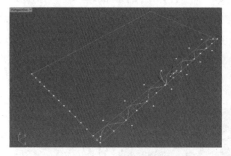

图 5.3-22　编辑曲线　　　　　　　　图 5.3-23　提取

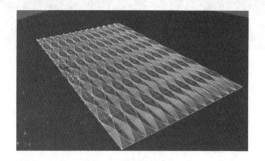

图 5.3-24　成组

　　将矩形以 _PlanarSrf 命令封面，作为"曲面流动"的基准面。键入 _FlowAlongSrf 命令，依次点选肌理曲面组、基准曲面靠近左下角的一端、目标曲面（小坡）靠近左下角对应位置的一端，即可将这些肌理曲面流动至跌水小坡上（图 5.3-25）。最后，将池岸边缘线向 Z 轴正方向挤出，以 _OffsetSrf 命令偏移出滨水护栏（图 5.3-26）。

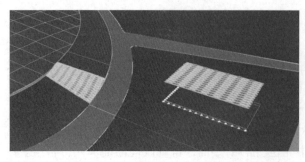

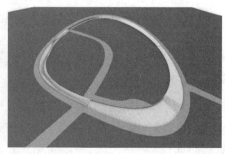

图 5.3-25　流动　　　　　　　　　　图 5.3-26　完成效果

5.3.2　后现代地景景观综合案例

"大地艺术"（Land Art）是当代景观地形设计的重要观念。在人地关系出现矛盾的 20 世纪 60 ～ 70 年代，大都市城郊地区出现了许多生产、生活过而后被遗弃的土地，常彰显着寂寥荒凉的氛围，贴合"后现代主义"景观具有的"支离破碎"化的主题[①]。"大地艺术"风格景观突破了传统景观的地形形式，以人工化的几何形式改变了地形面貌，富有视觉冲击力。景观设计师凯瑟克（Maggie Keswick）据此设计了许多后现代主义的"大地艺术"景观，在地形设计中，采用了许多提取自动物形态的曲线，来改造原有地形形态，被称为"流动的景观"。"细胞生活"园林（"Cells of Life"）是一个由景观微地形和湖泊组成的"大地艺术"景观（图 5.3-27）[②]。

图 5.3-27　Jupiter Artland "细胞生活"园林（Charles Jencks 设计）

首先，绘制微地形边界线。作连接每处坡道起伏处顶端的连线，以该线将边界线 _Split（切分）为两类，分别归入不同的图层（图 5.3-28）。在坡道投影线和连线的交点处作一组垂线，垂线高度分别为每处坡道的坡顶高（图 5.3-29）。

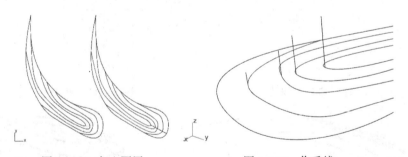

图 5.3-28　归入图层　　　　　　图 5.3-29　作垂线

选中靠近坡道底端的右侧地形投影线和对应垂线，以 _Isolate 命令独立显示。按前文中"曲线流动"相关案例的操作方法，建立三维坡道边线（图 5.3-30）。其他坡道处同理，以地形投影线和垂线为参照，建立右侧各条三维坡道边线（图 5.3-31）。对于左侧的地形

---

①　20 世纪 60 年代，设计家詹克斯（Charles Jencks）著写《跃迁寰宇的建筑》（*The Architecture of the Jumping Universe*）一书，从科学领域对设计符号学进行探讨，提出了"形式追随宇宙观"的观念，由此萌生了"大地艺术"景观。

②　该景观整体以螺旋线小丘和反扭转状土丘构成，水面随着地形弯转，形成 2 个半月形水塘，形态恰似蝴蝶。"蝴蝶"象征着自然界中"破茧成蝶"的生物演化过程。其中，绿色流体状的漩涡，形成了草地覆盖的小土丘，用抽象的方式进行仿生，构成了园林的基本基调，也象征着细胞有丝分裂、细胞膜与细胞核等关系。

投影线，以相同方式操作（图5.3-32）。手动拖动调整左侧坡道边线与右侧坡道边线，使之相交于一点（图5.3-33）。

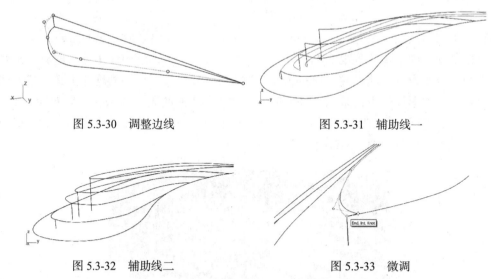

图5.3-30　调整边线　　　　　　　　　　　　图5.3-31　辅助线一

图5.3-32　辅助线二　　　　　　　　　　　　图5.3-33　微调

分别以_Join命令接合各处坡道的三维边线。以_FitCrv命令简化曲线，使之在尽可能不发生显著形变的情况下，减少控制点（图5.3-34）。以_PointsOn命令打开曲线的控制点，按〈Delete〉，删除原2条曲线相交处的"锐点"（图5.3-35）。以_Ribbon命令创建坡道（图5.3-36)，"超级选择"坡道外边线，以_Patch命令嵌面，得到微地形（图5.3-37）。

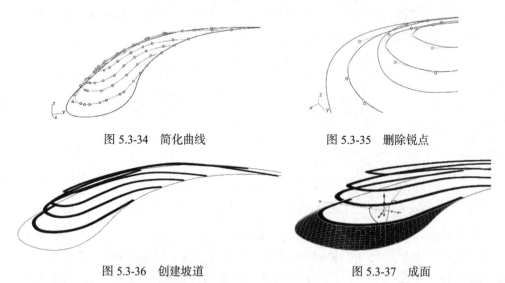

图5.3-34　简化曲线　　　　　　　　　　　　图5.3-35　删除锐点

图5.3-36　创建坡道　　　　　　　　　　　　图5.3-37　成面

对于边界较复杂的中间位置缓坡，将边线"超级选择"后，复制一份至他处，相互切割曲线，将冗余曲线段删除。剩余围合为微地形的部分，则以_Patch命令嵌面（图5.3-38）。完成后，将微地形面片移回原位。对于上方的微地形，采用相同操作（图5.3-39）。对微地形部分进行复制、以-1的缩放比缩放，得到另一侧与之对称的微地形（图5.3-40）。

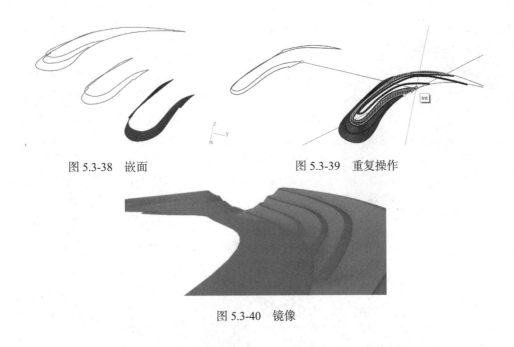

图 5.3-38　嵌面　　　　　　　　　　　图 5.3-39　重复操作

图 5.3-40　镜像

5.4　基本螺旋变换

在本章第一节中，我们曾利用参数方程知识，在 Grasshopper 中绘制了阿基米德螺旋线和圆柱螺线。除"螺线"本身之外，由螺线作为母线，能衍生出许多具有"曲线式螺旋上升"特征的形态（图 5.4-1），体现了"不断、有序的生长状态"的意向。因此，在现代建筑、景观、工业设计中，螺旋变换有着广泛应用。

图 5.4-1　某山地螺旋形景观构筑物概念设计（作者自绘）

5.4.1　螺旋景观塔案例

[例] 绘制西班牙尼迈耶艺术中心构筑物（图 5.4-2）。

在 XOY 方向绘制底面圆。在 XOZ 方向（侧视图）绘制竖向铅垂线（图 5.4-3）。使用 _Helix 命令绘制螺旋线。键入 _Helix 命令后，命令栏子选项为"竖向"（Vertical）。然后，修改直径等几何参数，按回车键。分别点选螺旋线旋转中轴的始点、末点，输入螺旋半径

图 5.4-2　西班牙尼迈耶艺术中心
（Oscar Niemeyer 设计）

值，得到一条三维螺旋线。以 _Rebuild 命令重建这条螺旋线为 2 阶 20 点曲线（图 5.4-4）。

如图 5.4-5 所示，以 _PointsOn 命令开启曲线的控制点。在 Right Viewport（右视图）中框选靠近上方的控制点，调整坡道的形态。如图 5.4-6 所示，键入 _Offset 命令，沿着朝向经过圆心的铅垂线的方向（即向内），偏移这根螺旋线。补画 S1 和 S2 两根截面线。以 _Sweep2 命令双轨扫掠 4 根线。其中，R1 和 R2 两根螺旋线为轨迹线（Rails），S1 和 S2 两根截面线为截面线（Section-cross）。继而，选择"以 4 个控制点重建截面"（Rebuild cross section with 4 control points）（图 5.4-7）。

图 5.4-3　圆与辅助线

图 5.4-4　螺旋线

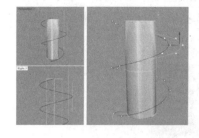

图 5.4-5　调整控制点

图 5.4-6　双轨扫掠

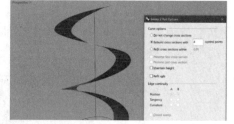

图 5.4-7　重建曲面

如图 5.4-8 所示，以 _PlanarSrf 命令封面底面的圆形，并以 _ExtrudeSrf 命令挤出为圆柱体。键入 _CPlane_O 命令，设所得圆柱的顶面为工作平面，并绘制构筑物顶部圆柱底面的圆形。如图 5.4-9 所示，用 Gumball 向上挤出内、外侧的螺旋线生成栏杆。继而，如图 5.4-10 所示，以 _OffsetSrf 命令，设置偏移距离，偏移出栏杆的厚度。偏移过程中，须注意偏移的法线方向是否正确。如图 5.4-11 所示，以 _Plane 命令作切割构筑物顶部玻璃所需的辅助面。以 _Move 命令移动这两个平面，使之与顶部圆柱相交。通过 _Split 命令切割圆柱，将"切割用物件"选定为两个平面。

如图 5.4-12 所示，将所得面归为一个新图层。以 _CreateUV 命令展开这个玻璃所在曲面的 UV 面。如图 5.4-13 所示，在展开所得面上绘制窗户的窗框。使用 _ArrayCrv 命令沿直线阵列，使用 _Split 命令切割重合的直线段，使用 _Join 命令接合为连续多段线，使用 _PlanarSrf 命令封面，使用 _ExtrudeSrf 命令挤出窗框厚度。如图 5.4-14 所示，以

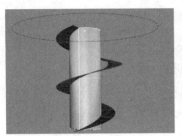

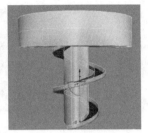

图 5.4-8　挤出为圆柱体　　　　图 5.4-9　生成栏杆

图 5.4-10　微调　　　　　　图 5.4-11　切分

_ArrayCrv 命令偏移出多个格栅。如图 5.4-15 所示，以 _Group 命令归为一组。将底面展开，所得 UV 框线以 _PlanarSrf 命令封面。

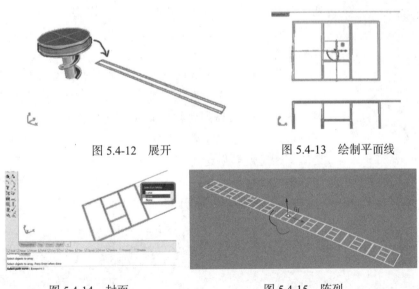

图 5.4-12　展开　　　　　　　图 5.4-13　绘制平面线

图 5.4-14　封面　　　　　　　图 5.4-15　阵列

　　如图 5.4-16 所示，以 _FlowAlongSrf 命令将绿色基准面上的窗框群组，沿着玻璃进行"曲面流动"。最终"曲面流动"后的效果如图 5.4-17 所示，设置玻璃所在图层的材质（图 5.4-18）。

5.4.2　旋转楼梯

旋转楼梯是现代景观主义设计中常出现的构件，其建模方法具有技巧性，故在此以一

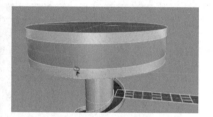

(s) 点选位置一   (b) 点选位置二

图 5.4-16   曲面流动

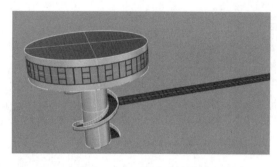

图 5.4-17   流动后效果   图 5.4-18   最终效果

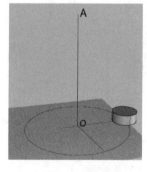

图 5.4-19   示例图

节单独讲述。首先，简要介绍 _ArrayPolar 命令的"三维圆周阵列"功能。例如，欲将高为 h 的圆柱以 OA 为旋转中轴，共计旋转 a 份，并已知旋转的始边、终边，旋转角度为 θ，构成"向上螺旋堆叠"状（图 5.4-19）。

    首先，键入 _ArrayPolar 命令。点选待阵列物件，按回车键。然后，点选命令栏子选项"轴"（Axis），依次点选点 O 和点 A。根据提示，输入整列后物件总数量 a。将命令栏子选项"预览"（Preview）设为"Yes"。然后，与二维的 _ArrayCrv 命令操作类似，指定旋转始边（图 5.4-20）。接着，指定旋转终边，亦可输入精确的旋转角度（图 5.4-21）。此时，再点选命令栏子选项"Z 轴方向偏移"（Z Offset），其值为待流动的原物件的高度 h（图 5.4-22）。

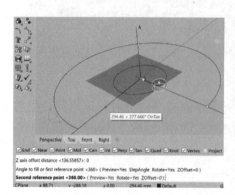

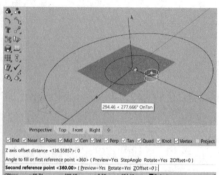

图 5.4-20   起始边   图 5.4-21   终止边

接下来，以一个后现代主义景观构筑物（图 5.4-23）为例，介绍旋转楼梯的建模方法。

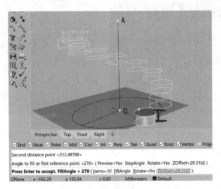 

图 5.4-22 输入高度   图 5.4-23 巴黎拉维莱特公园中的局部构筑物
（Bernard Tschumi 设计）

📖 **拓展**

20 世纪 80 年代，解构主义（Deconstructionism）作为一种新潮设计风格而兴起。解构主义设计是对正统原则、正统秩序的扬弃，源自哲学家德里达（Jacques Derride）基于对语言学中结构主义（Structuralism）学派的批判，认为"符号"本身已能反映真实，是一种具有强烈个性的设计新理论。

1980 年，法国著名建筑师屈米（Bernard Tschumi）设计了法国巴黎拉维莱特公园（Parc de la Villette），并因园中一组名为"Felio"的解构主义风格红色构筑物，名声大振。这是一组尺寸分别为 10m×10m×10m 立方体式样的构筑物，其形态由各自独立的点、线、面元素"叠加"构成，分别作为茶室、观景台、看台、游戏室等，打破了传统现代主义景观设计的固有模式（图 5.4-24）。

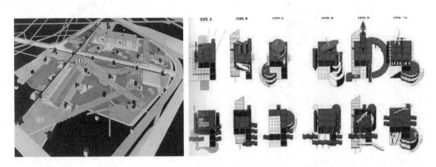

图 5.4-24 拉维莱特公园的轴测图与分析图

在 TOP 视图中绘制平面。以 _Box 命令绘制柱体。以 _PlanarSrf 和 _ExtrudeSrf 命令绘制楼板。以 _Pipe 命令绘制桁架支撑构件（图 5.4-25）。绘制旋转楼梯平面的两个同心圆，以 _Helix_V 命令绘制旋转楼梯栏杆特征曲线，以 _Rebuild 或 _FitCrv 命令简化所得曲线（图 5.4-26）。将该曲线以 Gumball 向上挤出（图 5.4-27）。

将旋转楼梯底面线复制一份（图 5.4-28）。以 _Divide 命令分别求两个圆的 16 等分点

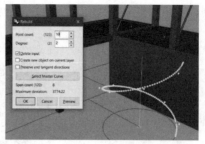
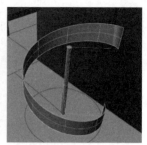

图 5.4-25　绘制支撑构件　　　　图 5.4-26　简化曲线　　　　图 5.4-27　挤出

（16 是这个构筑物旋转楼梯每层的台阶阶数）。以图 5.4-29 所示 2 线连接相邻同圆心等分点，并以 2 线 切割（_Split）1 线，以 _PlanarSrf 命令封面，得到单级台阶。然后，以圆心为旋转轴，以本例前文所述的 _ArrayPolar 命令的"三维圆周阵列"方法，对单个台阶踏步面片进行操作，得到绕着圆周空间旋转的台阶面片（图 5.4-30）。以 _Group 命令将这些台阶面片成组，以 _ExtrudeSrf 命令挤出台阶厚度（图 5.4-31）。

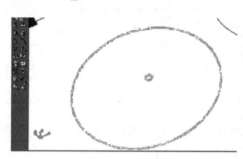
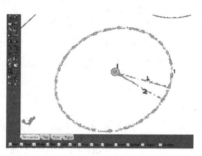

图 5.4-28　复制　　　　　　　　图 5.4-29　得到单级台阶

图 5.4-30　三维旋转阵列　　　　图 5.4-31　挤出厚度

　　在 XOY 平面上以 _Rotate 命令旋转楼梯的扶手和台阶，直至其啮合于合适位置（图 5.4-32）。向外 _OffsetSrf（偏移曲面）偏移出外围螺旋形环绕状的扶手的厚度。绘制中心支撑圆柱（图 5.4-33）。然后，以 _Copy 命令复制，得到二层的旋转楼梯（图 5.4-34）。然后，以 _SrfPt 命令绘制踏板连接处，并挤出厚度（图 5.4-35）。

　　在新图层中使用 _Polyline 命令绘制平台栏杆的底面路径线，以 _Slab 命令挤出栏杆（图 5.4-36）。使用 _ChangeLayer 命令进行物件的图层区分、材质赋予等（图 5.4-37）。效果如图 5.4-38 所示。

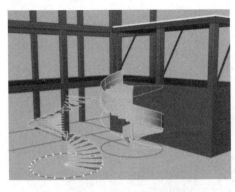

图 5.4-32 旋转

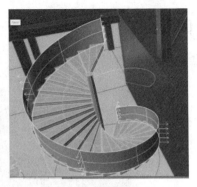

图 5.4-33 偏移曲面

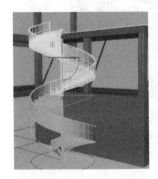

图 5.4-34 复制

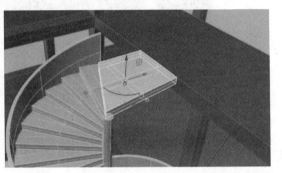

图 5.4-35 补面

图 5.4-36 绘制路径

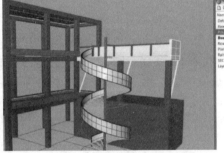

图 5.4-37 建模完成

图 5.4-38 效果

练习

试建立图 5.4-39 所示构筑物。

图 5.4-39　法国巴黎拉维莱特公园局部构筑物（Bernard Tschumi 设计）

5.4.3　以参数化方法建立旋转楼梯

下面编写 Grasshopper 小程序，快速建立我们曾在上一节中建立的旋转楼梯。首先，以 Series 运算器生成等差数列，并以 Construct 命令生成对应 Z 轴上阵列的 30 个特征点（图 5.4-40）。以 Circle 运算器生成圆心位于坐标原点的单位圆，以 Divide 运算器求出其圆周上 30 等分点。以 Vector2Pt 运算器求出以坐标原点为起点、以圆周上各个等分点为终点的各向量。加入 LineSDL 运算器。该运算器可由指定的起始点（S）、方向向量（D）、长度（L）生成直线段。将运算器作图 5.4-41 所示的连接，便可得到旋转楼梯踏步的基线。

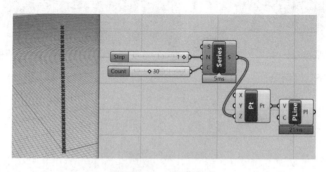

图 5.4-40　构造数列

以 PrepFrames 运算器提取所得直线段族框线。以 Rectangle 运算器生成每级踏步的上、下侧平面边线。以 Loft 运算器放样挤出（图 5.4-42）。Grasshopper 程序如图 5.4-43、图 5.4-44 所示。

将所得结果"烘焙"出。在 Rhino 中，选中所有长方体，以 _Cap 命令加盖，以 _Group 命令打组（图 5.4-45）。

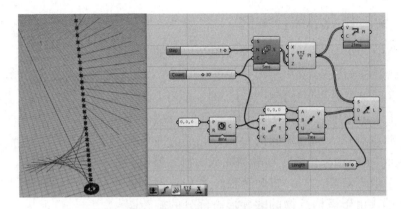

图 5.4-41　得到旋转楼梯踏步的基线

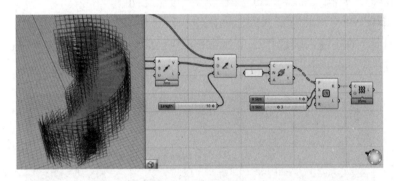

图 5.4-42　放样挤出

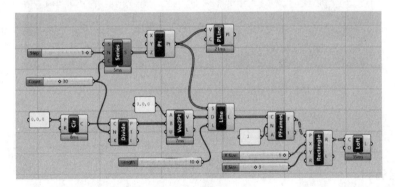

图 5.4-43　显示运算器名称

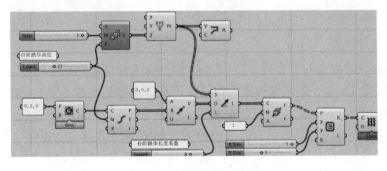

图 5.4-44　显示运算器图标

5.4.4 旋转景观塔综合案例

综合本节中已介绍的相关内容，尝试建立一个更为复杂的螺旋形观景塔（图 5.4-46）。

首先，绘制一个适当尺寸的、位于 XOY 平面上的矩形，连接其上、下边中点，作为旋转轴（图 5.4-47）。该构筑物建模的难点在于双螺旋面的绘制，此类曲面可利用 Grasshopper 的 Twist（扭转）运算器完成。将矩形作为 Surface 对象拾取进 G 输入端，将旋转轴作为 Line 对象拾取进 X 输入端。由于该构筑物的螺旋形态部分的旋转圈数为 2 圈，故赋予 A 输入端以"2pi"值。对于双螺旋面，由于在其底部端头处与螺旋特征线间，间隔着一段 Z 轴方向的线段，因此，在 I 输入端连接一个 Boolean Toggle 空间，将其值设为 True。将所得曲面"烘焙"出（图 5.4-48）。

图 5.4-45　效果图

图 5.4-46　南昌水岸鸟屿浮云公园景观塔（朱育帆设计）

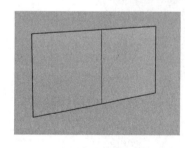

图 5.4-47　辅助面

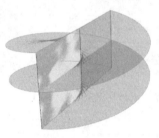

图 5.4-48　程序

"超级选择"该曲面的外边线，以 _Offset 将其向内偏移适当距离，并以 _FitCrv 命令简化曲线，以 _Ribbon 命令向内挤出为面，将该挤出面移至他处（图 5.4-49）。以所得挤出面为基准面，以 _Contour、_Loft 等命令建立台阶（图 5.4-50）。

向上挤出楼梯的玻璃围护面。以 _Offset 命令将双螺旋曲面向上偏移，得到实体，将楼梯与玻璃面移动至适当位置（图 5.4-51）。制作构筑物顶部平台，与已建部分组合（图 5.4-52）。步骤从略。效果如图 5.4-53 所示。

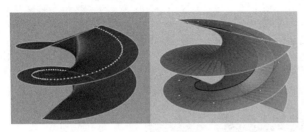

图 5.4-49 简化

图 5.4-50 建立台阶

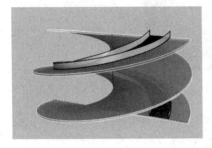

图 5.4-51 挤出厚度

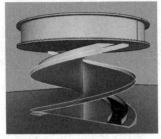

图 5.4-52 制作顶部平台

图 5.4-53 效果

285

试建立图 5.4-54 所示的景观塔。

图 5.4-54 丹麦瓦登（Wadden）海国家公园中的 Marsk 塔（BIG 设计）

5.5 复合螺旋变换

5.5.1 悬链线衍生形态

设有一根两端固定的均匀、柔软且不能伸长的链条，在重力的作用下，使之自然下垂，得到的曲线称为悬链线（Catenary）①。悬索桥具有典型的悬链线形态。

[**例**] 绘制爱尔兰利默里克景观桥（Limerick Bridge）（图 5.5-1）。

图 5.5-1　爱尔兰利默里克景观桥（Santiago Calatrava 设计）

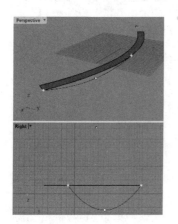

图 5.5-2　绘制圆弧

如图 5.5-2 所示，先绘制一段圆弧，将其以 _Ribbon 命令挤出，得到桥梁的道路部分。键入 _Catenary 命令，在 Perspective 视图中，依次点选圆弧的端点、中点，在任一侧视图中，点选悬链线的方向，移动鼠标，调整悬链线的凸度，绘制一根悬链线。如图 5.5-3 所示，将悬链线以 _Mirror 命令镜像。在适当位置绘制辅助短直线，将悬链线以 _Split 命令切割，删去冗余部分。以 _BlendCrv 命令，将 2 条悬链线的端头处混接。将 3 条曲线以 _Join 命令接合为 1 条曲线，并以 _MakeUniform 命令使其均匀化（图 5.5-4）。

将道路边线向上复制，并向内以 _Offset 命令偏移。以 _Rebuild 命令重建所得弧线与曲线，使之皆为 3 阶 10 点曲线（图 5.5-5）。以 _Loft 命令对其放样，得到桥身曲面。键入 _Contour 命令，以图 5.5-6 中点 A 为起点、点 B 为终点，提取桥身曲面的等距断面线，将其以 _Group 命令打组。以 Gumball 和 _ExtrudeSrf 命令，分别向两方向挤出断面曲线族，得到护栏结构，将其以 _SelLast 和 _Group 命令归为一组（图 5.5-7）。对桥身栏杆以 _Pipe 命令成管。以相同方法，建立另一侧桥身栏杆。效果如 5.5-8 所示。

5.5.2　螺旋状景观构筑物案例

仿生学（Bionics）理论认为，生物是自然留给设计实践活动的隐秘线索，通过寻找、

---

① 历史上，达·芬奇（Leonardo da Vinci）曾猜想悬链线不是抛物线，但未证明。数学家惠更斯（Christiaan Huygens）证明了这条线不是抛物线。最终，瑞士数学家约翰·伯努利（Johann Bernoulli）最早利用微积分证得：悬链线是双曲余弦函数，其标准方程为 $y = \mathrm{acosh}\left(\dfrac{x}{a}\right)$。其中，a 为曲线顶点到横坐标轴的距离。许多自然材料的结构性能中，体现了悬链线的物理性质。

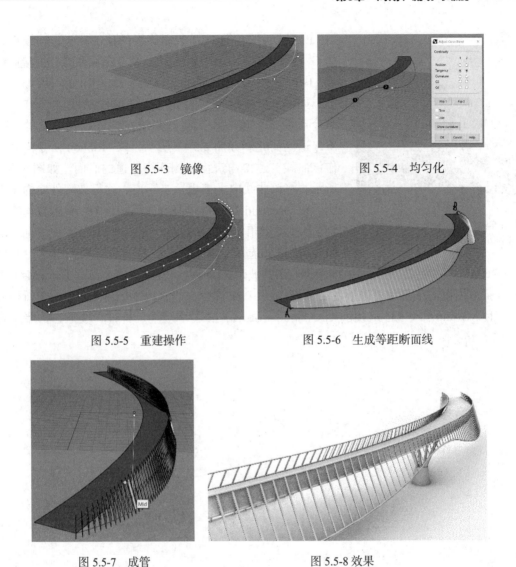

图 5.5-3 镜像

图 5.5-4 均匀化

图 5.5-5 重建操作

图 5.5-6 生成等距断面线

图 5.5-7 成管

图 5.5-8 效果

研究、模仿这些线索，可以找到最有序的设计，也即"设计熵"最低的设计[1]。在后现代主义设计中，常通过提取海生生物的形态元素，进一步衍生出斐波那契数列、渐开线、级数曲线等仿生形态原型，作为设计中的母题。基于仿生学的语义学方法，已广泛在 20 世纪末建筑、景观、工业设计中应用。下面是一个当代著名景观设计案例（图 5.5-9），其造型灵感来自对"海带"的仿生，具有复合螺旋形态。

首先，绘制底部的 2 个圆、顶部的 2 个圆，彼此均为同心圆，并作其中轴铅垂线，如图 5.5-10（a）所示。键入 _Spiral 命令。以底面内圆半径为起始半径，以顶面内圆半径为终止半径，绘制圈数为 3 圈的空间螺旋线，如图 5.5-10（b）所示。以底面外圆为起始半径，以顶面外圆半径为终止半径，绘制圈数为 1 圈的空间螺旋线，如图 5.5-10（c）所示。

---

① 例如，设计师柯尼拉（Luigi Colani）通过对空气动力学、仿生学的研究，发现"水生龙虱"生物具有流线型外形、双层皮肤等特点，利于减少流体阻力，并由此设计了著名概念跑车，被誉为"当代变革性设计大师"。

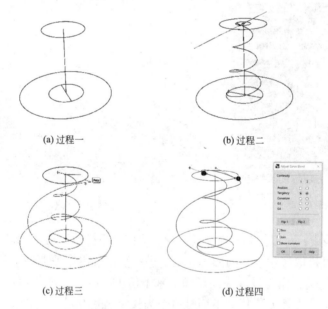

图 5.5-9 日本 Bella Vista 度假区"Ribbon"景观塔（中村拓志设计）

以 _BlendCrv 命令混接 2 条螺旋线的顶部端头，连续性设为 G₁ 连续，得到 1 条衔接曲线。将 2 条原曲线与衔接曲线以 _Join 命令接合为 1 条曲线，如图 5.5-10（d）所示。

如图 5.5-11 所示，得到了 1 条连续曲线。以 _FitCrv 命令重新拟合该曲线，使该曲线在整体趋势不变的情况下，适当简化。如图 5.5-12 所示，以 _Ribbon 命令向外操作该曲线，建得构筑物外侧环绕坡道的底面。如图 5.5-13 所示，将该曲线向上挤出适当距离，建得玻璃外墙的基准面。以 _Rebuild 命令重建幕墙曲面，使 U、V 阶数均降至 1 阶，并设定相应 U、V 数量，完成"构件化"，得到玻璃面片。"超级选择"坡道的内、外边线，向上挤出，并以 _OffsetSrf 命令向相应法向量方向偏移，得到坡道护墙厚度（图 5.5-14）。以 _ExtractIsoCrv 命令提取内侧玻璃幕墙基准面的结构线，以 _Pipe 命令成管，以 _SelLast 命令选中所得杆件，以 _Group 命令归为一组（图 5.5-15）。最后，将幕墙玻璃、杆件、坡道、护墙组合（图 5.5-16）。

288

(a) 过程一　　　　　　　　　　　　　(b) 过程二

(c) 过程三　　　　　　　　　　　　　(d) 过程四

图 5.5-10　螺旋线构造过程

图 5.5-11　重新拟合　　　　　　　图 5.5-12　偏移

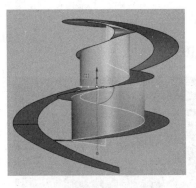 

图 5.5-13 选择 图 5.5-14 挤出

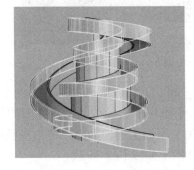 

图 5.5-15 建模完成 图 5.5-16 效果

试建立图 5.5-17 所示构筑物。

图 5.5-17 维特拉家具园区"大滑梯"（Zaha Hadid 设计，作者自摄）

5.5.3 空中螺旋

［**例**］绘制上海世博会丹麦馆（图 5.5-18）。

图 5.5-18 中国 2010 年上海世博会丹麦馆（BIG 设计）

首先，绘制一圆形，以其直径线切分（_Split），均分圆周为上、下两个半圆两部分，如图 5.5-19（a）所示。然后，以 _Rebuild 命令重建该直径线为 6 点 5 阶曲线，调整其控制点，如图 5.5-19（b）所示。作一任意在 XOY 平面上的辅助面。将由直径线调整得到的曲线，以此辅助面为参照 _Mirror（镜像），如图 5.5-19（c）所示。

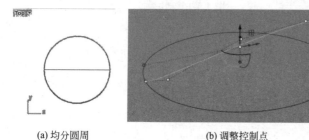
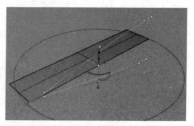

(a) 均分圆周　　　　　　(b) 调整控制点　　　　　　(c) 作辅助面

图 5.5-19 初步建模

一般来说，已知几何体的 1 条轮廓线在 2 个不同方向的投影形态的情况下，可使用 _Crv2View（从两个视图的平面曲线建立一条三维曲线）命令[①]建立相应曲线，如图 5.5-20（a）所示。键入 _Crv2View 命令，沿着上方黑色基准曲线，作出上方半圆曲线与之映射得到的空间螺旋线。同理，沿下方黑色基准曲线，作出上方半圆曲线与之映射得到的空间螺旋线，如图 5.5-20（b）所示。在 XOY 平面上的黑线端头处作小圆形，并以 _Split 命令切分，得到 2 个半圆。分别以 _Rebuild 命令重建为 6 点 5 阶曲线，并分别 _Move（移动）至两个半圆相接处，如图 5.5-20（c）所示。分别连接小半圆与大半圆的端头位置。以内侧端头的连线的中点为起始点，向外侧端头分别作连线，如图 5.5-20（d）所示。

---

① 该命令从 2 条位于不同视图上的平面曲线建立 1 条空间曲线，此空间曲线在相应视图中的形态与原 2 条平面曲线吻合。

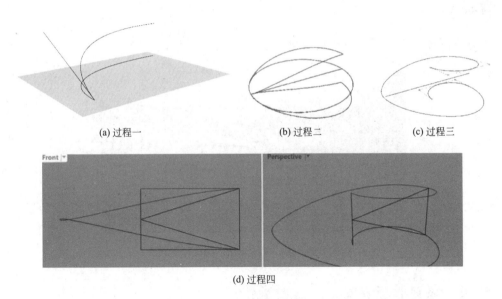

(a) 过程一　　　　　　(b) 过程二　　　　　　(c) 过程三

(d) 过程四

图 5.5-20　空间螺旋曲线构造过程

以 _Crv2View 命令分别操作上、下两个半圆，使之呈向内倾斜盘绕状，如图 5.5-21（a）所示。以 _Join 命令接合这些曲线。以 _Rebuild 命令重建为 16 点 5 阶曲线。作如图 5.5-21（b）所示矩形断面线。以 _Join 命令接合得到的曲线为路径，以 _Sweep1 命令扫掠，得到体量，选择以适量较少的点数重建截面线（Rebuild Cross Section），使其表面光滑，如图 5.5-21（c）所示。

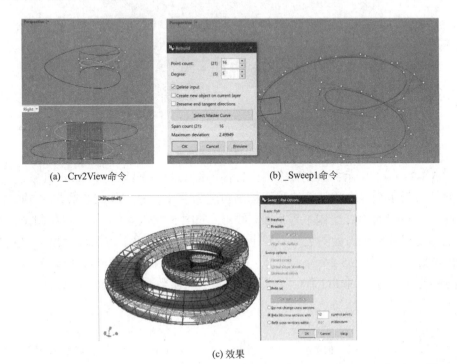

(a) _Crv2View命令　　　　　　　　　　(b) _Sweep1命令

(c) 效果

图 5.5-21　成面过程

练习

试建立图 5.5-22 所示的景观构筑物。

图 5.5-22　螺旋形博物馆（BIG 设计）

5.5.4　螺旋形态表皮

景观设计、建筑设计中，常遇到某些异形塔、连廊等带有幕墙、表皮的螺旋形构筑物，这类螺旋形态构件的建立，需要综合运用本章知识。

[**例**] 绘制德国历史博物馆建筑（图 5.5-23）。

图 5.5-23　德国历史博物馆建筑立面局部（贝聿铭[①] 设计）

如图 5.5-24（a）所示，绘制 4 个不同标高的同心圆特征线，以 Gumball 复制、缩放，顶部、底部各做 1 个，中间部分按楼层标高位置做 2 个。分别作同心圆在 Y 轴方向的直径线。键入 _Sprial 命令，绘制不等距螺旋线[②]，如图 5.5-24(b) 所示，以中间位置的 2 个同心圆的圆心连线为轴，做圈数为一圈半（turn=1.5）且经过下方圆较远顶点和上方圆较近顶点的螺旋线。如图 5.5-24（c）所示，以 _Offset 命令偏移该螺旋线（母线）适当距离，得到外侧螺旋线。以 _Rebuild 命令重建，使之点数、阶数与母线相同。

---

　　① 贝聿铭是知名华人建筑师，被誉为"现代主义的最后大师"，获 1983 年普利兹克奖。其作品秉持现代主义传统，以构思严密著称，善于使用钢材、混凝土、玻璃、石材。
　　② _Helix（弹簧线）是 _Sprial（螺旋线）在上、下两端半径相同时的一种特殊情况。

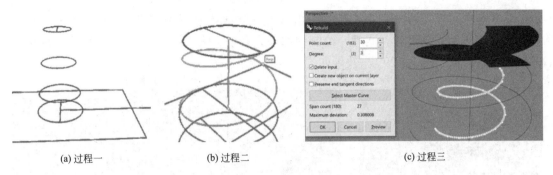

(a) 过程一   (b) 过程二   (c) 过程三

图 5.5-24   辅助线生成过程

以直线分别连接两条螺旋线的两头，以 _Sweep2 命令扫掠成面；以 _OffsetSrf 命令挤出，得到坡道，如图 5.5-25（a）所示。以 _Extrude 命令将外侧螺旋线向上挤出，得到外立面基准面，如图 5.5-25（b）所示。同理，建立顶部区域。

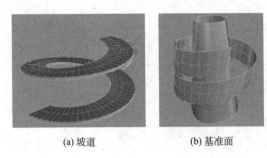

(a) 坡道   (b) 基准面

图 5.5-25   建立过程

如图 5.5-26（a）所示，以曲面流动建立建筑局部立面与顶面的格栅。首先，以 _CreateUVCrv 命令展开外侧螺旋格栅立面。以 _PlanarSrf 命令封面，得到曲面流动所需的基准面。如图 5.5-26（b）所示，将该基准面设为工作平面，绘制基本格栅单元，以 _DupEdge 命令提取出基准面的底边，以之为路径线，使用 _ArrayCrv 命令可绘制格栅。将这些格栅 以 _SelLast 和 _Group 命令成组。然后，输入 _FlowAlongSrf 命令，使格栅的群组曲面流动到螺旋柱面上，如图 5.5-26（c）所示。

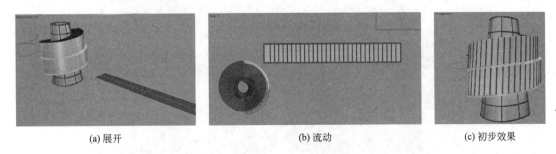

(a) 展开   (b) 流动   (c) 初步效果

图 5.5-26   主要过程

通常，待流动物件不宜超出 _CreateUVCrv 命令所创建出的 UV 平面的框线范围；点选的 UV 平面上的端头（edge of the base surface near a corner）要与目标曲面上的端头（the edge of the target surface near a matching corner）对应。如图 5.5-27 所示，UV 平面

上的端头点选了框线的左下角，则目标曲面的上端头亦应点选框线的左下角，否则流动所得物件会出现错误的反转。同理，绘制顶部采光栅格（图 5.5-28）。如有必要，对衔接处的破面进行补面（图 5.5-29）。效果如图 5.5-30 所示。

图 5.5-27　点选位置

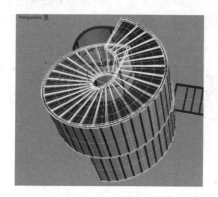

图 5.5-28　绘制栅格

图 5.5-29　补面

图 5.5-30　效果图

试建立图 5.5-31 所示景观设施。

图 5.5-31　云朵公园中的取水器（张唐景观设计）

<h2>5.6[*] 二次曲面</h2>

通过研究建筑、景观等设计对象的几何形态、结构，使之在美学、落地性等方面满足设计、分析和建造需求的领域，被称为建构几何学（Architectural Geometry，AG）。通过建构几何学知识，可达到多重目的：①满足复杂形态方案阶段的造型需求；②与实际建造过程对接；③表现"从概念到建造"的完整设计工作流；④通过有理化（Rationalisation），将数字化模型转为可制造构件。下面将通过实际案例，认识常见的"建构几何学"中的基本建构形态——二次曲面，并探索其在景观设计中的应用。

5.6.1 二次曲面的基本概念

解析几何学中，最常见的二次曲面（Quadratic Surface）包括球面、柱面、锥面[①]。此外，二次曲面还包括椭球面、双曲面、抛物面。抛物面又分为椭圆抛物面和双曲抛物面（俗称马鞍面）（图 5.6-1）。对于许多类型的二次曲面，可用 _UnrollSrf 命令，将其展平至平面上。当二次曲面上的两条连续素线平行或相交时，曲面为可展曲面（Developable Surface）[②]（图 5.6-2）。环面（Torus）、旋转双曲面（Hyperboloid of Rotation）、平移曲面[③]（Translation Surface），具有四角面可划分性质。

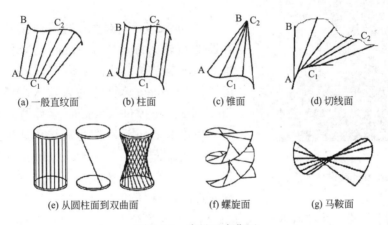

(a) 一般直纹面   (b) 柱面   (c) 锥面   (d) 切线面

(e) 从圆柱面到双曲面   (f) 螺旋面   (g) 马鞍面

图 5.6-1 常见二次曲面

5.6.2 直纹双曲面

数学中，由一族直线构成的曲面称为直纹面（Ruled Surface）[④]。一定存在直线族中的一条直线，能通过直纹面上任一点[⑤]。构成这些曲面的每一条直线，被称为直纹面的直母线

---

① 以 _ExtrudeCrvToPoint 命令，可将曲线挤出，使之收敛到指定点，形成锥面。以 _ExtrudeCrvAlongCrv 命令，可沿准线方向挤出母线曲线。

② 这些曲面包括柱面（挤出面，_ExtrudeSrf）、锥面、旋转面（_Revolve）、单轨扫掠面。

③ 平移曲面是由一条曲线（原像）平移变换后得到的曲线（像）进行放样后，得到的曲面的统称。

④ 常见的二次曲面中，柱面、双曲面和二次锥面是直纹面。关于直纹面和直纹性的相关数学背景知识，将在本章章末详述。

⑤ 例如，平面、圆柱面、某些锥面、螺旋体可在空间中平滑曲线展开，称为该曲面被刻纹（Ruled）。

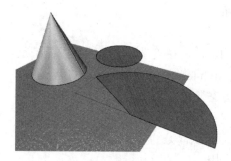

图 5.6-2 圆锥侧面展开

图 5.6-3 广州塔建筑外观
（Mark Hemel 设计）

（Rectilinear Generator）。单叶双曲面（Hyperboloid）是一种直纹双曲面（Hyperbolic Paraboloid），是通过围绕其主轴旋转双曲线而产生的曲面，其标准方程为 $\frac{x^2}{a^2} + \frac{y^2}{b^2} - \frac{z^2}{c^2} = 1$。单叶双曲面由于其几何稳定性和外观造型特征，常被应用于大型的建筑结构，包括冷却塔、电视塔等。例如，知名建筑广州塔（又称广州新电视塔，俗称"小蛮腰"）（图 5.6-3）采用了典型的单叶双曲面结构。

［例］编写 Grasshopper 程序，求出广州塔柱面、单叶双曲面、锥面二次直纹面上的直母线。

步骤 1：

绘制一个指定半径的圆，作为底面。以 Move 运算器和 Unit Z 运算器，将该圆向 Z 轴正方向向上移动适当距离，作为顶面。以 Divide 运算器求出底面圆在其圆周上的 20 等分点（图 5.6-4）。

步骤 2：

将 Move 运算器输出的顶面圆接入 Rotate 运算器的 G 输入端。由于 Rotate 运算器输入的旋转角为弧度制单位，故需要将一个 Radian（弧度制）运算器与 Rotate 运算器的 A 输入端相连。将一个 Number Slider 控件与 Radian 运算器的 D 输入端相连，通过 Radian 运算器将旋转角从角度制单位转化为弧度制单位。双击 Number Slider 控件，改变其值域的上下界为 $\forall \angle A \in (0°, 180°)$（图 5.6-5）。将 Rotate 运算器输出的经旋转后的圆赋予 Divide 运算器的 C 输入端，并在其 N 输入端输入待求的等分点数（本例中，亦设为 20 等分）（图 5.6-6）。

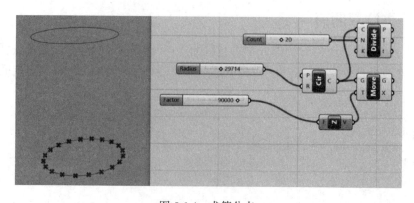

图 5.6-4 求等分点

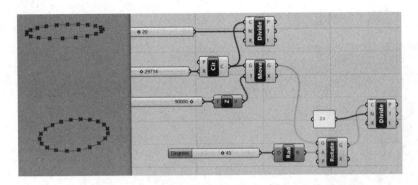

图 5.6-5 弧度制化

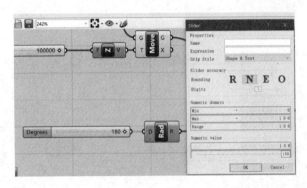

图 5.6-6 菜单

如图 5.6-7 所示，通过 Points List 运算器，可显示圆周上的等分点在数组中所对应的序号。将上、下两圆经 Divide 运算器求得的等分点赋予 Points List 运算器的 P 输入端，在其 S 输入端输入所显示序号的文字大小。

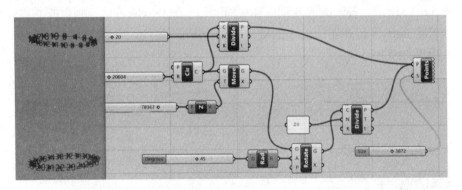

图 5.6-7 改变标注文字大小

步骤 3：

将两个 Divide 运算器的 P 输出端与 Line 运算器的 A、B 两输入端分别连接，即可得到从底部圆周上的等分点为起点，顶部圆周上对应等分点为终点的连线线段。将 Circle 运算器的输出端、Rotate 运算器的 G 输出端、Line 运算器的输出端，一并赋予 Pipe 运算器的 C 输入端。指定成管半径值，赋予 Pipe 运算器的 R 输入端，即可得到立面上的管体（图 5.6-8）。此时，若将 Radian 运算器所输入的旋转角 A 设为 $\angle A = 0°$，则所求得的直纹线族位于一个（圆）柱面上（图 5.6-9）。

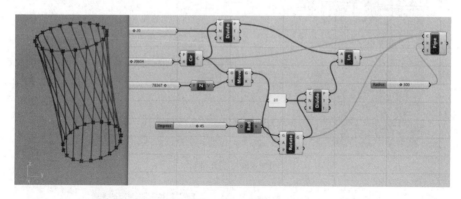

图 5.6-8　成管

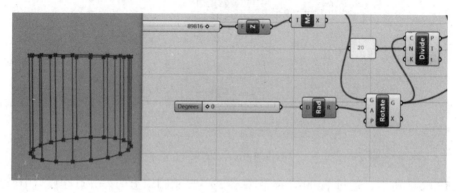

图 5.6-9　柱面

步骤 4：

如图 5.6-10 所示，若同时改变顶面和底面圆周上等分点的数量，则可改变直纹线的排布密度。若将 Radian 运算器所输入的旋转角设为 $\forall \angle A \in (0°, 180°)$，则所得直纹线族位于一个单叶双曲面上。

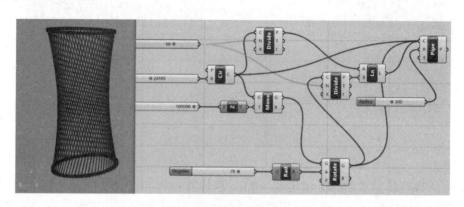

图 5.6-10　改变等分点数量

$\angle A$ 值越大，所得直纹线族所在的单叶双曲面的母线（双曲线）的离心率值越大，换言之，其"腰部"位置截面圆的半径值越小（图 5.6-11）。若将 Radian 运算器所输入的旋转角∠A设为180°，所得直纹线族位于一个（圆）锥面上。

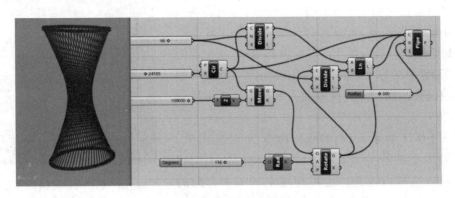

图 5.6-11 圆锥面

不难观察到，单叶双曲面的直母线存在如下规律：①有且仅有 2 条不同的直母线经过单叶双曲面上任意 1 个定点；②单叶双曲面的任意 2 条同族直母线必异面，两条异族直母线必共面；③对于单叶双曲面上 1 条直母线，有且仅有 1 条异族直线与之平行，而其他异族直线皆与之相交。上述性质表明了单叶双曲面的直纹性（图 5.6-12）。

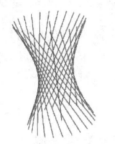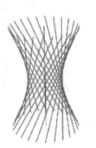

图 5.6-12 直纹性示意

5.6.3 直纹双曲面的应用

接下来，我们应用双曲面的直纹性，尝试建立若干景观塔构筑物。

［例 1］绘制丹麦森林冠层螺旋塔（Treetop Spiral Tower）[①]（图 5.6-13）。

绘制中轴铅垂线和不同高度的 3 个同心圆。其中，上圆与下圆半径相等，中圆圆心位于上、下圆圆心连线的中点处。作 3 个圆彼此平行的半径线（图 5.6-14）。以 _InterpCrv 命令作 2 阶 3 点内插点曲线，连接 3 个圆圆周上半径与圆周的交点（图 5.6-15）。键入 _Revolve 命令，以中轴铅垂线的下、上两端点为旋转轴的起、终点，以曲线为母线，旋转 360°，建得 1 个旋转面（图 5.6-16）。键入 _Helix 命令，以中轴铅垂线的下、上两端点为轴的起、终点，以大于 3 个圆中最大圆半径值，作为螺旋线半径长度，旋转圈数设为 13 圈（图 5.6-17）。以 _Rebuild 命令重建此曲线为 2 阶数曲线，适当减少其控制点数

---

① 这一螺旋景观塔是双曲面和螺旋面结合使用的典型案例。登上螺旋景观塔，可俯瞰哥本哈根以南的保育森林（Gisselfeld Klosters Skove），与之融为一体。45m 高的景观塔具有独特的螺旋形结构形式，在森林中婉蜓盘旋而上，巍巍壮观。

（图 5.6-18）。键入 _Pull 命令，依次点选螺旋线、旋转面，将沿着指定曲面的法向量方向映射至曲面的最近位（Nearest Portion）。适当以 _Rebuild 命令减少所得空中螺旋线的控制点数（图 5.6-19）。在工作平面设为默认 XOY 平面的状态下，以 _Ribbon 命令将空中螺旋线向内偏移成面，并将所得面向上挤出，建得栈道（图 5.6-20）。

图 5.6-13　丹麦树梢螺旋塔（EFFEKT 设计）

　　如图 5.6-21 所示，以 _Divide 命令分别求出上、下两圆圆周上的等分点。将上、下对应间隔 6 个控制点的点以直线段连接。也可使用上一节中介绍的 Grasshopper 小程序，生成这个旋转面（直纹双曲面）的直纹母线。对于已生成的、朝着单一方向排列的直线族，以 _SelLast 和 _Group 命令选择、打组（图 5.6-22）。

图 5.6-14　骨架线

图 5.6-15　连接

图 5.6-16　旋转面

图 5.6-17　中轴

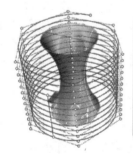

图 5.6-18　减少控制点数

图 5.6-19　重建

图 5.6-20　建立栈道

图 5.6-21　连接图

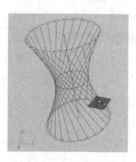

图 5.6-22　打组

将该直线族复制一份，以 Gumball 的"小方块"进行缩放比为 −1 的缩放，使之与原直线族呈轴对称。将 2 组直线族在适当位置组合，并以 _AddToGroup 命令合并为一组。将所得直线族移至相应位置，与栈道组合。最后，"超级选择"出以 _Ribbon 命令得到的栈道的边线，以 Gumball 向上挤出高度，以 _OffsetSrf 命令向内偏移出厚度。效果如图 5.6-23 所示。

图 5.6-23　效果

[**例 2**] 绘制 2020 广州花展"广州花园"园区的竹构筑物（图 5.6-24）。

图 5.6-24　2020 年广州花展 "广州花园" 园区的竹构筑物（Xylotek 设计）

步骤 1：

绘制不同标高的同心圆，以 _Loft 命令放样成面（图 5.6-25）。绘制闭合的门洞边线，挤出，并以 _Split 命令切分曲面（图 5.6-26）。以 _DupEdge 命令提取底面剩余圆弧，以 _Divide 命令求其 12 等分点，并打组。键入 _ExtractIsoCurve_D=U 命令，提取曲面上经过底面等分点的 U 方向截面线（图 5.6-27）。键入 _Helix_T=2 命令，以通过底面圆圆心的铅垂线为轴，以适宜半径值，绘制圈数为 2 圈的螺旋线（图 5.6-28）。以 _Pull 命令将所绘制的螺旋线"推拉投影"至曲面上。

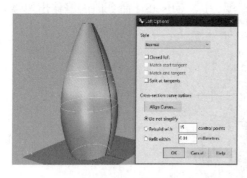
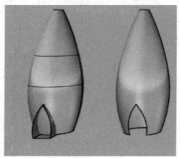

图 5.6-25　放样图　　　　　　　　　　　图 5.6-26　切分

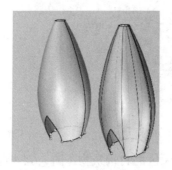
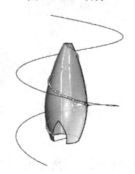

图 5.6-27　提取结构线　　　　　　图 5.6-28　推拉投影命令

步骤 2：

如图 5.6-29 所示，以 _FitCrv 命令适当简化曲线。以底面圆圆心为旋转中心，键入 _ArrayPolar 命令，将单根螺旋线进行恰当数量的圆周阵列。"超级选择"门洞框线，向外挤出为面片。键入 Split 命令，以所得面片（切分）曲线，删除冗余部分，并将剩余曲线打组，以 _Pipe 命令成管。如图 5.6-30 所示，将所得包含曲线族的组复制一份，以 Gumball 的"小方块"进行缩放比为 −1 的单轴缩放，得到与原组呈轴对称的新组。将 2 组管体组合。同样，将步骤 1 中建立的结构线、门框边线以 _Pipe 命令成管，与步骤 2 中所得管体组合（图 5.6-31）。

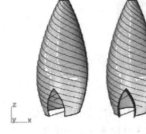
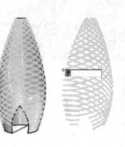
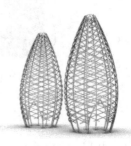

图 5.6-29　圆周阵列　　　　　　图 5.6-30　单轴缩放　　　　　　图 5.6-31　效果

302

5.6.4 以参数化方法生成旋转体的螺旋杆件

[例]绘制英国伦敦瑞士再保险公司大楼（The Swiss Re Building）（图5.6-32）。

首先，在建筑立面轮廓曲率变化处，以不同半径的圆作截面线，建立整体体量。如图5.6-33所示，在Number对象运算器上点击鼠标右键，选择"Set Multiple Numbers"，输入一组具有6个子项的参数，作为建筑立面轮廓曲率变化处的标高（0，20，60，80，90，100），输入至Circle运算器。将所得的圆以Move运算器沿着Z Unit运算器所指定的Z方向分别移动（图5.6-34）。如图5.6-35所示，Scale运算器的输入端有G输入端（待缩放物件）、C输入端（缩放中心）和F输入端（缩放比例系数）。将经Move运算器移动后的物件接入G输入端。以Area运算器的C输出端分别求出所得圆的圆心，接入C输入端。新建一个Number对象运算器，输入比例缩放参数（0.9，1.2，1.2，0.9，0.6，0.09），接入F输入端。这样，便能以Scale运算器，将这些圆分别以其圆心为中心，进行对应比例缩放。如图5.6-36所示，以Loft运算器对所得截面圆放样，得到建筑整体体量。将其"烘焙"出，并隐藏。

图5.6-32 英国伦敦瑞士再保险公司大楼（Norman Foster设计）

图5.6-33 设置

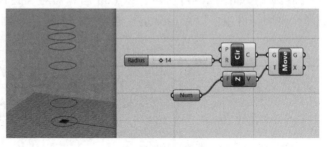

图5.6-34 分别移动

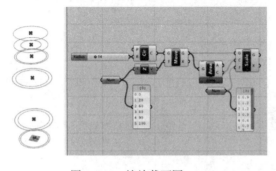

图5.6-35 缩放截面圆

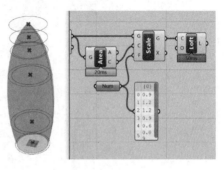

图5.6-36 放样

观察可知，建筑立面幕墙的结构杆件呈螺旋状，其横向截面为三角形状。因此，需要求出竖向截面母线，并以母线上的等分点创建横向三角形截面，对其放样，便可建立单个幕墙杆件。首先，如图 5.6-37 所示，以 End Points 运算器的 S 输出端求出经 Scale 运算器缩放后的圆的对应端点，将其接入 Interpolate 运算器的 V 输入端，得到一条垂直方向的截面母线。接下来，如图 5.6-38 所示，加入一个 Polygon 运算器，将其 S 输入端设为 3，用以制作单个幕墙杆件的三角形截面多边形；将其 R 输入端设为合适半径值。以 Divide Curve 运算器算出此截面母线的 40 等分点，使生成的截面更光顺，接入 Polygon 运算器的 P 输入端。

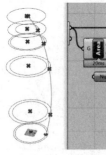
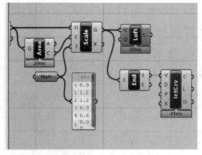
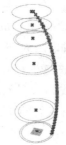
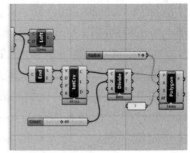

图 5.6-37　作截面母线　　　　　　　　　　　图 5.6-38　等分

然后，加入一个 Rotate 运算器，将所得的截面多边形接入其 G（待旋转物件）输入端，进行旋转。以 Series 运算器构造一个首项为 0、容差为 0.15、项数为 40 的等差数列，赋予 Rotate 运算器的 A（旋转角度）输入端。可观察到，这些截面多边形已呈螺旋状排布（图 5.6-39）。如图 5.6-40 所示，以 Loft 运算器对螺旋状排布的截面多边形进行放样，得到单个幕墙杆件组。以 Mirror 运算器和 YZ Plane 运算器，作其以 YOZ 平面的镜像物件。

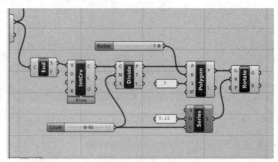

图 5.6-39　构造数列

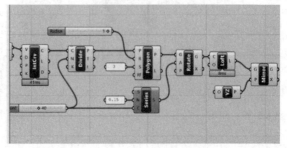

图 5.6-40　镜像物件

现在，需要将所得杆件组以指定旋转角度进行多次旋转。如图 5.6-41 所示，以 Construct Domain 运算器构造旋转角度的区间（0°，360°），接入 Range 运算器的 D 输入端，N 输入端设为 10，这样，便得到了（0，10，20，20，…，360）的数列，作为旋转角度数组。如图 5.6-42 所示，将 Range 运算器接入 Rotate 运算器的 A 输入端。此时，可观察到，幕墙杆件组已被旋转了 36 次。如图 5.6-43 所示，将 Rotate 运算器和 Mirror 运算器所得物件"烘焙"出。完整的小程序如图 5.6-44、图 5.6-45 所示。

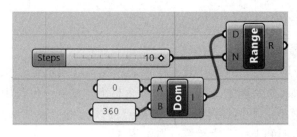

图 5.6-41　构造区间

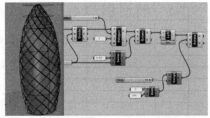

图 5.6-42　多次旋转

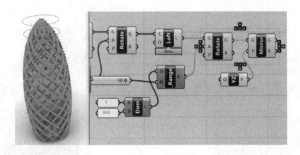

图 5.6-43　镜像

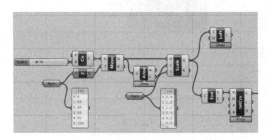

(a) 程序的第一部分

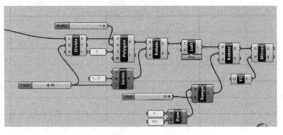

(b) 程序的第二部分

图 5.6-44　程序

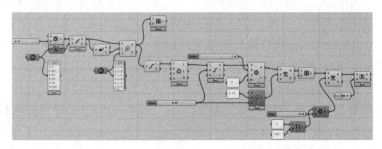

图 5.6-45　显示运算器图标（彩图见附录 B）

5.7* 简易薄壳

鸡蛋壳具有特殊的结构，能将施于蛋壳表面的应力均匀地分散到蛋壳的各个部分。在20世纪景观设计中，根据"薄壳结构"的力学性能，采用了许多轻盈、有力的混凝土薄壳（Shell）结构。在20世纪，虽然该结构在计算理论以及施工技术不甚成熟，但受到了诸多建筑、景观、工业设计大师的青睐。

5.7.1 波浪形薄壳

[例] 绘制西班牙马德里 Zarzuela 赛马场（图5.7-1）。

首先，绘制顶部特征曲线的外接矩形。将该矩形炸开，得4条边线。以 _Divide 命令求出上、下边线的25等分点，以 _SelLast 命令选中，以 _Group 命令打组。复制一份备用。以 _InterpCrv_D=3 命令绘制间隔着经过上、下边线等分点的内插点曲线，得到正弦形曲线；以 _Polyline 命令间隔地连接备用矩形的上、下边线等分点（图5.7-2）。

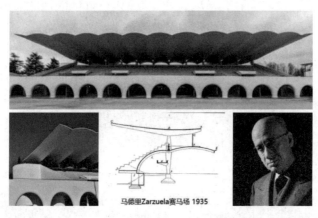

图 5.7-1　马德里 Zarzuela 赛马场（Eduardo Torroja 设计）

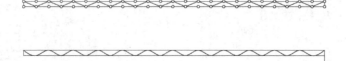

图 5.7-2　曲线和折线

然后，将正弦形曲线和折线移动到相应位置，使之端头对齐。补画2根截面线，以正弦形曲线和折线为路径线，双轨扫掠，生成曲面。此曲面两端的连续性不同，自 G_0 连续渐消为 G_2 连续。以 _OffsetSrf 命令偏移出薄壳的厚度（图5.7-3）。提取出折线端头处边线，补画竖向垂线，以 _Slab 命令构建厚度，以 _BooleanUnion 命令组合。以阵列或 _Orient 命令批量建立出对于位置的支撑构件（图5.7-4）。

继而，构建构筑物立面和观众席的斜面。以 _DupFaceBorder 命令提取构筑物立面的矩形边线。以 _Divide 命令求矩形底边的25等分点，以 _Distance 命令度量出相邻三个等分点间的距离值。绘制门洞形态，封面，挤出为体。以 _ArrayCrv 命令沿矩形底边阵列由

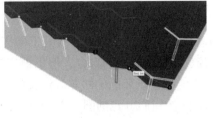

图 5.7-3 挤出厚度   图 5.7-4 制作支撑构件

门洞边线挤出的体，方式为"按项目间距离"（Distance between items），其值为刚度量出的距离值，如图 5.7-5（a）所示。挤出建筑立面墙体厚度，以 _BooleanDifference 命令切割，得到门洞，如图 5.7-5（b）所示。补绘剩余墙体（图 5.7-6）。

(a) 过程一   (b) 过程二

图 5.7-5 阵列过程

图 5.7-6 效果

试建立图 5.7-7 所示景观亭。

图 5.7-7 巴黎拉维莱特公园中的凉棚（Bernard Tschumi 设计）

5.7.2 抛物面薄壳

随着钢结构的发展，加之混凝土薄壳建造的复杂性，20世纪末，混凝土薄壳结构退出了主流建筑建造技术的舞台，但仍被广泛用于各类景观小品的设计中。

[**例**] 绘制西班牙巴伦西亚海洋公园 L'Oceanografic 水上餐馆①（图 5.7-8）。

绘制一个 5 阶 20 点的圆。以 _EditPtOn 命令打开此圆的编辑点。间隔选择编辑点，以 Gumball 向上移动至相应标高处，按〈Ctrl〉键可减选，如图 5.7-9（a）所示。点选 Gumball 的"小方块"，以物件的几何中心为基点，向外缩放这些控制点，如图 5.7-9（b）所示。以直线连接两侧对应编辑点，并将直线以 _Rebuild 命令重建为 2 阶 4 点，向下移动其中间处 2 个控制点，得到一条抛物线，如图 5.7-9（c）所示。将所得抛物线以其中点为中心，以 _ArrayPolar 命令进行圆周阵列，旋转角为 36°。选中所有曲线，以 _Patch 命令嵌面，如图 5.7-9（d）所示。将所得混凝土薄壳曲面向上挤出。将底边圆以 _Rebuild 命令重建为 1 阶 50 点，挤出为面片（图 5.7-10）。键入 _Split 命令，用混凝土薄壳曲面切割挤出所得面片，删去冗余部分。效果如图 5.7-11 所示。

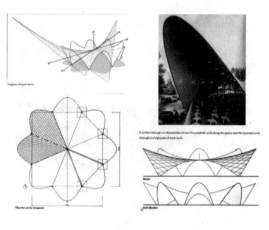

图 5.7-8　L'Oceanografic 水上餐馆
（Felix Candela 设计）

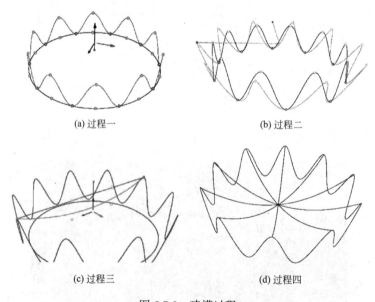

(a) 过程一　　　　　　　　　　(b) 过程二

(c) 过程三　　　　　　　　　　(d) 过程四

图 5.7-9　建模过程

①　20 世纪著名建筑师菲利克斯·坎德拉（Felix Candela）运用双曲抛物面薄壳结构设计了诸多景观建筑，验证了直纹曲面形态的建造可行性。

图 5.7-10　嵌面

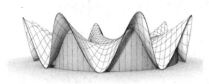

图 5.7-11　效果

练习 1

试建立图 5.7-12 所示的竹木构筑物。

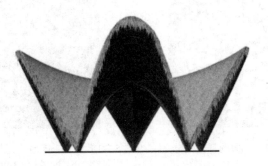

图 5.7-12　墨西哥 Luum Temple（CO-LAB Design Office 设计）

练习 2

20 世纪前期，景观构筑物的构件壳体仅包含了球面、柱面、圆锥面、双曲线抛物面等规则直纹面。20 世纪中后期，结构工程师海因茨（Isler E. Heinz）主持举办了第一届国际空间薄壳会议，提出了"New Shapes for Shells"体系（图 5.7-13），其中包含若干种壳体形态的生成方法。迄今为止，全球范围内已建造了千余座带有自由形态薄壳的景观构筑物。请任选图中 6 种以上薄壳结构的原型，试对其形态进行建模。

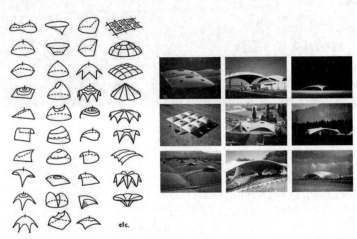

图 5.7-13　若干薄壳结构

5.7.3　球面的三角剖分

在球面上，若 A、B、C 三点不在一个大圆上，且三点中没有对径点，则连接 A、B、C 三点大圆的劣弧，可得到球面三角形。这三段劣弧称为球面三角形的边，A、B、C 三点称为球面的顶点。如图 5.7-14 所示，考虑将球面分割为若干个球面三角形，要求球面上每一点都属于球面内部或球面边线。这些球面三角形构成的网格被称为球面的三角剖分（Delaunay Triangulated Graph）[1]。利用 Grasshopper 的免费插件 Weavebird，可实现球面的三角剖分。

[**例**] 球面三角剖分（图 5.9-15）[2]。

图 5.7-14　球面的三角剖分　　　　　图 5.7-15　1967 年加拿大蒙特利尔世博会巨型构筑物（Richard Buckminster Fuller 设计）

首先，在 Food4Rhino 网站下载 Weavebird 库。安装前，确保已关闭 Rhino 和 Grasshopper。双击安装文件 Weavebird.Gh.Registrator.exe，然后，将 Weavebird.rph 文件拖入 Rhino 窗口[3]，即可完成安装（图 5.7-16）。启动 Grasshopper，可在顶部选项卡中找到 Weavebird 库中的运算器（图 5.7-17）。运行图 5.7-18 所示的小程序，可实现对球面的三角剖分，进而

图 5.7-16　安装文件夹

---

①　对于任意 2 个位于同一曲面上的球面三角形，彼此位置关系仅可能为下面 3 类关系之一：2 个球面三角形无公共点；2 个球面三角形只存在 1 个公共顶点；2 个球面三角形存在 1 条公共边。

②　1948 年，美国工程师富勒（Richard Buckminster Fuller）提出了短线网格穹顶结构，集中体现了"少费多用"原则。1967 年，富勒采用穹隆结构体系，设计建造了蒙特利尔世界博览会的标志性景观。由于采用了形似石墨烯的三角形金属穹顶结构，使杆件规格最少，结构用料最省，网肋规格相当整齐，便于施工和装配，很好地满足了世博会景观设计的需求，成为该届世博会的标志，也让全世界的景观设计师了解了网架结构的潜力。

③　如有报错，忽略即可。

完成建筑球面幕墙、景观装置等的建模①，效果如图 5.7-19 所示。

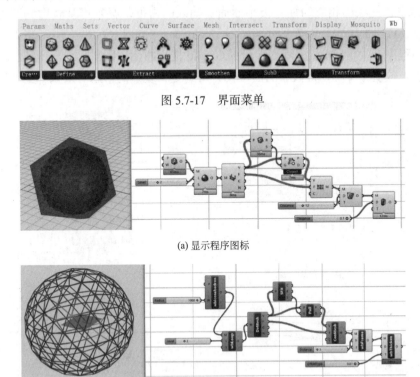

图 5.7-17 界面菜单

(a) 显示程序图标

(b) 显示运算器

图 5.7-18 完整程序

5.7.4 极小曲面

数学中，极小曲面（Minimal Surface）是指平均曲率为零的曲面，即满足某些约束条件下的面积最小的曲面。最常见的极小曲面是 Gyroid 极小曲面（Gyroid Minimal Surface）。其表达式为 $\sin x \cos y + \sin y \cos z + \sin z \cos x$。在 Grasshopper 中，可使用 Millipede（千足虫）插件建立极小曲面。首先，下载 Millipede 插件安装文件后，将其放置在 File-Special Folder-Components Folder 中（图 5.7-20）。重启 Rhino 后，即可在顶部菜单栏中找到 Millipede 库。

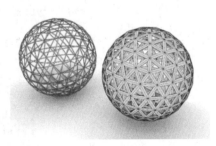

图 5.7-19 完成效果

本例中，仅需使用其中的 Iso Surfaces 运算器，如图 5.7-21 所示。此运算器可利用立

---

① 事实上，Delaunay 三角剖分算法（Delaunay Triangulation Algorithm）不仅针对球面，对于点集和其他曲面亦同样适用。例如，本书 5.1.3 节中曾介绍的泰森多边形，便是一种关于点集的三角剖分。除泰森多边形以外，还存在多种和 Delaunay 三角剖分有关的拓扑图，在此不作展开介绍。由于 Weavebird 库的相关内容已超出本书范围，故仅给出程序，供读者直接使用。

方体匹配算法（Marching Cube Algorithm），输入密度值的场（Field of Density Values），从基准立方体中，提取出相应的独立极小曲面。输入的密度值必须可被映射到三维网格中，以函数 $f(x, y, z)$ 决定。以表达式 $\sin(x)\cos(y)+\sin(y)\cos(z)+\sin(z)\cos(x)$ 编写下列小程序[1]，可生成相应阵列数量的Gyroid极小曲面（图5.7-22）。若改变ArrayBox运算器的输入数值，可阵列得极小曲面单元，得到更为复杂的形态。效果如图5.7-23所示。

图5.7-20　菜单

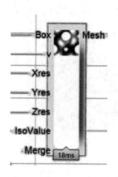

图5.7-21　运算器

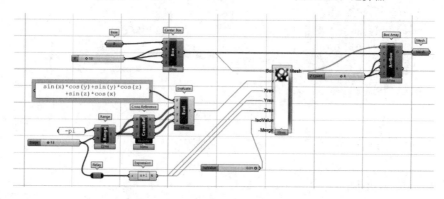

图5.7-22　完整程序（彩图见附录B）

图5.7-23　效果

① 该运算器的各输入端如下：Box输入端为待生成极小曲面的外接立方体（Bounding Box）；V输入端为在立方体内每一点处，决定密度值的场的Xres、Yres、Zres值；Xres、Yres、Zres输入端为三维网格的细分度（Resolution）；IsoValue输入端为从三维网格中切分出独立曲面的门槛（Threshold）；Merge输入端与Boolean Toggle控件相连，决定所生成的曲面是否相对平滑。

5.8* 本章数学原理简介

5.8.1 二次曲面及其分类

解析几何学中，平面被定义为一次曲面（First-degree Surface）。三元二次方程所表示的曲面被定义为二次曲面（Quadratic Surface）。在高等数学中，常以"截痕法"研究曲面的性质。截痕直线与二次曲面相交于 2 点；若相交于 3 点以上，则此直线完全在曲面上。这时称此直线为曲面的母线（Generatrix）。若二次曲面被平行平面所截，其截线是二次曲线。二次曲面包括：①圆柱面；②椭圆柱面；③双曲柱面；④抛物柱面；⑤圆锥面；⑥椭圆锥面；⑦球面；⑧椭球面；⑨椭圆抛物面（Elliptic Paraboloid）；⑩单叶双曲面（Hyperboloid of One Sheet）；⑪双叶双曲面（Hyperboloid of Two Sheets）；⑫双曲抛物面（Hyperbolic Paraboloid）。

其中，最常见的二次曲面是球面、圆柱面、圆锥面。此外，二次曲面还包括椭球面、双曲面（又分为单叶双曲面和双叶双曲面）和抛物面（又分为椭圆抛物面和双曲抛物面，后者又称"马鞍面"）。当表示二次曲面的一个方程能分解为两个一次方程的乘积时，二次曲面即退化成两个平面，如图 5.8-1 所示。本书 5.6.1 节曾介绍的双曲抛物面（俗称"马鞍面"）是常见的薄壳形体，应以下述方法建得：在 XOZ 坐标平面上构造 1 条开口向上的抛物线，在 YOZ 坐标平面上构造 1 条开口向下的抛物线，使 2 条抛物线的顶端点重合。使第一条抛物线顺沿另一条抛物线放样（图 5.8-2）。

313

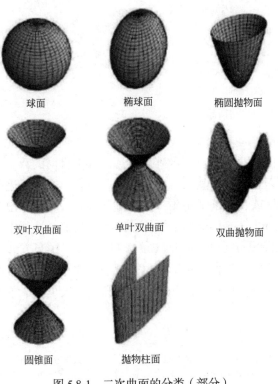

球面　　椭球面　　椭圆抛物面

双叶双曲面　　单叶双曲面　　双曲抛物面

圆锥面　　抛物柱面

图 5.8-1　二次曲面的分类（部分）

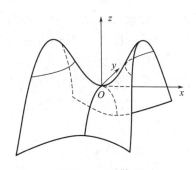

图 5.8-2　马鞍面

5.8.2 欧拉公式

若多面体在其每一个面所决定的一次曲面的同一侧，则称之为凸多面体。凸多面体的表面都是一次曲面。对于简单凸多面体的顶点数 V、棱数 E、面数 F，有 $V-E+F=2$ 恒成立。此等式被称为欧拉公式，式中 $V+F-E$ 的值被称为欧拉示性数（Euler Characteristic）。在 Grasshopper 中，可使用 Deconstruct Brep 运算器，对封闭多重实体进行"解构"。除对于简单凸多面体以外，对于我们在本章前文中曾介绍的"球面"，欧拉公式亦成立。根据非欧几何学知识，球面上的三角剖分亦满足欧拉公式。任意球面进行"三角剖分"，无论球面的大小、三角剖分的方式，对于所得球面三角形的顶点数 V，边数 E，总个数 F，有 $V-E+F=2$ 恒成立。此式被称为球面欧拉公式[①]。

5.8.3 高斯曲率简介

在"Nurbs 数学原理简介"章节，我们曾了解了"高斯曲率"的概念，即：高斯曲率 = max{所有线的曲率} × min{所有线的曲率}，且最大、最小曲率（也称主曲率）对应曲线彼此正交。事实上，"高斯曲率"与本节前文介绍的"可展曲面"存在着密切关联（图 5.8-3）。对于一次曲面（平面），过其上任一点的结构线皆是直线，故其高斯曲率为 0。当平面被弯曲为圆柱面或者锥面，虽其由平面变成了曲面，但其高斯曲率为正数与 0 的乘积，仍为 0。因此，随意弯曲一个曲面，若其不被拉长、缩窄或撕裂，其高斯曲率一定恒定。判定曲面是否为可展曲面，即判断其高斯曲率是否为 0[②]。

图 5.8-3 高斯曲率

若某曲面的高斯曲率为 0，则其垂直方向上的结构线必是曲率为 0 的直线。因此，在结构设计中，通过将平面弯曲，增加截面抗弯刚度，能悬挑得更远。限于目前的数字化建造技术，对于非正曲率的曲面，多需要以直纹面对其进行"有理化"拟合，以便于进一步开展数字建造（或数控生产）。在工程领域，对于木制构件的落地建造，三角-六边形排布（Trihexagonal）适合生产木栅壳（Timber Grid-shells）构件。因此，在拟合过程中，宜采用三角-六边形排布方式的最短路径曲线族（Geodesics Curve Families）排布方式。对于金属构件的落地建造，多使用双重金属板材拼合。对于自由曲面形态的立面，通常将基准曲面简化为符合"建构几何学"规律的参数化曲面，并进一步划分为最大可建造单元尺寸，以拼接构件单元的方式实现。

---

① 该公式由数学家欧拉（L. Euler）在 1750 年首次发现，诞生了拓扑学（Topology）这一数学分支学科。

② 球面是否是可展开曲面？对于球面，由于过其上一点的任意结构线皆是"凸"线，其高斯曲率恒为正值。因此，球面是不可展曲面。例如，剥开橘子皮时，只能将其撕开，才能将其展平。

未来，在针对设计行业的"建构几何学"（AG）研究中，"如何将几何形态优化和结构性能优化相接合"将成为较为核心的技术热点，针对具有高复杂度几何造型开发的、"可预判性建造"（Construction-aware）的设计工作流也存在着很大的探索空间。

5.8.4　非欧几何简介

数学中，我们在中学阶段学习的几何称为欧氏几何（Euclidean Geometry），球面几何属于非欧几何（Non-Euclidean Geometry）。在此，以通俗的方式，向有兴趣的读者介绍"欧氏几何"与"非欧几何"的基本区别。欧氏几何仅在空间曲率为0时恒成立，如在理想化的纸张上作图，纸张在第三维的曲率为0，此时欧氏几何成立，两点间的"最短距离"即是其间的直线距离。若将纸张贴在一个球体表面（去除纸张的所有褶皱、重合部分），此时的纸张仍是二维的，但其在第三维的曲率大于0。这时，我们用彼此以绳连接的2颗图钉，分别插在球体表面的2点处，当绳绷紧时，其路径线即是球面上两点间的最短距离。尽管这条路径线在观察者所在的三维空间中是"曲线"，但在纸张的二维空间上却是"直线"。

由上可见，球面上的几何具有许多与欧氏几何完全不同的性质。欧几里得在《几何原本》中提出的第五公设认为，"平行线是永不相交的"，被称作欧氏几何的平行公理（Parallel Postulate）。然而，在非欧几何中，平行线却可能相交[1]。

---

[1]　本书前文中曾介绍的"球面坐标系"便是其中一个实例。例如，在地球表面，每条经线皆垂直于赤道线，这些经线理应相互平行，但事实上，它们却在极点处彼此相交。

第6章 展示、表现与出图

除建模、分析功能外，Rhino 软件还提供了"展示""表现""出图"等专项功能，为精准、美观地呈现设计，提供了许多强大且易用的工具。

图纸是工程师的语言，也是设计师的语言。在本章前半部分中，将介绍 Rhino 软件的显示模式、展示功能、常见技术图纸的绘制和导出，便于以二维图纸的形式，呈现设计成果。剖面图作为一类较为复杂的图解形式，是表达复杂设计的重要手段。因此，本章中，还将完整地介绍剖面图的基本原理、生成剖面图的基本操作和后期处理方法。

随着数控技术的发展，出现了增材制造、减材制造等常用的快速成型手段。随着虚拟现实技术的发展，漫游视频等表现形式也逐渐被应用于景观设计领域。本章后半部分中，我们将简要介绍 Rhino 在制造、呈现中的基本功能，便于应用。

6.1 显示与展示

6.1.1 显示模式

图 6.1-1 示例模型

本节将介绍较为重要的自定义显示模式，即"线稿"显示模式和"仿 CAD"显示模式。下面以我们在前文中已建立的一个景观模型为例（图 6.1-1），展示 3 种自定义显示模式的设置方法及应用。

1. 自定义"线稿"效果显示模式

在命令栏键入 Options 命令，弹出设置菜单。将左侧菜单拖至最下部，单击"视图 - 显示模式"（View-Diaplay modes）。选中"钢笔模式"（Pen），点击左下角"复制"（Copy）。然后，设置页面将自动跳转至新建的显示模式。在弹出的窗口中进行如图 6.1-2 所示的设置。

（1）将"显示模式选项"（Display Mode Option）下的"Name"设为"Analysis"；"Background"（背景）栏目选择"Solid Colour"（纯色填充），并将色彩选为纯白色。

（2）在"Visibility"（可见性）栏中，勾选"Show Seams"和"Show Intersections"，以在线稿中显示相交线。

（3）取消勾选从"Show Text"到"Show Pointcloud"的可选项。

（4）"Light Scheme"（照明图示）中，"Lighting Method"（照明方式）选择"No

Light"（无照明），"Ambient Colour"设为纯白色。

　　找到左侧菜单列表的"View-Display mode-Analysis-Objects"（视 图 - 显 示 模 式 -
Analysis- 物件）；点开"Objects"（物件）字样左侧的小三角图标 ，选择三级菜单中
的"Curve"（曲线），将"Curve Colour Usage"设为"Using Single Colour"（使用单一颜
色）。找到左侧"Lines"（线），把"Technical Line Type Settings"（技术图纸线型设置）中
的线型依照如下设置："Hidden Line"使用单一颜色（较深灰色），线宽为 1；"Edge"和
"Silhouette"保持默认，其中，"Silhouette"线宽为 2；"Intersection Line"使用单一颜色
（浅灰色），线宽为 1，按 OK 按钮确认（图 6.1-3）。

图 6.1-2　设置（彩图见附录 B）　　　　6.1-3　线色设置（彩图见附录 B）

　　（5）点击视图标签右侧的小三角 ，选择显示模式至"Analysis"，查看仿针管笔线
稿出图效果（图 6.1-4）。

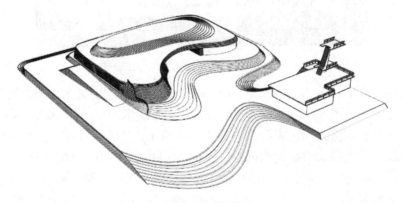

图 6.1-4　效果

2. 自定义"仿 AutoCAD"效果显示模式

　　回到上文"针管笔线稿"设置过程中的步骤 2，选择其中的"Wireframe"（线框模
式），单击左下角"Copy"（复制），得到一个新建显示模式，命名为"AutoCAD"。继而，
将"Viewport Setting"中的背景色改为"Solid Colour"（纯色填充），设为纯黑色。切换视
图的显示模式至"AutoCAD"，查看效果。注意图层的颜色设置（图 6.1-5）。

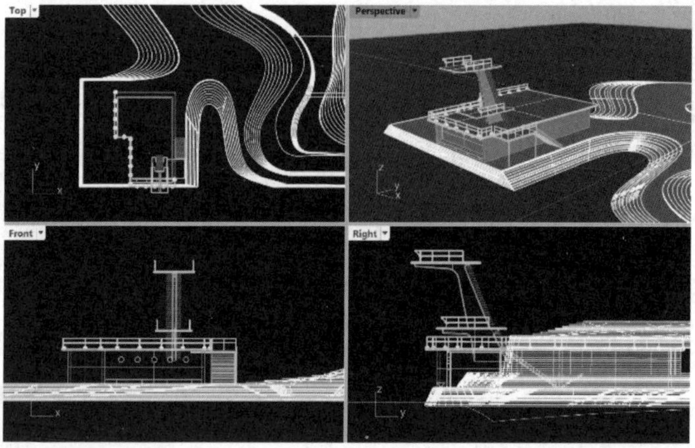

图 6.1-5 效果

6.1.2 展示类功能

本小节以塞兹曼住宅^①为例（图 6.1-6），简要介绍 Rhino 中的常用展示类功能，及其在出图中的简单应用。

图 6.1-6 塞兹曼住宅（Richard Meier 设计）

朝面观察："Set View"-"Look at Surface"（设置视图 - 朝面观察）功能可使相机视角正对某一指定的面（图 6.1-7）。单击"Look at surface"按钮，在 Perspective 视图中选择一个基准面，然后点选方向（需配合调整工作平面）。之后，相机镜头即会朝向所指定的面。"Display"-"Diasble/Enable clipping plane"（显示 - 禁用 / 启用"截平面"）：此命令可控制是否显示模型中的剖面。在此命令按钮上单击鼠标左键，可禁用"截平面"，使模型的剖面不被显示。在此按钮上单击鼠标右键，则可启用"截平面"，使剖面被显示（图 6.1-8）。

---

① 塞兹曼住宅（Saltzman House）是现代主义建筑大师迈耶（Richard Meier）的代表作之一。该建筑受到设计师赖特（Frank Lloyd Wright）的"草原风格"（Prairie School）影响。"草原风格"是赖特创立的一类建筑风格，注重环境景观与建筑的和谐关系，室内偏向底部布局，多运用自然材料，取得室内外景观环境的协调。

318

图 6.1-7　"朝面观察"功能按钮

"Set View"-"Front view"（设置视图 - 正视图，等）：此组图标为红色小车状  的命令，可切换模型至标准的平、立、剖面图。"Set view"-"Turntable"（设置视图 - 旋转台）：单击该按钮，可使模型沿着 XOY 平面 360° 旋转，并可输入希望模型旋转的速率。可配合"渲染模式"，用于从四周"无死角"、全方面地展示模型（图 6.1-9）。

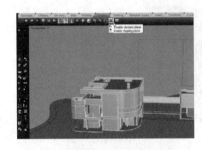

图 6.1-8　截平面显示操作

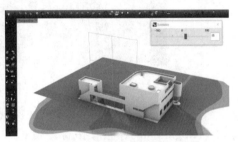

图 6.1-9　"旋转台"功能

6.1.3　技术图出图

基于 Nurbs 建模的 Rhino 则可直接通过"Make 2-D drawing"（建立二维图形）命令[①]，从模型中提取标准平、立、剖等视图的有理线条并输出，与 AutoCAD、Adobe illustrator 等软件无缝对接。具体步骤如下：在出图前，须按前文中提到的"Set View-Front view"（设置视图 - 正视图，等）功能，将模型切换到合适的标准视图。然后，选择"Drafting"-"Make 2-D drawing"（出图 - 建立二维图形）（图 6.1-10），或在命令栏键入"Make 2-D"命令。在按住〈Alt〉的同时，按住鼠标左键拖动框选需要出图的物体。被选中的物体边线显示为柠檬黄色。可通过按住〈Shift〉增选物体，按住〈Ctrl〉减选物体。选择完毕后，按回车键确认。

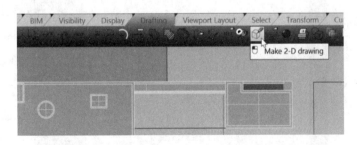

图 6.1-10　Make 2-D 功能按钮

---

① 由于"make 2-D drawing"功能在 Rhino 6 中被重写，故推荐在 Rhino 6 或更高版本中使用此功能出图。

在弹出的对话框中，设置需要输出二维技术图的选项。一般，为了避免输出不可见的物体，不勾选"Hidden line"（隐藏线）选项。"Group output"（成组输出）则可保证同一组内的物体在输出的技术图纸中的投影线仍处于相同图层内，建议勾选（图 6.1-11）。

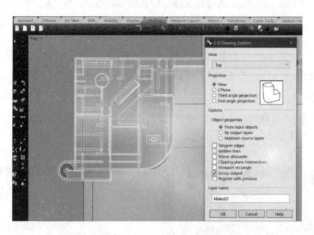

图 6.1-11　Make2D 选项

等待片刻，在世界原点坐标附近，就能发现"Make2D"出的技术图。键入"Group"命令，按住〈Alt〉的同时，按住鼠标左键拖拽，框选技术图纸的线。单击主菜单栏的"File"-"Export seletced"（文件-输出被选择项）。可将技术图以不同文件格式保存。以输出为 AI 文件为例演示。将保存得到的矢量技术图文件拖入 Adobe illustrator，可发现原 Rhino 模型中，各线条所属的图层仍被继承，颜色亦与 Rhino 中设定的图层颜色保持完全一致，如图 6.1-12 所示。框选所有线条，点击主菜单的"Object"-"Live Paint"-"Make"（对象-实时上色-建立）。这样，所有技术图中被线条围合的部分皆自动生成了可供填充的闭合面域，方便后期填充颜色、填充纹理等矢量图形处理。按下 AI 软件界面中左侧菜单列中的"Live Paint Bucket"（实时填充工具）按钮（其快捷键为"K"），即可开始实时填充颜色。

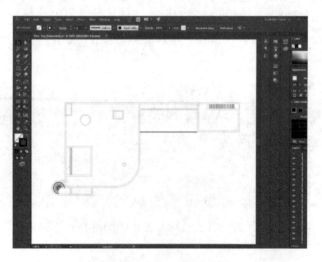

图 6.1-12　导入 AI 的线稿图

6.2　漫游与照明

6.2.1　相机视角

景观设计中，视点的选择对景观体验具有重要影响。例如，游人在密林中、栈道上、开阔场地中行走时，体验都因视点的改变而发生变化（图 6.2-1）。建立数字化模型的最终目标之一，便是"呈现"设计。通过改变镜头的视角、位置和其他参数，便能控制出图时的视点。在设计推敲与出图中，最常采用人视点，而需避免仅采用鸟瞰视点。基于此，本节将介绍视角与空间漫游相关功能。

[例] 绘制美国纽约中央公园（图 6.2-2）。

图 6.2-1　空间中的视角　　　图 6.2-2　美国纽约中央公园（Frederick L. Olmsted 设计）

开启模型文件后，进入"Perspective"（透视）视图，找到顶部菜单选项卡"Set view"（设置视图）-"Camera"（相机）。调整视图视角至理想的鸟瞰图（Air View）视角，在弹出的右侧菜单中点击"Save as…"（存为）按钮。在弹出的对话框中输入视图名称，点击OK 按钮（图 6.2-3）。

在右侧菜单栏中空白处点击鼠标右键，点击弹出的"View Mode"-"Thumbnails"（显示模式—缩略图），即可观察到界面中出现了类似 SketchUp 软件中的"Sence"（场景）的显示（图 6.2-4）。若勾选下方的"Auto-update thumbnails"，则每一个场景的缩略图都会随着模型内容的变更同步更新，但此功能占用较大显存，故酌情考虑勾选。

找到顶部菜单的"Standard"（标准）中的"Viewport"（视图框），鼠标移至图标上方，点击鼠标右键，即可显示标准的四个视图（左上为顶视图，右上为透视图，左下为正视图，右下为右视图）（图 6.2-5）。若发现视图中未显示模型内容，可键入"zoom"命令，按回车键，然后，键入"e"，按回车键。这是快速显示模型的全局内容的高频命令。点击"Top"（顶视图）字样标签右侧的小三角，单击"Set Camera-Show

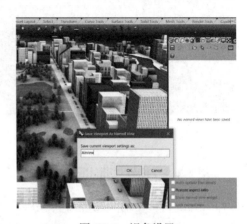

图 6.2-3　视角设置

Camera"（设置相机—显示相机）。此时，发现在 Top（顶）视图中出现了一个带有若干控制点的线框。此"Camera"线框分布在中央与边缘的控制点，决定了 Persepctive（透视）视图中的"相机视角"。

图 6.2-4　场景缩略图

图 6.2-5　"4View"功能按钮

6.2.2　空间漫游

找到顶部菜单选项卡的"Set View"-"Walkabout"（设置视图 - 漫游），点击"漫游"图标右下角的小三角，弹出"Walkabout"（漫游）菜单（图 6.2-6）。点击"Up"（前进）

图 6.2-6　漫游命令菜单

图标，然后按住键盘上的空格键，可在场景中前进。同理，点击"Elvator Up"（上升）可使视图视角沿着世界空间的 Z 坐标方向上升（图 6.2-7）；点击"Elevator Down"（下降）可使视图视角沿着世界空间的 Z 坐标方向下降（图 6.2-8）；点击"WalkAbout"菜单中的"Steps"（步长），则可设置漫游时视角每次前进的步长；键入"WalkAbout"命令，发现命令栏中提示"WalkAbout mode is OFF…"，此时即退出了"空间漫游"模式。

图 6.2-7　上升

图 6.2-8　下降

6.2.3　日光与照明设置

Rhino 自带的渲染功能可实现对日照效果的精确模拟、呈现。下面介绍 Rhino 中日光照明的设置。将 Rhino 的显示模式调节为"Render"（渲染模式）。在 Rhino 右侧边栏顶部找到齿轮状图标，在其下拉菜单中分别勾选"显示"和"照明"选项卡。然后，点击边栏上出现的灯泡状图标 💡（"显示"选项卡），开启 Sun 和 Skylight，再点击"太阳"选项卡，勾选"Sun Option-On"（太阳选项 - 开启）（图 6.2-9）。

下滑滚轮，找到"Date and Time"栏目，依据选址所在地的日期、时间进行相关日照设置。拖动右侧的"月份"和"时间"滑块，可即时调节视窗的日光状况。如图 6.2-10 所示，找到"Location"（位置）选项卡[①]。设定"Named Views"（已命名视图），并保存需要导图的视角。使用 _ViewCaptureToFile 命令导出位图。输出分辨率可按需设定。

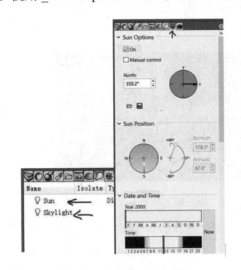

图 6.2-9　照明相关功能栏

图 6.2-10　时区设定

6.3　剖切与出图

6.3.1　物件显示与截平面

由于 Rhino 中构成复杂模型的基本物件单元是"体"，而不是"面片"。因此，在 Rhino 中建模时，多通过对"图层"的操作来控制显示模型的不同部分。下面，介绍管理物件显示的命令。"隔开"与"取消隔开"物件：点击菜单栏顶部"Visibility"选项卡中找到"Isolate"（灰色灯泡左上角有正方形状）图标 🔳（图 6.3-1）。在视图中，选择需要被单独分离以进行编辑的物体，然后按回车键。此时，被选取的物件已被隔开，未选取的物件在视图中消失。若在"Isolate"图标上单击鼠标右键，则隔开的物件被取消隔开。"隔开锁定"物件：可在菜单栏顶部"Visibility"选项卡中找到"IsolateLock"（一把锁的左上角有正方形状）图标 🔳（图 6.3-2），或输入 _IsolateLock 命令。

①　以模拟南方地区的基地为例，地点应选择 " 上海，中国 "，Time zone（时区）应选择 "UTC+08：00"（东八区）。

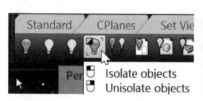

图 6.3-1　Isolate object 图标　　　　　　图 6.3-2　IsolateLock object 图标

　　在视图中选择需要被"隔开锁定"的物体，然后，按回车键确认。此时，被选取的物件已被"隔开锁定"，未选取的物件在视图中变为灰色，处于无法编辑的只读状态（图 6.3-3）。只有处于"隔开锁定"的物体可被编辑。

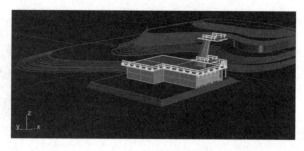

图 6.3-3　"隔开锁定状态"

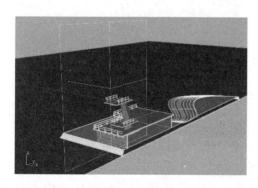

图 6.3-4　截平面

　　在"IsolateLock"图标上点击鼠标右键，或输入 _UnisolateLock 命令，则可取消"锁定隔开"。单击选项卡中的"Visibility"-"Add Clipping Plane"（可见性 - 添加截平面），或直接在命令栏键入 _ClippingPlane 命令。在底部命令栏中选择"3Piont"（以三点创建截平面）。在 Perspective 视图、任意侧视图中，点选 3 个点，决定剖面位置。此时，发现视图中部分模型消失，出现一个灰色的面。这个面所在的平面即是"Clipping Plane"（截平面），如图 6.3-4 所示，可选中此面，通过 Gumball 对平面进行平移、旋转等。

6.3.2　剖面图和剖透视图

　　设计史上，工程制图中的"剖面图"（Section）这一概念出现得较晚，在 15 世纪中期才出现。达·芬奇等意大利艺术家最早通过对生物体的解剖、对古罗马废墟遗址的观察，设想出了"剖面"这一表现方法。15 世纪晚期的建筑制图中，桑加罗（Antonio da Sangallo）等建筑师绘制了严格意义的等轴剖面图（Orthographic Section）（图 6.3-5），剖面图开始具备可建造性。16 世纪，较精确的建筑工程制图体系诞生，剖面图与立面图开始并用。其后，随着钢铁材料和建筑大跨度结构体系（Long-span Systems）的使用，轴测图成为推进设计的重要图解形式。由于结构的进一步精简，剖面形态的逻辑演绎方式发生了巨大改变。20 世纪，出于城市设计的需要，绘制复杂层级的工程图成为刚需。在现代主义建筑发展的驱动下，剖面图成为精确传达空间营造的工具。当今，剖面图被各类设计专业使用，有着更大的表现自由度。

下面，我们以在上一节中建立的小建筑场景模型为例，阐述导出剖面图、剖透视图的方法。通过Gumball，旋转、移动这个截平面到合适的剖切位置。此时可发现已经得到了建筑的剖面（图6.3-6）。单击"Set view"（设置视图）一栏的"正视图"图标，即可得到标准的二维剖面图（图6.3-7）。

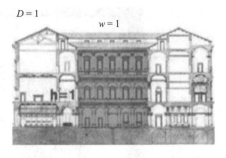

图 6.3-5 Antonio da Sangallo 绘制的
建筑剖面图

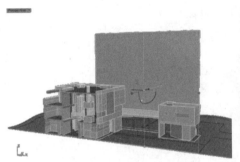

图 6.3-6 移动剖切面

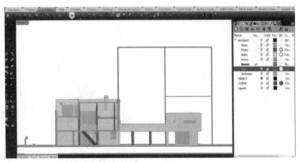

图 6.3-7 二维剖面图

325

欲进一步得到剖透视图，则选择点击"透视图"图标 。然后，新建一个图层，并命名为"Clipping"。将截平面选中，键入"ChangeLayer"命令，将其移入"Clipping"图层。点击图层右侧灯泡状图标 ，将此图层设为不可见，此时，截平面的线框消失，但建筑剖面的剖切线仍存在。通过改变该图层的颜色，可直接控制剖切线颜色（图6.3-8）。将"Clipping"图层的颜色调为深蓝色，得到"剖透视图"的线稿蓝图。使用 _ViewCaptureToFile 命令导出。将显示模式调为 Rhino 内置的渲染模式，将"Clipping"图层的颜色变为深灰色（图6.3-9）。可适当调节右侧菜单列的"Display"（显示）和"Sun"（日照）中的参数设置，即得到了"剖透视图"的彩色渲染图。继而，使用 _ViewCaptureToFile 命令导出。将导出的两张底图拖入 Adobe Photoshop 叠图，得到填色剖透视图成图效果，如图6.3-10所示。

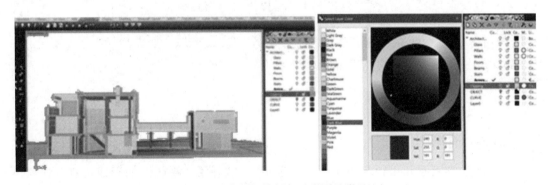

图 6.3-8 改变剖切线颜色（彩图见附录B）

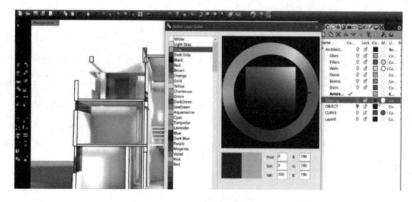

图 6.3-9　调整参数（彩图见附录 B）

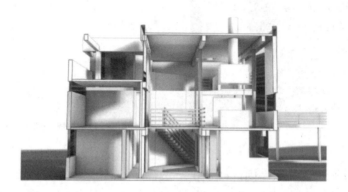

图 6.3-10　成图效果（彩图见附录 B）

拓展

　　若不希望显示截平面的参考框线，将截平面归入一个新建图层，隐藏该图层。但隐藏截平面的参考框线后，截平面的截面线仍会以带有线宽的方式显示。若欲隐藏带有线宽的截面线，方法如下：进入右侧栏的"显示"选项卡中，下滑，找到末尾位置的"剖面设置"（Clipping Plane Setting）子栏目（图 6.3-11）。勾选或去选"显示剖面填充"（Show Fills）、"显示剖面边线"（Show Edges）选项，决定是否显示带填充的剖面、带线宽的截面线。

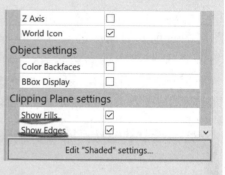

图 6.3-11　选项设定

6.3.3　轴测图

　　古希腊数学家欧几里得提出了"第五公设"，解释了"视图"的形成机制，将"视图"看作从观察者眼睛出发的射线所组成的"视觉金字塔"。在达·芬奇的手稿中，出现了类似"轴测图"的图解形式。16 世纪时期，帕拉第奥（Andrea Palladio）等建筑师兼任防御工程师之职，在他们的推动下，开始使用轴测图来绘制器械、要塞等的平行投影图（Soldierly Perspective），极大推动了画法几何学的发展。1820 年，威廉·法里什（William Farish）最早提出"正等轴测图"这一术语。19 世纪中叶，法国建筑史学家奥古斯特·舒瓦西（Auguste Choisy）最早在建筑测绘图中系统地使用"轴测图"，如图 6.3-12（a）所示。现代主义设计中，轴测图已成为基本图解类型之一。下面先简要介绍"轴测图"的概念与类型。以平行投影法（Parallel Projection）将物体和确定该物体的直角坐标系沿不平行于任一坐标平面的方向投射到一个投影面上，即得到轴测图（Axonometric Diagrams）。画法几何学中，轴测图属于一种单面的斜投影（Oblique Projection）。若已知各轴向伸缩系数，在轴测图中即可画出平行于轴测轴的各线段的长度，进而推演出轴测图。轴测图可分为三度投影、斜二侧投影和正等轴测投影，如图 6.3-12（b）所示。

三度投影（Trimetric Projection，或译不等角投影）指轴间角为 120°、120°、120°，轴向伸缩系 $p=r=q=1$ 的轴测图；斜二测投影（Dimetric Projection）指轴间角分别约为 90°、135°、135°，轴向伸缩系数 $p=r=1$，$q=0.5$ 的轴测图；正等轴测投影（Isometric Projection）指轴向伸缩系数 $p=a$，$r=b$，$q=c$ 的轴测图。正等轴测图是建筑及相关设计学科出图的常用轴测图类型。

327

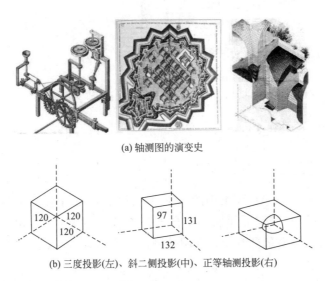

(a) 轴测图的演变史

(b) 三度投影(左)、斜二侧投影(中)、正等轴测投影(右)

图 6.3-12　轴测图

接下来，以一个景观建筑（图 6.3-13）为例，讲解快速生成"正等轴测图"的方法。对于 Rhino 模型进行分图层的预处理。在右侧菜单列中找到"Propeties"（属性）选项卡，点击后全选 Rhino 模型中的所有物件，单击"Display Colour"（显示颜色），选择"by Parent"（随父对象）。此时，子物件的颜色已随其所处的父对象图层同步变化（图 6.3-14）。

键入"Isometric"命令，弹出图 6.3-15 所示二级命令选项，即选择所需出的斜二轴测图的标准方位[①]。键入或点选相应方位的指令后，可看到 Perspective 视图中的物件已转换

---

① 其中，可选的 4 个不同平行投影方位角如下：NE 为东北，NW 为西北，SE 为东南，SW 为西南。

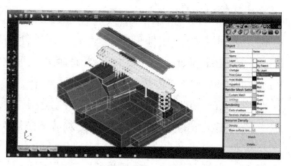

图 6.3-13　Yusuhara Museum（隈研吾设计）

图 6.3-14　设置属性

为轴测视角。可使用 _Zoom 命令进一步调整。点击菜单列中的"Layer"（图层）选项卡，点击每个图层所属行的右侧的"Linetype"（线型），在弹出的对话框中依次设置各个图层的线型。有连续线（Continuous）、点划线（DashDot）、虚线（Dashed）等可供选择。如图 6.3-16 所示，以 _Zoom 命令放大局部查看效果。然后，使用 _ViewCaptureToFile 命令导出选定视角的线稿。

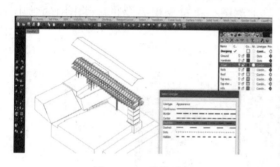

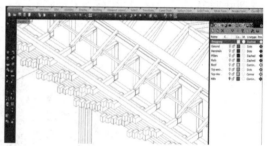

图 6.3-15　线性设置

图 6.3-16　局部效果

6.3.4　尺寸标注

　　Rhino 直接识别 AutoCAD 图纸中的标注。可使用与 AutoCAD 中类似的命令，对技术图纸进行尺寸标注操作。所生成的标注都自带有"记录建构历史"功能，一旦物件尺寸发生变化，则标注参数亦会随即改变。常用的测量命令与 AutoCAD 相同。在命令栏中，可直接读取所测得的数值：

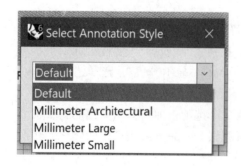

图 6.3-17　设置单位

_Area 测量面（或闭合线围成区域）的面积；

_Distance 测量直线距离；

_Length 测量线的长度，或闭合形的周长。

　　常用的标注命令，都在顶部边栏的"出图"（Drafting）选项卡中。如图 6.3-17 所示，键入 _SetCurrentAnnotationStyle 命令，可设定注解样式（Annotation Style）。Rhino 6 提供的默认 3 种标注样式，通常选择其中的"毫米单位建筑"（Millimetre Architecture）或"Millimetre Large"（毫

米单位大物件）。

键入 Options 命令，选择左栏中的"注解样式"（Annotation Style），可对标注样式进行自定义，如图 6.3-18（a）所示。若内置的标注样式不能满足需要，可单击相应按钮，编辑（Edit）、新建（New）、导入（Import）、删除（Delete）已有的标注样式。点击"Annotation Style"左侧的下三角图标 ，再进一步选择具体需编辑的标注样式。对话框右栏将显示所选标注的详细样式设置参数，并可在右上角的缩略图中，预览标注样式的实际效果，如图 6.3-18（b）所示。在右栏中下滑，可展开不同的待修改样式选项。其中，"线性分辨率"子选项决定标注时可选择保留小数点位数。其"箭头"子选项中选择"建筑箭头"，如图 6.3-18（c）所示。其他标注选项请读者自行按需设置。

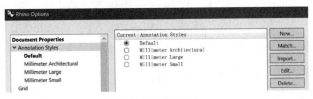

(a) 设置"注解样式"

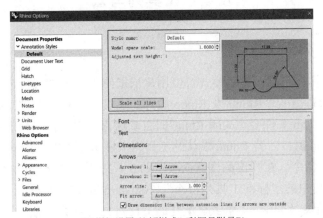

(b) 详细设置"注解样式"（彩图见附录B）

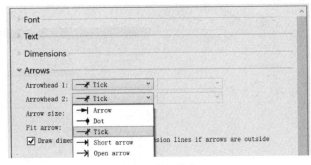

(c) 箭头标注样式

图 6.3-18　标注设置

设置完成后，即可进行标注操作。常用标注命令如下：

_DimAligned 对齐距离标注；

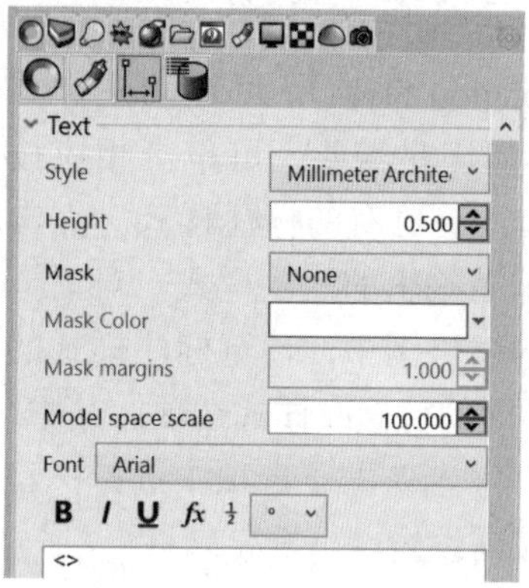

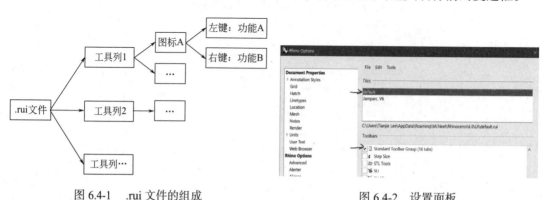

图 6.3-19　设置字高

_DimAngle 角度标注；

_DimArea 面积标注；

_DimDiameter 直径标注；

_DimRadius 半径标注；

_DimCreaseAngle 二面角标注[①]。

如图 6.3-19 所示，在标注完成后，若发现字号不正确，则进行如下操作:选中标注，右侧栏将自动跳转至"属性—标注"选项卡。修改其中的字高（Height）至合适值。下滑，展开"Dimention lines"（标注线）、"Arrows"（箭头）选项，按需进一步更改。在标注 _Make2D 命令绘制得到的二维线稿时，操作方法与 AutoCAD 中几乎一致，恕不赘述。需注意，在 Rhino 中，所有标注都以工作平面为基准。例如，在标注单位模型垂直方向高度时，需要切换到恰当的侧视图。

6.4[*]　工具列与宏

6.4.1　工具列

Rhino 中的工具列布局、显示模式可由用户依据使用习惯进行自定义。因此，在此简要介绍工具列的管理方式。Rhino 及 Rhino 插件的工具列图标皆存储于独立的 .rui 格式文件中[②]（图 6.4-1）。.rui 文件会在关闭 Rhino 时自动保存。因此，在自定义工具列前，须确保仅运行 1 个 Rhino 窗口。若 Rhino 默认的工具列未显示，须进行如下操作。

键入 _Toolbar 命令。在弹出的设置面板（图 6.4-2）中，检查列表中是否存在 default.rui 文件，并勾选其中的"标准工具列群组"（Standard Toolbar Group）。标准工具列群组中，包含有 16 个标签（Tabs）。若欲显示其他工具列，只需要勾选其名称前的复选框。

图 6.4-1　.rui 文件的组成　　　　　图 6.4-2　设置面板

---

① 连续进行直线标注的命令是 _DimRotated _Pause _Pause _Continue=_Yes。

② .rui 文件类似于"工具箱"，不同的工具列（Toolbar）类似于"工具箱"中的"格层"，而每个命令、按钮相当于单体的"工具"，分门别类地存放在工具列中。

若有需要，可将其他 rui 文件中的工具列导入当前的工具列文件中使用。单击菜单中的"文件—导入工具列"（File-Import Toolbars），选择需导入的 .rui 格式源文件。若欲关闭某个插件对应的工具列或自定义工具栏，在选择列表中的工具列后，则单击菜单中的"文件—关闭"（File-Close）。通常，推荐将 Rhino 默认的 default.rui 另存为新文件，对新文件进行自定义修改，以防误改。方法如下：

在 default.rui 文件上单击鼠标右键，选择"另存为"（Save as...），将文件存放在适当位置。接下来，关闭原 default.rui 工具列，打开已另存的 .rui 文件，此时，Rhino 工具列布局保持默认缺省状态，用户即可安全地对工具栏进行自定义（图 6.4-3）。若欲调整 Rhino 界面中顶部边栏中的工具列，用鼠标右键单击界面上工具列处空白区域，调出"工具列菜单"，在其中勾选所需工具列标签（图 6.4-4）。

图 6.4-3　另存（导出）操作　　　　图 6.4-4　选择显示工具列

除顶部边栏外，左侧边栏亦会随顶部工具列标签的切换而变化。若边栏意外关闭，则键入 Options 命令，选择左侧栏目中的"工具列 - 大小与形式"（Toolbar-Size and Styles），勾选"显示边栏"前的复选框。在该栏中，亦可调节"按钮选项"（Button Options）中的"按钮大小"（Button Size），更改 Rhino 界面中按钮的显示尺寸（图 6.4-5）。除可以存储工具列布局之外，.rui 文件还可存储顶部边栏的内容。Rhino 中 还具有更为全局化的"工作环境编辑器"，可直接编辑界面中的整体工具列布局和顶部边栏的内容。键入 Options 命令，选择左侧栏的"工具列"，在右侧对话框顶部位置点选"工具—工作环境编辑器"（Tools-Workspace Editor），即可设置（图 6.4-6）。

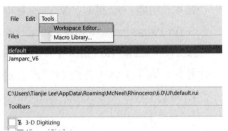

图 6.4-5　更改按钮大小　　　　图 6.4-6　开启工作环境编辑器

6.4.2　"宏"的概念与简介

宏（Macro，或译"巨集"）是一种抽象的、根据一系列预定义的规则的文本模式，常用于录制"动作"，便于批处理。Rhino 集成了许多可以直接调用的内置命令，以及 Python 等高级程序语言。可在宏编辑器（Macro Editor）中调试已编写的宏。点击右侧栏的"齿轮"状图标 ⚙，选择"宏编辑器"，即可打开。编写的宏需要涵盖建模过程中使用的所有命令[1]。欲查看指定 Rhino 图标所对应的命令，在图标上方按住〈Shift〉+ 鼠标右键，在弹出的对话框中可查看。编写宏时，须在命令名称前加入恰当的前置符号。

一般地，在命令名前须普遍地加"_"；在命令前加"!_"表示在执行命令前，强行结束上一步命令；在命令前加"'_"表示命令须嵌套运行；在命令前加"-"表示命令执行时不弹出对话框。此外，还有若干特殊语句，请读者熟记：

pause 暂停执行下一条命令，等待鼠标点选等操作

Multipause 暂停执行多次

Enter 按回车键

EnterEnd 忽略按多次回车键，直接确认执行完命令

NoEcho 在指令视窗中不再显示信息

Setredrawoff 关闭画面重绘，使视窗中的操作不可见

Setredrawon 打开画面重绘，恢复显示视窗中的操作

下面，我们尝试编写一些宏。

［例 1］

功能：先求多个物件的布尔交集，并合并其彼此共面的面。常用于将多个墙体变为一个无冗余线的物件。

!_BooleanUnion Multipause enter SelLast MergeAllFace

［例 2］功能：选中当前所在图层中的所有物件。

!_-SelLayer P

［例 3］功能：将待修改物件的材质匹配为和目标物件材质一致。

_-MatchProperties Pause[2]

Pause[3]

NoEcho

L=N T=Y Enter[4]

［例 4］功能：绘制 U、V 方向各有 4 个控制点的曲面。

!_SrfPt Pause Pause Pause Pause enter

SelLast NoEcho -Rebuild u=4 v=4 d=3 v=3 enter SelLast Pointon

［例 5］功能：导入背景参考图，将其设为 60% 半透明，存入指定图层[5]，并锁定。

!_ChangeLayer AAA enter NoEcho Setredrawoff

---

① 不须区分大小写。

② 此时，点选待修改物件。

③ 此时，点选目标物件。

④ 若使用汉化版软件，可将最后一行改为"L= 否 T= 是 Enter"。

⑤ 本例中，以将图层命名为"AAA"为例。

SelPrew -Properties M O enter T 60 EnterEnd[①] -layer K AAA EnterEnd[②] Setredrawon

6.4.3　自定义工具列

下面我们尝试将自行编写的一些宏加入到工具列中，方便反复调用。首先，点击顶部菜单"工具—工具列布局"（图6.4-7）。新建一个自定义工具栏。在对话框列表（图6.4-8）中，勾选已建立的这个自定义工具栏。

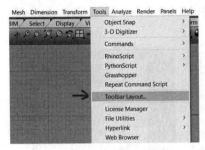

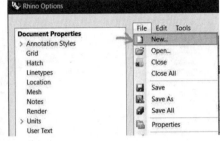

图 6.4-7　菜单　　　　　　　　　　　　　图 6.4-8　建立工具栏

自定义工具栏中，默认存在一个空白内容的按钮。下面，对该工具栏按钮进行自定义（图6.4-9）。1区域设置工具的文字描述，2区域设置工具名称，3区域输入宏的源码。 4处可自定义按钮的图标，可导入原有图片作为工具按钮。

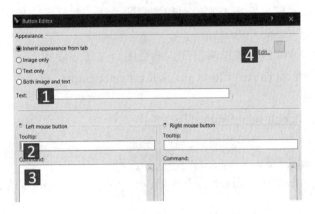

图 6.4-9　自定义工具栏

输入自定义宏。下面以"推面"功能为例。首先，指定待推的面所在的平面为工作平面；然后，将待推的平面挤出为闭合体。最后，合并得到的这些面，简化结构线（图6.4-10）。宏代码如下：

```
'_CPlane _Object _Pause _ExtrudeSrf _Solid=_Yes
_Pause _DeleteInput=_Yes _Pause'_SelLast _MergeAllFaces
```

在工具栏空白处点击鼠标右键，选择"New button"，可新建更多的按钮，后续自定

---

① _Properties 是"物件属性"命令，其子选项 M 代表材质，O 代表物件，T 代表透明度。

② _Layer 是"图层"命令，其子选项 K 代表"锁定图层"。

义宏的步骤与前文相同（图 6.4-9）。"克隆" Rhino 原生的按钮功能至自定义工具列的方法如下：在 Rhino 默认菜单的任意按钮上按下〈Shift〉+ 鼠标右键，可以查看每个命令的宏源码。按下〈Ctrl〉+ 鼠标左键拖拽，可复制某个 Rhino 原生按钮至自定义工具列；按下〈Shift〉+ 鼠标左键拖拽，可移动某个 Rhino 原生按钮至自定义工具列（图 6.4-11）。

图 6.4-10　宏编辑界面

图 6.4-11　按钮

接下来，附上部分入门级 Rhino 宏语句。读者可直接将这些宏语句逐个赋予自定义工作列中的相应按钮，即可自定义适合自己的 Rhino 工具列。

挖洞（指定工作平面，选择挖洞的面和挖洞的边线，然后完成挖洞）

'_CPlane _Object _Pause _WireCut

补全断线（线接合断线为连续多段线，然后闭合这条多段线）

!_Join pause _SelLast pause _CloseCrv _SelLast enter enter

选所有相同图块

'_SelNone' _SelBlockInstanceNamed _S

_SelPrev _Enter

在交点处打断曲线

NoEcho SetRedrawOff intersect selcrv enter split selcrv enter selpt enter Selpt delete SetRedrawOn

6.4.4　宏代码举例

关于 Rhino 中宏的更多内容，涉及 Python 或 VB Script 代码的运用。

[**例**] 用 VB 语言编写一个宏，实现下列功能:输入 _HighPt 命令，拾取一个地形曲面，再点选地形上任一点，该程序须找出地形曲面的最高点；输入 _HighPt 命令，该程序须找出最低点。

新建一个记事本文件，命名为 "HighPt.rvb"。在记事本中输入以下代码，并保存。代码中，所有缩进符都为 Tab。

Option Explicit

Rhino.AddStartUpScript Rhino.LastLoadedScriptFile
Rhino.AddAlias "HighPt" , "_NoEcho _-RunScript（HighPt）"
Rhino.AddAlias "LowPt" , "_NoEcho _-RunScript（LowPt）"

Sub HighPt
    MaxPt（0）
End Sub

Sub LowPt
    MaxPt（1）
End Sub

Sub MaxPt（dir）
Dim sobj：sObj = Rhino.GetObject（"Select a surface or polysurface to test" ,8+16,True）
If IsNull（sObj）Then Exit Sub

Dim aBB：aBB = Rhino.BoundingBox（sObj,Rhino.CurrentView）

Dim Apt：aPt = Rhino.GetPointOnSurface（sObj）
If Not IsArray（aPt）Then Exit Sub

Dim VecDir, BasePt

If Dir = 0 Then
    BasePt = aBB（4）
    VecDir = Rhino.VectorCreate（aBB（4）, aBB（0））
Else
    VecDir = Rhino.VectorCreate（aBB（0）, aBB（4））
    BasePt = aBB（0）
End If

Dim PlaneOrigin：PlaneOrigin = Rhino.PointAdd(BasePt, Rhino.VectorScale(VecDir,.05))
Dim Plane：Plane = Rhino.ViewCPlane（Rhino.CurrentView）
Plane（0）= PlaneOrigin

Dim Temp, i, aTemp
Dim max：max = 512

```
Rhino.EnableRedraw（False）
Do
Temp = Rhino.PlaneClosestPoint（Plane,aPt）
aTemp = Rhino.BrepClosestPoint（sobj,Temp）
aPt = aTemp（0）
i = i +1

If i = Max Then
     Rhino.AddPoint aPt
End If

Loop Until i = Max

Rhino.EnableRedraw

End Sub
```

将 .rvb 文件拖至 Rhino 视窗，可自动载入并执行脚本。键入 _HighPt 和 _LowPt 即可使用。限于篇幅，仅举一例较为复杂的宏代码，向读者初步展示基于 Rhino 宏功能的"二次开发"。感兴趣的读者，可自行搜索"VBscript, Rhino"等关键词，获得更多相关技术资料。

6. 5　制造与呈现

6.5.1　减材、增材制造技术

数控加工（Computer Numerical Control，CNC）技术是运用计算机手段，自动化控制生产的技术的统称。迄今，被广泛用于概念设计、方案推敲的"数控加工技术"主要是"快速成型"（Rapid Prototyping，RP）技术，该技术包含了减材制造和增材制造两种加工模式。对原材料去除、切削、组装的所有加工模式，被统称为减材制造（Subtractive Manufacturing）。减材制造加工模式由于受到许多材料性能、塑形手段等约束，无法制造精密、复杂的实体产品（或实体模型）。激光切片叠加（Laser Cut，俗称"激光切割"）技术术是实体模型制作中常见的减材制造方法（图 6.5-1）。使用激光切割技术制作模型时，需要提供非常精确的底板切割图。拼接时，需要手工地逐块拼接。同时，需要提前预留接槽位置（图 6.5-2），较为费时、费力。

为克服减材制造技术的缺陷，20 世纪 90 年代中期，出现了增材制造（Additive Manufacturing，AM，俗称"3D 打印"）技术。增材制造是区别于传统减材制造的一种制造技术，其加工模式以数字参数化模型文件为基础，通过数控系统，将材料以挤压、烧结、

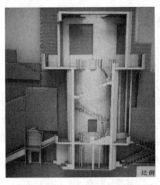
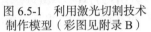

图 6.5-1 利用激光切割技术
制作模型（彩图见附录 B）

图 6.5-2 激光切割实体模型
（彩图见附录 B）

熔融、光固化、喷射等方式逐层堆积，制造出实体产品（或实体模型），使原本无法实现的复杂结构件制造变为可能（图 6.5-3）。简而言之，三维打印是将三维实体切割为一系列微小单元层，并将材料按指定路径添加至未完成的工件上，用聚合、粘结、熔结等手段，将材料固化，从而得到打印件的过程。利用 Rhino 等工程建模软件建立的数字化模型，可直接用于进行 3D 打印，在工业设计等领域，已被普遍用于产品原型。在景观设计领域，也常被用于制作三维实体模型（图 6.5-4）。

目前，增材制造的常用工具为三维打印机。按工艺原理，可分为光固化技术（SLA）、层合实体制造（LOM）、激光烧结技术（SLS）、熔融沉积技术（FDM）。其中，在实体模型制作中，最常用的是熔融沉积技术。该技术最早由斯科特·克伦普（Scott Crump）于 1988 年研制成功。其原理为：以热熔喷头软化半流动态材料（ABS、尼龙等热塑性材料），分层地按照指定路径挤出，并冷却凝固成型，逐层累积，得到最终实体（图 6.5-5）。

图 6.5-3 德国包豪斯博物馆中的
实体模型

图 6.5-4 三维实体模型

图 6.5-5 FDM 技术

目前，在 3D 打印、快速原型制作领域，通常使用 2 种文件格式，分别是立体激光雕刻格式（Stereolithography，STL）和虚拟现实建模语言格式（Virtual Reality Modeling Language，VRML）。STL 格式是三维打印业界普遍公认的数据格式。目前，绝大多数的分层切片算法，都基于 .stl 格式开发的。.stl 格式文件中，三维实体是由若干个三角面单元离散近似拟合而成的。这些三角面单元以三角面的法向量、顶点坐标等数据表示。对于单色三维打印，须准备 .stl 格式文件；而对于全彩三维打印物体，须准备 .vrml 格式文件。

6.5.2 三维打印的常规操作

通常，用于三维打印的模型必须是封闭实体，即表面上不存在孔洞，并定义了清晰的内、外部空间拓扑形态。在导出待打印模型之前，建议在 Rhino 中对模型进行适当简化，并尽可能地封为闭合实体。若模型使用 Tspline、SubD 等方式建模完成，须以 _ToNurbs 命令将其转化为 Nurbs。

下面讲述从数字化模型导出 .stl 格式文件的必要流程。首先，使用 _Scale 命令，将模型缩放到实体模型的实际尺寸。使用 _ShowEdges 命令分析待打印模型的封闭性。可通过 _Cap 命令填充 Nurbs 曲面上简单平面孔洞，对于非平面孔洞，则需采用 _Patch、_Loft、_Sweep1、_Sweep2、_EdgeSrf、_SrfPt 等命令，生成填补孔洞边缘的 Nurbs 曲面。若多

图 6.5-6　模型文件

重曲面难以"补面"闭合，请检查当前模型的绝对容差设定。方法在本书第一章中已详述。示例模型如图 6.5-6 所示。尽可能完成上述"补面"操作后，检查模型中宽度（厚度）最小的部分是否大于 3mm，因为过于细长的构件在打印过程中容易断裂。选中所有待打印物件，复制一份至他处，以 _Mesh 命令（或顶部菜单的 Mesh-From NURBS Object）将其转化为多边形网格（图 6.5-7）。在弹出的"多边形网格设置"（Polygon Mesh Option）对话框（图 6.5-8）中，可对模型精度进行调整。通过增大设定的多边形数量，可提升模型的最终打印精度，但会显著增加打印文件大小[1]。

在图 6.5-9 中，可观察到曲面都变成了三角面和四边面。接下来，使用 _ShowEdges 命令查找网格中的孔洞、开口的位置。对于单个孔洞，以 _FillMeshHoles 命令填补；对于多个孔洞，则以 _FillMeshHoles 命令封闭所有存在的裸边（Naked Edges），在孔洞边缘处之间生成新的网格面，完成填补。若使用这些命令后，网格中仍存在孔洞，则使用 _3dFace 命令，在洞口边缘点选 3 个（或 4 个）点，手动生成网格面填充孔。以网格面闭合网格后，使用 _Join 命令将它们变成单个闭合网格[2]（图 6.5-10）。

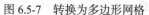

图 6.5-7　转换为多边形网格

图 6.5-8　设置对话框

---

① 对于较大体量的物件，可适当降低多边形数量，将滑块向左移动 10% ~ 20%；对于较小体量的物件，可适当增加多边形数量，将滑块向右移动 10% ~ 30%。

② 对于任何网格，无论其彼此间是否共用顶点，皆可使用 _Join 命令合并为一个网格。但只有当网格彼此间共用边和顶点时，在执行 _Join 命令后，网格才能闭合。若对不共用边和顶点的网格使用 _Join 命令，仅能将其"组合"在一起，并不能闭合。

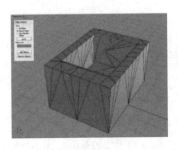
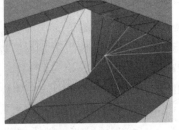

图 6.5-9　检查孔洞　　　　　　　图 6.5-10　填洞

在网格闭合后，网格面的法向量可能不一致，将导致打印出现问题。如图 6.5-11 所示，选择所有曲面，键入 _Dir 命令，检查网格的所有面（或多重曲面中每个面）的法向量方向。若有 2 个方向相反的"箭头"，则说明存在 2 个法向量方向相反的面。此时，键入 _UnifyNormals 命令，确保网格（或多重曲面）的所有法向量都在一个方向上。若有必要，可手动在需要反转方向的面上，逐一单击鼠标左键，进行局部调整。若这些曲面的法线向量指向内部（正常状态下应指向外部），则应使用 _Flip 命令，使其指向外部。然后，选中模型中所有待打印物件，单击菜单栏"文件—导出所选物件"，将数字化模型另存为 .stl 等三维打印机支持的文件格式，即可导入打印。由于 Rhino 建立的模型为 Nurbs 曲面和多重实体，导出为 .stl 等格式后，将被转化为 Mesh 曲面。Nurbs 曲面将被拟合成三角面、四边面，导出后，将不可避免地出现"锯齿状"边缘（图 6.5-12）。

339

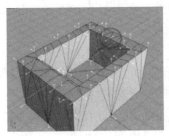
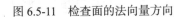

图 6.5-11　检查面的法向量方向　　　　图 6.5-12　某个被转换为 .st 文件

6.5.3　虚拟现实技术

1.　虚拟现实技术发展史简介

1957 年，摄影师海林（Morton Heiling）设计了名为 Sensorama 的仿真模拟设备，这是史上第一个虚拟现实相关设计。1968 年，苏泽兰（Ivan Edward Sutherland）设计、开发了第一台头盔显示器"达摩克利斯之剑"。1982 年，雅达利（Atari）公司开发了 Atari Mindlink 头戴设备。1995 年，任天堂推出了 Virtual Boy 游戏手柄。2010 年后，随着智能手机等设备的出现，VR 开放平台的开发进入爆发期，索尼、谷歌、HTC、Oculus、三星等商业公司纷纷开发了 VR 头盔等设备，改善了虚拟现实渲染软件的显卡层、驱动层、引擎层等的支持。

2.　虚拟漫游简介

虚拟现实（Virtual Reality，VR）是指通过用户的构想性，在计算机中渲染出虚拟三维环境，给予用户在虚拟世界中的沉浸式效果。虚拟环境下的"用户体验"，通常指用户在物理控制的模拟"环境"中的感受，其主要特征是：沉浸感、交互性、构想性。虚拟场景建模和绘制技术通常分为 3 类，分别是：基于图形学的三维建模渲染（Geometry-Based Modelling and Rendering，GBMR）、基于图像的逆向建模渲染（Image-Based Modelling and Rendering，IBMR），以及基于两者的混合建模渲染。

利用 Unreal Engine 等图形引擎，计算机图形学领域已开发了 Enscape、Lumion 等 GPU 渲染器，可对 Rhinoceros 建立的数字化模型文件实时渲染，并配合 VR 头盔进行虚拟现实展示。环境中的光照（自然光、人造光等）的使用，能增强画面的景深，增强画面的层次，从而提升观看、体验效果。

由于 VR 头盔设备的便携性与成本问题，目前，虚拟现实技术更多被用于制作漫游视频（Tour Video）。利用虚拟环境资源建立的漫游视频，比传统的二维静帧图像更能提升观者的沉浸体验的过程，也提升设计师对设计落地效果的深度认知。利用 Lumion 等大型 GPU 渲染器，可依照设定的路径，导出相应的渲染场景，并逐帧生成漫游视频。理想状态下，建立的设计模型精度越高，虚拟体验和漫游视频的真实感越强。

3. 虚拟漫游视频的预先准备

由于计算机性能限制，模型精度会影响 Lumion 的读取速度。因此，建议对不同尺度模型的精度进行控制，将近距离、远距离模型分为不同精度或拆为不同部分进行建模。对于远距离的物体，可通过遮挡、简化、后期图像处理等方式，加快场景的读取、编辑速度，以及漫游视频的渲染速度。处理完成前期模型后，使用如下方法将 Rhinoceros 模型导出为 Lumion 可识别的格式。

首先，按照物件材质，将物件归为不同图层（或子图层）（图 6.5-13）。在 Rhinoceros 右侧栏的"图层"选项卡中，分别赋予不同图层以相应的自定义材质。Rhinoceros 中被赋予相同材质的图层中的物件，在 Lumion 中，仍保持彼此具有相同材质。选中模型中所有待打印物件，键入 _Move 命令，点选物件任一角上的基准点，在命令栏输入 " 0,0,0 "[①]。继而，选中模型中所有物件，单击菜单栏"文件—导出所选物件"，将数字化模型另存为 .dae 格式，即可导入 Lumion 进行渲染、虚拟漫游。

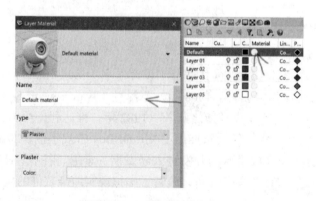

图 6.5-13　图层与材质整理

---

① 其中，逗号为英文逗号。

6.5.4 增强现实技术

增强现实（Augmented Reality，AR）技术是指将虚拟环境、对象叠加到真实环境上，让虚拟和真实的物象同时呈现，带给用户超越现实的感官体验。对于景观、地理相关行业，增强现实技术目前仅在数字模型展示方面初步得到应用（图 6.5-14），仍停留在较为初步的阶段，存在相当大的发展空间。

图 6.5-14　以 AR 技术呈现 Rhino 数字化模型（作者自摄，彩图见附录 B）

附录 A　中英文术语对照表

Glossary

A

Additive Manufacturing（AM）增材制造

Adjust Surface Blend 可调式混接曲面

Adjacent Combination 邻接式组合

Air View 鸟瞰图

Annotation Style 注解样式

Archimedean Spiral 阿基米德螺线

Architectural Geometry（AG）建构几何学

Arithmetic Progression 等差数列

Art Nouveau 新艺术运动

Attachment Transformation 附着变形

Augmented Reality（AR）增强现实

Axonometric Diagrams 轴测图

B

Backdrop 背景

Bézier Curve 贝塞尔曲线

Biophilic Responding 仿生反应

Biomimicry Technology 仿生技术

Block 图块

Block Instance 图块引例

Block Manager 图块管理器

Boolean Operation 布尔运算

Boolean Toggle 布尔型控件

Boundary Representation（Brep）边界表

示法

Box Morph 长方体变形

Branch 分支

C

Cage Edit 变形控制器

Catenary 悬链线

Celluar Automata 元胞自动机

Circular Helix 圆柱螺线

Clamped Curve 夹点曲线

Clipping Plane 截平面

Componentization 构件化

Computer Numerical Control（CNC）数
控加工

Constructive Solid Geometry（CSG）形
体分析法、实体几何构造法

Continuity 连续性

Control Points（CP）控制点

Convex Micro-topography 凸地形

CPlane 工作平面

Composite Transformation 复合变换

Convergence Point 收敛点

Cross Section Curves 截面线

Curvature 曲率

Curvature Continuity 曲率连续

Curved Coordinate 曲纹坐标

D

Deconstructionism 解构主义

Deformability 可塑性

Developable Surface 可展曲面

Dimension 标注

Dimetric Projection 斜二侧投影

Directrix 准线

Degree 阶；阶数

Dot Product 数量积；点乘

E

Edit Points（EP）编辑点

F

Fading Face 渐消面

Fibonacci Sequence 斐波那契数列

Fillet Edge 边缘倒角

Fillet Edges By Pipes 圆管倒角法

First-degree Surface 一次曲面

Flatten 拍平

Flow 流动

Flow Along Curve 沿曲线流动

Form-surface Analysis 形面分析法

Fractal Geometry 分形几何

Fused Deposition Modelling（FDM）熔融沉积技术

G

Gaussian Curvature 高斯曲率

Generatrix 母线

Geometric Progression 等比数列

Golden Ratio 黄金分割率

Graft 升枝

Grid 方阵

H

Hardscape 硬质景观

Hinge Joint 铰接

History Tree 历史树

Hyperboloid 双曲面

Hyperbolic Paraboloid 双曲抛物面、马鞍面

I

Isocurves 结构线

Isolate 独立；隔离

Isometric Projection 正等轴测投影

Isotrim 独立修剪

Item 项

Iteration 迭代

J

Joggle Joint 榫接

K

Knot（K）节点

Knot Point 节点点

L

Land Art 大地艺术

Landscape Urbanism 景观都市主义

Laser Cut 激光切片叠加、激光切割

Limit 极限

List 列表；链表

List Item 列表项

Loop 循环

M

Macro 宏；巨集

Modulus 模

N

Nested Reference Block 外部链接图块

Network Surface 网格面

Non-Euclidean Geometry 非欧几何

343

Non-periodic Closed Surface 非周期闭曲面

Non-underlying Surface 非原生面

Non-uniform Rational B-spline（NURBS）非均分有理 B 样条

Normal Vector 法向量

Normal of Rotation 旋转法线

O

Oblique Projection 斜投影

1-Span Surface 一跨面

Open Curve 开曲线

Open Surface 开曲面

Orient 基准对齐

Orthographic Section 等轴剖面图

P

Paradox 悖论

Parallel Projection 平行投影

Parallel Postulate 平行公理

Parametric Curve Network 参数曲线网

Parametric Equation 参数方程

Patch 嵌面

Path 路径

Pixel 像素

Point Charge 点电荷

Poly Surface 多重曲面

Position Continuity（G0）位置连续

Power 幂

Principle Curvature 主曲率

Q

Quad Face 四边面

Quadratic Surface 二次曲面

R

Radius Of Curvature 曲率半径

Rail 轨、路径线

Rapid Prototyping（RP）快速成型

Rational Curve 有理曲线

Raytraced 光线追踪

Record History 记录建构历史

Rectilinear Generator 直母线

Rigid Joint 刚性连接

Ruled Surface 直纹面

S

Seam 缝线

Sequence Of General Term 通项

Sequence Of Numbers 数列

Shell 薄壳

Sierpinski Triangle 谢尔平斯基三角形

Slice Structure by Rotation 环形切片结构

Soft Move 不等量移动

Solid 实体

Soldierly Perspective 平行投影图

Space Truss 空间桁架

Spherical Coordinate System 球面坐标系

Stereotomy 立体切割

Standard Toolbar Group 标准工具列群组

Stereolithography（STL）立体激光雕刻格式

Stiffness 硬度

Straight Section 平直区段

Streamlining 流线型

Sub-surface Divide 次表面细分

Subtractive Manufacturing 减材制造

T

Tangency Continuity（G1）相切连续

Tangent Plane 切平面

Tangent Vector 切向量

Toolbar 工具列

Trace 轨迹

Transformation 变换

Tree-chart 树状图

Trimetric Projection 三度投影、不等角
　投影
Trimmed Surface 修剪曲面
Truchet Pattern 特吕谢镶嵌
Turntable 旋转台
Tween 等分

U

Underlying Surface 原生面
Unit Vector 单位向量
Universal Deformation Tools（UDT）通
　用变形工具

V

Venn Diagram 维恩图
Vest Pocket Park 口袋公园
Virtual Reality（VR）虚拟现实
Voronoi Diagram 泰森多边形；沃罗诺
　伊图

W

Waffle Structures 松饼结构
Weight 权值
Workspace Editor 工作环境编辑器

附录 B　彩图

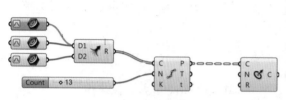

图 1.4-10　连线的显示样式

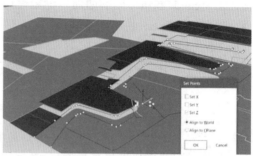

图 2.7-22（b）　初步操作

广维度
larger space dimensions

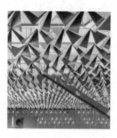

高吊顶
raised ceilings

宽视野
wide views

透明边界
transparent boundary

复杂层级
Multi-elevated

图 3.2-54　环境心理学理论

图 3.3-43　效果图

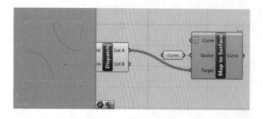

图 3.7-7　拾取圆弧第一部分

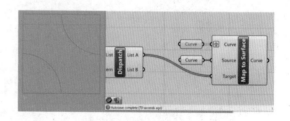

图 3.7-8　拾取圆弧第二部分

346

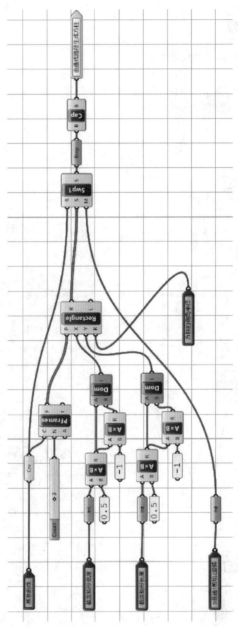

图 2.1-14（a）　程序

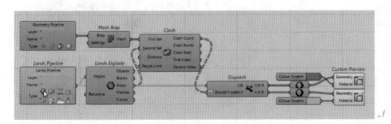

图 4.8-30　完整程序

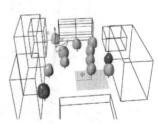

图 4.8-31　碰撞检查结果

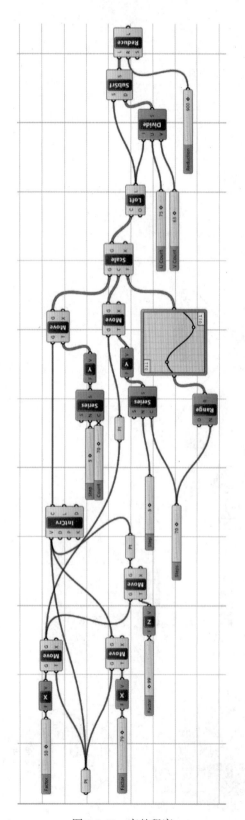

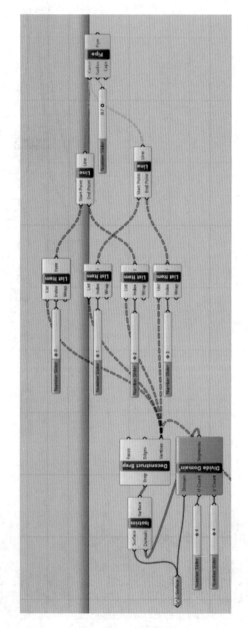

图 3.4-42　完整程序　　　　　　　　　　　图 3.5-23　完整程序

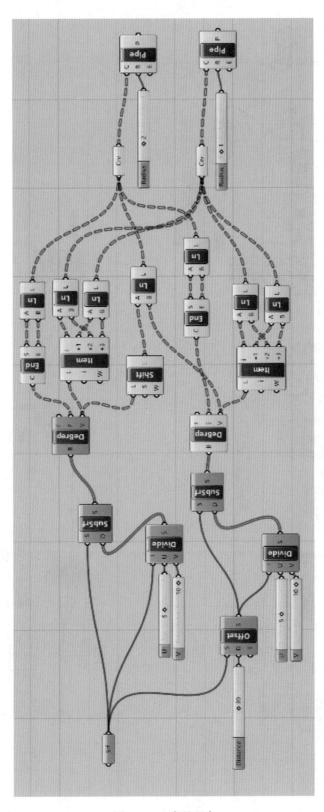

图 3.5-40　完整程序

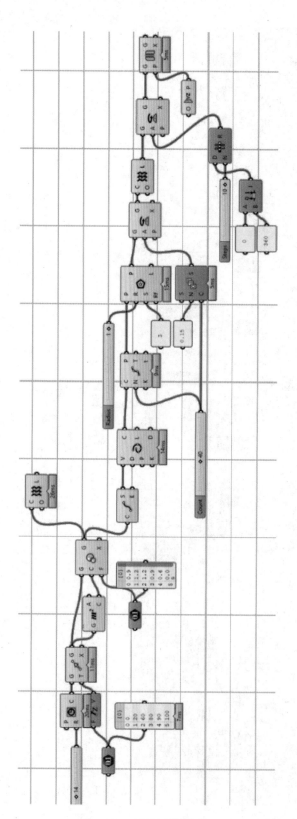

图 5.6-45　显示运算器图标

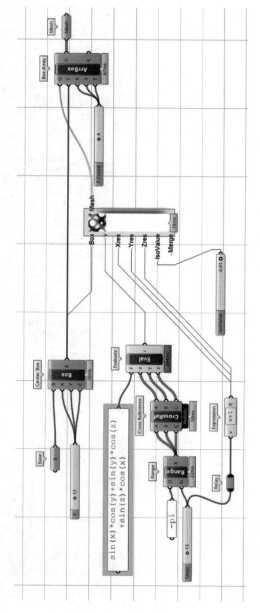

图 5.7-22　完整程序

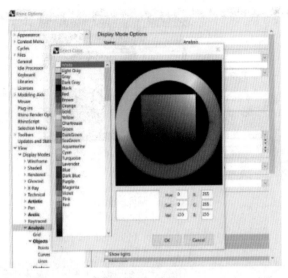

图 6.1-2　设置

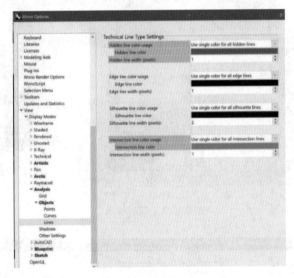

图 6.1-3　线色设置

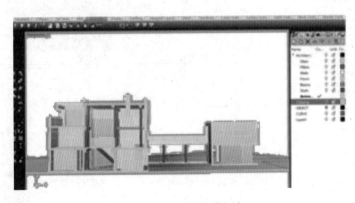

图 6.3-8　改变剖切线颜色

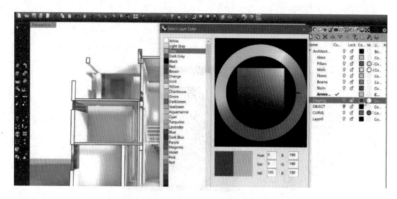

图 6.3-9　调整参数

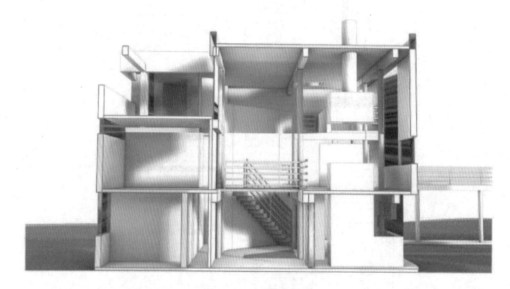

图 6.3-10　成图效果

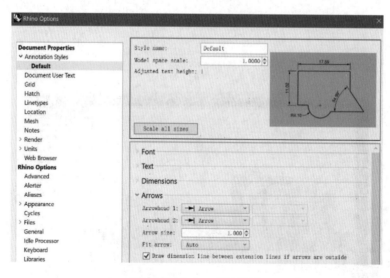

图 6.3-18（b）　标注设置

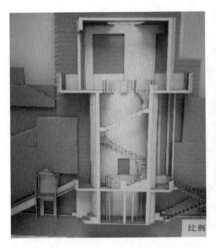 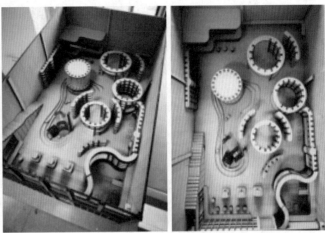

图 6.5-1　利用激光切割技术制作模型　　　　　　　图 6.5-2　激光切割实体模型

图 6.5-14　以 AR 技术呈现 Rhino 数字化模型

参考文献
References

［1］FORTY A. Objects of desire : design and society since 1750 ［M］. New York: Thames & Hudson，1992.

［2］MARI A D, YOO N. Operative design : a catalogue of spatial verbs ［M］. Amsterdam: BIS Publishers，2012.

［3］BULL C. Landscape architecture and digital technologies : re-conceptualising design and making ［M］. South Melbourne, Victoria: Landscape architecture Australia, 2017.

［4］SIMMONS G F. Calculus with analytic geometry［M］. New York: McGraw Hill Education，1995.

［5］AKOS G, PARSONS R. Mode Lab-The Grasshopper Primer : Foundation［M］. 3rd Edition. Long Island City, NY: Studio Mode, LLC. , 2014.

［6］POTTMANN H. Architectural geometry as design knowledge［J］. Architectural Design，2010，80（4）：72-77.

［7］SCOLARI M. Oblique drawing : a history of anti-perspective ［M］. Cambridge, MA: The MIT Press，2012.

［8］LEWIS P, TSURUMAKI M, LEWIS D J. Manual of section ［M］. New York: Princeton Architectural Press，2016.

［9］PETSCHEK P, WALKER P. Grading for landscape architects and architects［M］. Basel: Birkhauser，2008.

［10］ERVIN S M, HASBROUCK H H. Landscape modeling : digital techniques for landscape visualization ［M］. New York: McGraw-Hill Professional，2001.

［11］JOYE Y. Architectural lessons from environmental psychology : the case of biophilic architecture ［J］. Review of General Psychology, 2007, 11.

［12］长沙卓尔谟教育科技有限公司. Rhino 7 犀利建模 ［M］. 北京：机械工业出版社，2021.

［13］程罡. Grasshopper 参数化建模技术 ［M］. 北京：清华大学出版社，2017.

［14］何人可，柳冠中. 工业设计史 ［M］. 第 4 版. 北京：高等教育出版社，2010.

［15］李养成. 空间解析几何 ［M］. 北京：科学出版社，2007.

［16］刘肖健. 创意之代码：感性图像 ［M］. 杭州：浙江大学出版社，2014.

［17］卢纯福，朱意灝. 形态的限度 ［M］. 北京：中国建筑工业出版社，2016.

［18］罗小未. 外国近现代建筑史 ［M］. 北京：中国建筑工业出版社，2002.

［19］同济大学数学系. 高等数学（上／下）［M］. 第七版. 北京：高等教育出版社，2014.

［20］王受之. 世界现代设计史 ［M］. 北京：中国青年出版社，2002.

［21］王向荣，林箐. 西方现代景观设计的理论与实践 ［M］. 北京：中国建筑工业出版社，2002.

［22］谢静. CAGD 中若干非线性样条曲线曲面造型方法研究 ［M］. 合肥：合肥工业大学出版社，2012.

［23］袁烽，江岱. 从图解思维到数字建造 ［M］. 上海：同济大学出版社，2016.

［24］曾旭东，王大川，陈辉．Rhinoceros & Grasshopper 参数化建模［M］．武汉：华中科技大学出版社，2011.

［25］张露芳，施高彦．虚拟现实用户体验设计［M］．杭州：浙江大学出版社，2019.

后 记

过去 30 余年中，在"数字、参数化景观"的发展过程中，以 Rhino 和 Grasshopper 为代表的数字化建模工具，已得到了一定程度的应用。本书的大部分景观设计案例，皆是具有一定复杂度和落地性的景观设计实践。数字化技术也贯穿于其中某些案例的各阶段，包括方案推演、模拟、出图等阶段，在发挥方案形态创意的同时，确保方案的可建造性。相较于传统的设计推演方法，数字参数化建模的应用，能使设计过程变得更为全局化、直观化。本书的若干案例中，通过利用参数化技术，得到形态原型，为方案的探索指定一套基于算法的"规则"。在深化设计阶段，参数化形态原型也进一步成为结构设计的出发点。

当前，景观专业及行业，在相关知识普及方面，尚处于起步阶段。数字化景观设计的背后，也蕴藏着一套崭新的"设计逻辑"，在设计师、数字信息和设计过程三者之间建立了全新的联系。因此，其应用过程也对设计师的逻辑能力、数学背景知识提出了一定要求。数字化景观仅在一些前沿高校的教学实践，以及某些与建筑、规划等其他行业设计配合紧密的设计实践中出现。在运用相关领域知识、技能时，也多局限于套用工业设计、建筑设计等行业的数字化技术及应用方法，缺乏与景观设计行业实际需求的结合。

面对未来"后数字化时代"（Post-digital Era）中错综复杂的设计研究、实践，数字参数化技术将发挥前所未有的巨大潜力。然而，关于数字参数化景观建模的理论和实践应用，仍有待在系统化的体系下，进一步归纳、总结、创新。在本书列举的若干案例中，通过利用参数化技术，得到形态原型，为方案的探索指定一套基于算法的"规则"。在深化设计阶段，参数化形态原型也进一步成为结构设计的出发点。许多目前在设计中被忽视的因素，如精细构造、异形外观、竖向关系等，亦将较好地得以呈现。笔者希望本书能在研究和实践层面，对未来景观专业、行业的发展提供参考借鉴。进而，使数字化、参数化模型得以成为实时指导、验证设计的载体，发挥数字化工具在未来景观设计中独特的价值。

本书在编写过程中，得到了浙江工业大学环境设计系岑舒琪、欧阳嘉豪、朱佳慧、杨永怡，工业设计系陆野，建筑系祝浩达，城乡规划系郑胜峰等同学提供的资料、勘误和建议，在此表示衷心感谢。由于笔者知识背景所限，书中难免存在疏漏，请读者不吝指正。

编者